协和0~3岁宝宝同步成长全书

孙秀静 编著

江苏凤凰科学技术出版社

图书在版编目（CIP）数据

协和0～3岁宝宝同步成长全书 / 孙秀静编著. -- 南京：江苏凤凰科学技术出版社, 2016.7

ISBN 978-7-5537-6101-5

Ⅰ. ①协… Ⅱ. ①孙… Ⅲ. ①婴幼儿—哺育—基本知识 Ⅳ. ①TS976.31

中国版本图书馆CIP数据核字（2016）第025969号

协和0～3岁宝宝同步成长全书

编　　著	孙秀静
责任编辑	樊　明　祝　萍
助理编辑	曹亚萍　陈　艺
责任校对	郝慧华
责任监制	曹叶平　方　晨
出版发行	凤凰出版传媒股份有限公司 江苏凤凰科学技术出版社
出版社地址	南京市湖南路1号A楼，邮编：210009
出版社网址	http://www.pspress.cn
经　　销	凤凰出版传媒股份有限公司
印　　刷	北京东方宝隆印刷有限公司
开　　本	715 × 868 mm 1/12
印　　张	20
字　　数	200 000
版　　次	2016年7月第1版
印　　次	2016年7月第1次印刷
标准书号	ISBN 978-7-5537-6101-5
定　　价	39.80元

前言

每一位有着成功养育经验的父母都会告诉新爸爸妈妈：养育孩子，是一件快乐而又幸福的事情。当你用充满爱意的心去接近宝宝，即便他还不会说话，你也能读懂他的每一个眼神，每一个动作，甚至不同哭声所传达的意义。

育儿其实也是一门学问，你没有机会用错误来积累经验，因为有些错误可能会让你愧疚终生；长辈的经验或许值得借鉴，但我们不得不承认，其中夹杂着一些落伍的观念。你的宝贝是独一无二的，你怎么忍心让他在磕磕碰碰中迁就你对育儿知识的不熟悉。那么，怎样养育自己的宝贝才最合理、最科学呢？

作为一名有着专业知识和多年临床经验的儿科医生，我希望能把自己的经验传授给大家，使新手爸爸妈妈能够在育儿方面得到专业指导，能够以科学、合理、轻松愉快的方式照顾和培育好自己的宝贝。

本书从新生儿的哺乳、洗澡、换尿布等日常生活的照顾讲起，其中包含喂养宝宝的技巧、宝宝日常生活的照顾、饮食营养补充、对宝宝的成长变化的观察，以及宝宝疾病的防治和意外事故的急救知识等。本书的独特之处就在于，既重视宝宝的身体发育与智力发展，又强调了宝宝性格培养的重要性，力争做到全面、科学、实用。本书解决了0～3岁宝宝的养育过程中容易遇到的相关问题，希望能够为年轻的父母带来帮助。

相信在科学、专业知识的指导下，你的宝宝一定能够更加聪明、健康！

CONTENTS

目录

第1篇 恭喜你升级为新手爸妈

恭喜你，就要升级当爸爸或妈妈了！你是否很兴奋呢？当宝宝降生后，你就会迎来与以往完全不同的生活。在幸福的期待之余，每一位新手爸妈或许隐约有一点不安，我能做好爸爸或妈妈吗？没有育儿经验的你确实不知道该做些什么准备。那么从现在开始，拿起这本书慢慢学习，相信你一定能成为一位称职的爸爸或妈妈！

第2篇 让宝宝畅快地享用乳汁

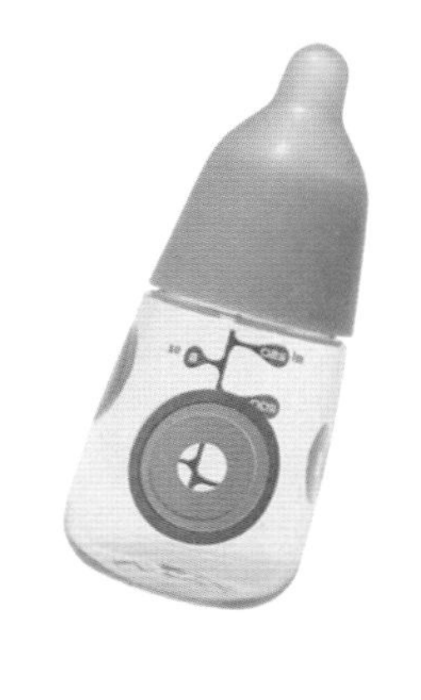

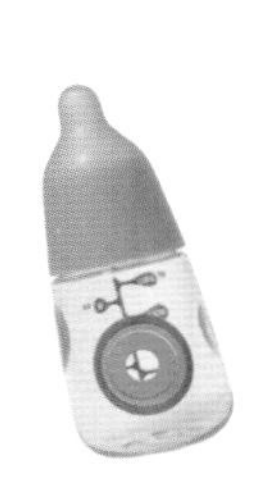

宝宝出生后到底是母乳喂养好，还是喂配方奶粉好？宝宝一天吃几次，一次吃多少适合呢？对于一个新妈妈来说，需要了解的事情还真不少。

第3篇

精心照顾宝宝的日常生活

照顾宝宝的日常生活是一件累人而又甜蜜温馨的事情。爸爸妈妈在给宝宝换尿布、洗澡、哄宝宝睡觉过程中与宝宝培养出了深厚的感情。看着宝宝一天天长大，由一个什么都不懂的婴儿，变成逐渐学会自己照顾自己的小孩子，做父母的不由得心生一股成就感。

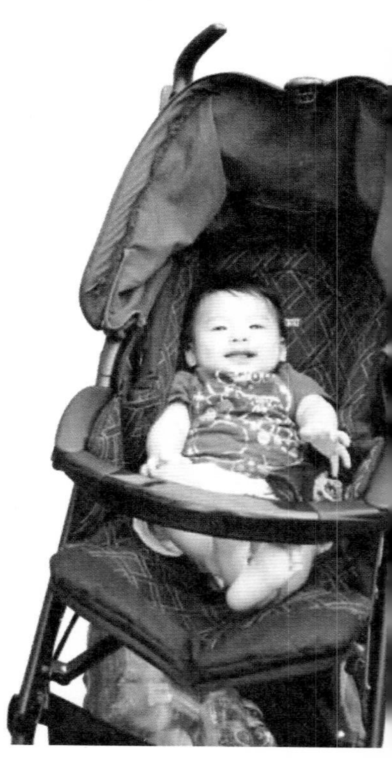

第4篇 为宝宝烹制美食

当宝宝逐渐长大，仅凭母乳或配方奶的营养已经不能满足他的需要了，这时，就应该为宝宝添加辅食。在不同的年龄阶段，适合宝宝的辅食是不一样的；随着宝宝咀嚼和吞咽能力的增强，辅食的制作方法也有所不同。怎样为宝宝制作出既美味营养，又适合他的辅食呢？

第5篇 宝宝的快乐成长

宝宝的成长有一定的规律和进程，到了一定的时候，宝宝就会逐渐学会各种本领。不知不觉间，宝宝从只会吮吸逐渐学会了翻身、坐、爬、说话、走路等本领，由一个小不点儿逐渐成长为一个小大人。宝宝成长的点点滴滴，既包含着爸爸妈妈辛勤的汗水，也伴随着爸爸妈妈的幸福和欢笑。

第6篇

宝宝常见疾病和意外事故急救

活泼可爱的宝宝一旦病了，爸爸妈妈肯定非常着急。小宝宝不太懂事，难免会发生一些意外，当出现一些意想不到的紧急状况时，爸爸妈妈除了要保持镇定之外，还应掌握一定的应对紧急情况的护理知识。除此之外，平时对疾病的预防和对可能会出现的意外的避免也是非常重要的。

鸣谢

特邀模特
崔晶晶 李枫
李晶晶 李梓龙
瞿力 王艳
Charity Steve

宝宝模特
黄煜宸 李游
畅畅 鼎鼎
赛吉雅 牙牙
钟华 子波
悦歌 Caleb
Luke Jacob

摄影师
大雄 郭泳君
武勇 李晋

第1篇

恭喜你升级为新手爸妈

恭喜你，就要升级当爸爸或妈妈了！你是否很兴奋呢？当宝宝降生后，你就会迎来与以往完全不同的生活。在幸福的期待之余，每一位新手爸妈或许隐约有一点不安，我能做好爸爸或妈妈吗？没有育儿经验的你确实不知道该做些什么准备。那么从现在开始，拿起这本书慢慢学习，相信你一定能成为一位称职的爸爸或妈妈！

Chapter 1 你准备好了吗

即将为人父母，可能你一时还无法适应角色的转换。没关系，宝宝甜美的笑容和可爱的姿态会让你乐于为他付出一切的。随着时间的推移，你会熟悉自己的角色，并为此感到自豪和骄傲。

Q 女人当了妈妈以后，心态上会产生什么变化？

A 一旦做了妈妈，女人的思维方式和看待问题的角度就会在不知不觉中发生变化。你不仅会对“妈妈”的含义有了新的理解，而且会唤起不少儿时的回忆。在往日与妈妈相处的日日夜夜里，妈妈对自己百般呵护、谆谆教诲，甚至是惩罚，都变得爱意浓浓，一切都有了全新的感受，对一个妈妈的良苦用心也有更为深刻的领悟。如今，女人自己有了宝宝，当了妈妈，情感就逐渐变得丰富和成熟起来，这就意味着女人实现了人生的一大跨越。

新手妈妈要做好心理准备

做妈妈是一种神圣的责任

看到别的小孩那么依恋他的妈妈，你是不是很羡慕呢？看到小孩活泼可爱的样子，你是不是也充满了期待？妈妈是伟大的，也是神圣的。想到你自己即将成为一位妈妈，你就应该感到自豪和骄傲，同时也向你表示真诚的敬意。因为，妈妈不仅对家庭做出了贡献，而且对人类社会繁衍发展做出了贡献，这是一种神圣的责任。

宝宝给生活带来无限生机和欢乐

也许你已经习惯了二人世界，小宝宝的降生，会改变你原有的生活方式，随之而来的是养儿育女所要面临的一系列问题。但是有了宝宝，从此你不会再空虚，也不会感到寂寞。小宝宝每学会一个动作，甚至第一次发出声音都会给你带来莫大的喜悦与幸福。在小宝宝的成长过程中，幸福和喜悦将与你相伴。

有付出就会有回报，尽管这种回报不是你所预期的。作为一个妈妈，在宝宝出生前、出生后，一直到幼年期间，你会觉得他不仅占据着你的大部分时间，你还要为他的健康成长花费很多的心血。但是，你的一切努力和奉献不会白费，因为在你付出的同时，也会得到爱的回报。

人生在世，女人因为有了丈夫而成为妻子，又因为有了宝宝而成为妈妈。宝宝的出生，不仅会给家庭带来欢乐和希望，而且会给你带来无法替代的欣喜及乐趣。

宝宝是夫妻爱情的结晶，是夫妻生命的延续。为了夫妻间诚挚的爱，做妻子的应当有信心和义务去承担孕育的重担。只要你有强烈的责任感和坚定的信念，就一定能够克服所遇到的一系列困难，孕育出一个健康、可爱的宝宝，从而体验到人类最美好的情感——母爱。

体验真挚的母爱

小宝宝总是人见人爱的，更何况你是他的妈妈，是他最信赖和最依恋的人。你会因为宝宝而焕发青春，对生活重新充满激情，哪怕是在生活中遇到挫折和坎坷，一想到家中的宝宝，就会鼓起百倍的勇气，拥有了无穷的力量。当然，随着宝宝的逐渐长大，你的付出会更多，但在付出的同时，你会感受到收获者的喜悦——宝宝会蹬腿啦，宝宝会翻身啦，宝宝会坐立啦，宝宝会叫爸爸妈妈啦，宝宝会走路啦，宝宝会自己玩耍啦……

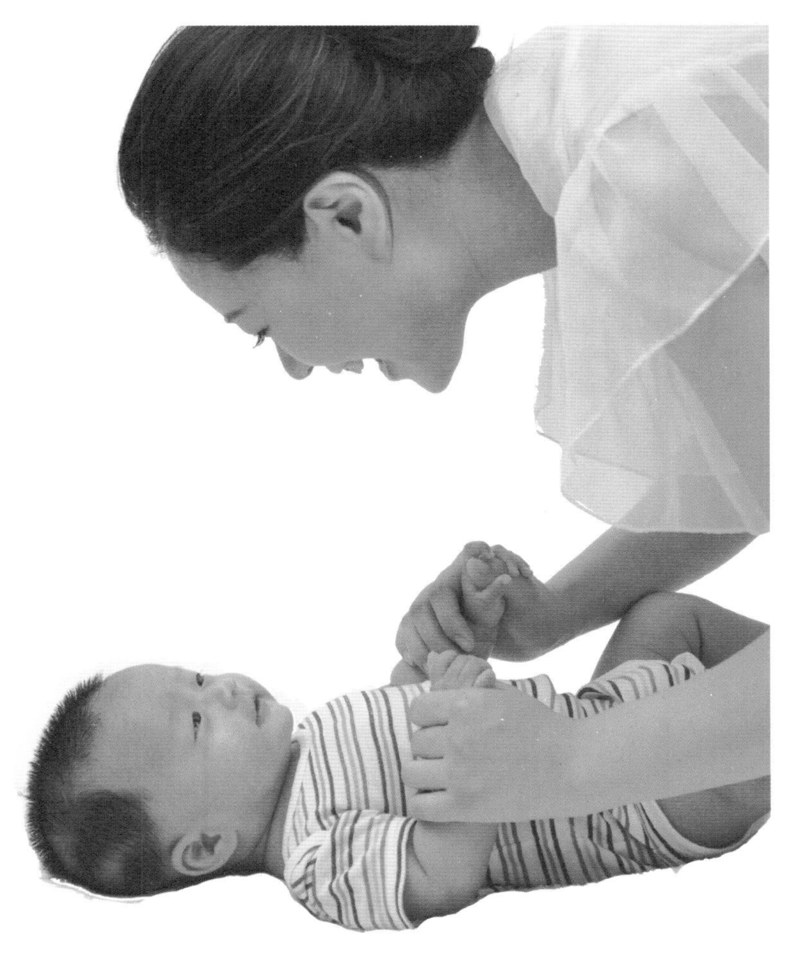

新手爸爸该做些什么呢

新手爸爸甜蜜的负担

恭喜你，你要做爸爸了。在此我们也对你表示最真诚的敬意。因为，做爸爸是一件神圣的事，既是对人类社会繁衍发展的贡献，也是一种责任。养育、培养下一代，使宝宝健康茁壮成长的责任降落到你的肩上，这种责任给你带来的更多是一种甜蜜的幸福感。

现在，你的妻子即将分娩，你就要成为爸爸了，你要做好充分的心理准备。

新手爸爸要适应妻子的情爱转移

妻子怀了孕，就要做妈妈了，过惯了二人世界的幸福生活，即将因为小宝宝的出生而改变，其中最为突出的就是妻子对丈夫的爱的转移。过去温柔体贴的妻子似乎对丈夫关心不够了，过去经常说的情话减少了，甚至对性生活也有些淡漠了，如此等等。

作为一位新手爸爸，对此要有充分的思想准备。要充分理解妻子，以宽容豁达的心态对待妻子爱的转移，因为她依然将自己所有的爱奉献于这个家庭，只不过是将这种爱一分为二而已。即使她将大部分的爱转移到小宝宝身上，也是完全可以理解的。

为了夫妻之间的爱情结晶，作为一位爸爸，在关于情爱的分配上让出一定的空间，也是理所应当。我们相信，所有即将当上爸爸的人都乐意这样去做。

新手爸爸要给予妻子更多的关怀和爱抚

作为一名男士，做爸爸肯定是一件乐事，但也要意识到自己需要担当的责任和必须面对的实际问题。妻子怀孕之后，由于生理发生一系列变化，在心理上也会产生相应的变化，如烦躁不安、唠叨、爱发脾气、对感情要求强烈或冷淡

等。对于这些变化，丈夫应当理解和体谅，并采取各种方法给予妻子更多的关怀和爱抚，使妻子心情愉快、顺利地度过孕期和产期。这一特殊阶段的女性渴望得到亲人的爱抚和关怀，更渴望拥有和谐的生活。只要你理解并认识到这一点，做好充分的思想准备，那么，一切就非常简单了。

其实，妻子并没有过多的奢望。丈夫的一句充满爱意的话语，一次温情的拥抱或是一瞥深情的目光，都会给她带来莫大的安慰。妻子在这种温馨的气氛中一定会精神愉快，心情放松，分娩后也一定会比以往更美丽，更迷人。

Chapter 2 新手爸妈该为宝宝准备什么用品

对于新手爸妈来说，不但要适应为人父母的角色转换，在物质上也要做相应的准备。在宝宝还没有出生时，爸爸妈妈就应该为他准备好婴儿用品，以免到时候手忙脚乱。新生儿到底需要些什么物品呢？你的准备到底全不全面？如果你想更科学、更周到地照顾好你的宝宝，那就跟我们一起来看这本书吧！

宝宝的衣服有什么特别要求吗？

A 爸爸妈妈在给宝宝选衣服的时候最好挑选纯棉质地的。纯棉的衣服柔软舒适，不会引起皮肤过敏。在色彩上，最好挑选浅色或白色的。色彩鲜艳或者颜色深的衣服容易残留染色剂等化学物质，会伤害宝宝娇嫩的肌肤，而且这样的衣服闻起来还会有点儿异味。

新生儿的身体机能

睡眠

新生儿大约每天有20个小时都在睡觉，医生通常会建议妈妈不要让宝宝趴着睡，以免发生窒息引起意外。

视力

刚出生的婴儿，只能看到大约20厘米的距离。

听觉

胎儿在子宫内就开始有听觉了，所以出生后能听见声音，但是他还无法分辨方向。

脉搏

宝宝的脉搏比成人要快，每分钟120～160次。

头发

出生时的宝宝可能长了一头浓密的头发，也可能头发比较稀疏，这都是正常现象，没有什么可奇怪的。

头的形状

刚出生的宝宝，头部的形状可能很奇怪，那是由于分娩过程中挤压所造成的，两周后头部的形状就会正常了。

囟门

在头顶部位，有一块软的区域，称为囟门。该处颅骨的骨组织尚未连接在一起，等宝宝长到18个月时，囟门处的骨骼会自然融合。平时尽量不要触摸宝宝的囟门。

眼睛

新生儿的眼睛会水肿，几天后就会消退。有的新生儿在第一个月内可能有内斜视现象。

身体

宝宝身上可能会有红色斑点，那是分娩时的压力造成的，或者宝宝的皮肤尚未发育完全，与外界摩擦或保暖过度而致。一般不需要特别处理，可在数日内自行消退。

乳房

无论男宝宝或女宝宝，乳房都会显得肿胀，有的甚至流出少量乳汁，这是正常现象，几天后就会消退。

手

新生儿的双手常紧握拳头，有时你越想把它掰开，它会攥得越紧，这种现象在生后3～4个月内会逐渐改变，宝宝会越来越乐于张开小手抓东西。

脐带

脐带的残余部分大概10天后脱落，在此期间需要每日消毒2次。

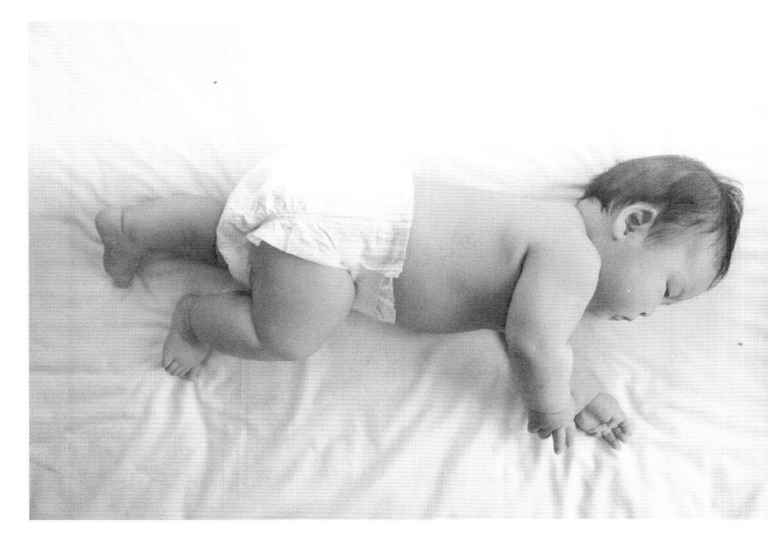

生殖器

男宝宝和女宝宝在出生时，其生殖器都显得比较大。有的女宝宝的阴道内会有分泌物甚至血性液体流出，不久就会消失。有的男宝宝的睾丸还没有降至阴囊，成为隐睾，通常在1岁内还有自行下降的可能性。如果有什么担忧，可咨询医生。

腿

宝宝的两腿常呈屈曲状，维持其在宫内的姿势。通常在3～4个月内会越来越放松。

新生儿黄疸

有的宝宝出生后2～3天，皮肤可能会变黄，这是正常黄疸现象，会在7～10天后消退。如果在24小时以内就出现黄疸现象，或者在短时间内越来越深，或14天后还没消退，或者消退后又出现，就要考虑病理性黄疸，需要尽快看医生。

★ 粪便

新生儿最初排出的粪便为墨绿色、黏稠状物，几乎不臭，称为胎便。一旦开始喂养，他的粪便就会逐渐变为黄色。

为宝宝布置舒适的房间

为宝宝布置一个温暖舒适的家，是所有爸爸妈妈的心愿。宝宝的房间和成人的房间有所不同，概括起来，婴儿的居室条件主要有以下几点要求。

1.最好选择坐北朝南或阳光充足的房间，天气不冷或无风的日子可将窗户打开，让阳光直射房内。新生儿需要新鲜空气，不论春夏秋冬，都要保持卧室空气的清新和流通。

2.房间温度最好保持在22℃左右，相对湿度为60%～65%。使用空调需要注意空气流通，并注意空调开启时间过长可能会导致室内干燥。在没有取暖设备的情况下，冬天可以用热水袋保暖，但要避免烫伤宝宝。用煤炉取暖要做好室内空气流通，防止煤气中毒，同时也要防止室内空气过分干燥。

3.新生儿居住的房间应保持安静。因为新生儿的生活节律和儿童不同，大约90%的时间处于睡眠状态，而且睡眠时需要安静。

4.新生儿的居室可贴挂一些色彩鲜艳的画片、玩具，这样可以刺激宝宝的视觉发育。值得注意的是，画片和玩具千万不要距离宝宝的眼睛太近，贴挂时的位置也应该经常更换。

宝宝用的家具蕴藏着爸爸妈妈的爱

很多父母都乐于为宝宝添置新家具，但是实际上有些用品完全可以用家中已有的用品代替。比如大的水盆，消毒之后就可以用做宝宝的洗澡盆。事实上很多东西都没有必要买新的，因为宝宝生长的速度相当快，很多东西只用几个月就过时了。

★ 婴儿床

爸爸妈妈在选购婴儿床的时候应该选有安全认证标志的，护栏的间距不超过6厘米，护栏上没有裂痕缝隙；床垫可以调整高低，当床垫在最上面的位置，护栏仍应保持55厘米以上的高度；同时护栏上方最好有塑胶罩，并且必须装得十分紧密牢固，因为宝宝长牙时会咬它。

婴儿床床垫

婴儿床床垫应该选结实的，而且大小刚好塞进婴儿床中，与床边之间的缝隙以不超过成人两根手指宽幅为准。还应准备一个护围，刚好可以在护栏上绑紧一圈，至少有6条绑绳可以牢系在栏杆上。

家具

宝宝的家具和寝具的构造要坚固，周缘应平滑呈圆弧状，应该尽量避免粗硬危险的边缘、锐利的角或是可能松脱的小物件、装饰用的长须边及附在家具寝具上的绳索和丝带等。家具应选择符合国家标准的产品。如婴儿椅，应该选底座够宽、够坚实、够稳固的。

婴儿用澡盆、浴缸里的安全椅

婴儿用的澡盆应该选有防滑底层而易于清洗的，也可以另外放置防滑垫以防止宝宝在其中摔滑。最好有支撑婴儿头部及肩膀的设计，而且容易搬动。浴缸里的安全座椅是准备宝宝稍大以后到大浴缸洗澡时使用的，应该选有固定绑带或下面有吸盘的，以保持稳定及安全。

摇篮或摇椅

摇篮并非必需品，如有条件为婴儿选购一个，就应该选有结实的床垫，床底稳固，大小适合的。摇椅可在喂奶或安抚宝宝时使用，应该选底座坚固，坐起来感觉舒适的。

为宝宝准备舒适的衣物和被褥

新手妈妈们大多不会做针线活，宝宝的衣物、被褥都是从专门的婴儿用品商店买来的。宝宝出生后，会有很多亲朋好友送的衣服，但是宝宝长得很快，所以衣服最好不要多买。也可以使用亲朋好友的宝宝用过的旧衣服，男女都可以。婴儿穿着既舒服又不用花钱，还可讨个吉利。

宝宝准备的衣服有哪些

3～5套内衣，前开襟是最方便的，而套头衫

比较平滑舒适。所有的衣服一定是无扣子的，以免摩擦宝宝的下颌部。

2～3件底部有收紧绳的睡衣，等宝宝会动会玩时，应将绳子抽掉，以免出现危险。

2～3件包毯，如果宝宝出生在秋冬时分，睡觉时更要注意保暖。

3～6套包脚的连身服，这是给秋冬出生的宝宝准备的；若是在春末或夏季出生的宝宝，只需准备2～3件。

3～6件连身短衫（胯下可按扣的），给春末或夏天出生的宝宝用。

2件可洗的围兜，可防止宝宝的衣服被口水渗湿。

2～3顶帽子。因为宝宝的头部不能着凉，夏天要有一顶质轻带遮阳帽檐的帽子，冬天最好准备一个针织的无檐软帽，一个厚一点的帽子。帽子要稍大一些，因为宝宝的头长得特别快。

尿不湿或纸尿裤适量。如果是用尿布，最好多准备一些，因为新生儿撒尿很频繁。

宝宝的被褥

名称	数量	备注
包巾	3～7条	应依季节、气候决定。
床单	3～5条	用于铺婴儿床、摇篮、婴儿车、躺椅等。
防水的垫子	2～8件	保护婴儿床、摇篮、婴儿推车及其他家具。
可以换洗的毯子或被子	3条	放在婴儿床或摇篮之中。夏季应该用质轻透气的，冬天则要选比较暖和的。

宝宝的喂奶用具

虽然我们提倡母乳喂养婴儿，但可能有很多原因导致有些妈妈选择人工喂养婴儿，这样就需要准备好宝宝的喂奶用具。

★ 奶瓶

一般奶瓶有3种规格：120毫升、200毫升、240毫升。新生儿应该选用120毫升甚至更小规格的。新生儿每次喝奶量很少，往往从10～20毫升开始，奶量慢慢增加。200毫升的奶瓶是从60毫升开始有刻度的，不适合新生儿。等宝宝长到4个月大的时候，每次喝奶量至少120毫升，以后还会增加，这时就应该换大奶瓶了。最好配备奶瓶刷以彻底清洁奶瓶底部。

爱心 ★ 提示

宝宝用的奶嘴可是很费的哦，可能一个星期就要咬坏一个。在选奶嘴的时候，新生儿最好选用新生儿奶嘴，因为新生儿的吮吸力没有几个月的婴儿大，这种奶嘴的塑胶很柔软，最适合新生儿。

★ 消毒锅

宝宝用的消毒锅最好选用水蒸气的那种。这个设备虽然要多花点钱，但还是值得的，因为消毒起来非常方便。

宝宝的清洁用品

宝宝洗澡用的肥皂或沐浴露，每次用微量即可。

★ 不刺激眼睛的婴儿洗发水

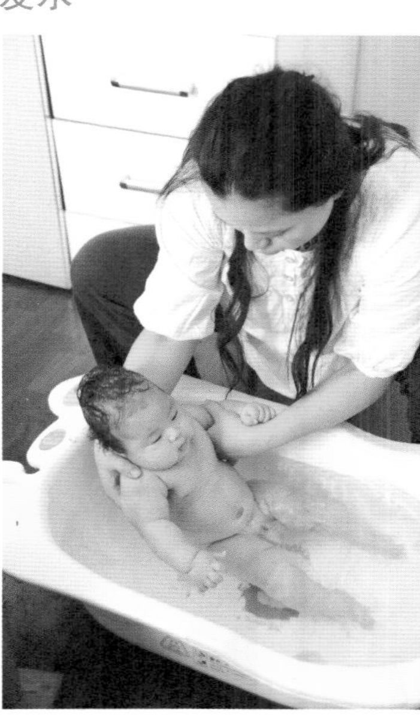

由于宝宝很小，还不会眨眼反射，所以要选用不刺激眼睛的洗发水，而且最好是大品牌的，质量有保证。

★ 湿纸巾

换尿布、擦手皆可使用。在新生儿出生后的最初几个星期，最好是用小毛巾蘸温热的水为宝宝清洁。

★ 消毒棉签

用以清洁宝宝的眼部，蘸酒精擦拭脐带脱落处。

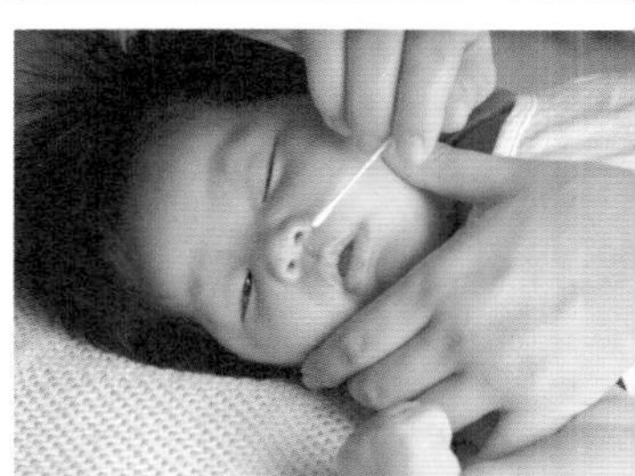

★ 婴儿用指甲剪

一种专门为婴儿设计的小指甲剪。

宝宝外出时需要的装备

爸爸妈妈应该让宝宝经常接触到外界的阳光，接触大自然，接触社会。外出时，宝宝的外出装备也是必需的。

★ 推车

应该选有安全认证标志的，而且折叠容易、轻便、有遮阳或遮雨的顶棚。新手爸妈最好选那种可以往后调整到完全平躺的推车，这样很小的宝宝能用，宝宝比较大以后，还可以睡在小推车上。

★ 汽车安全座椅

现在不少家庭都拥有私家车，所以准备一个汽车安全座椅是非常必要的。这种座椅需要到婴儿用品商店去购买，最好不要自己制作，以保证安全及舒适。

★ 婴儿背带

在宝宝还无法自己坐立以前，可以选购向前背的背带，扣上及解开都十分容易。宝宝稍长大后，新手爸妈可以选用往后背的背带。

★ 亲子 ★ 乐园 ★

学步歌

宝宝乖乖，来到屋外，
一二三四，把脚抬抬。
宝宝乖乖，走得真快，
一二三四，把门开开。

吹泡泡

吹泡泡，吹泡泡，
泡泡像串紫葡萄。

第2篇

让宝宝畅快地享用乳汁

宝宝出生后到底是母乳喂养好，还是喂配方奶粉好？宝宝一天吃几次，一次吃多少合适呢？对于一个新妈妈来说，需要了解的事情还真不少。

Chapter 1 母乳和婴儿配方奶粉，哪个更好

在经历了怀孕、分娩的一系列过程之后，新手妈妈下一步的任务就是哺乳宝宝了。一般情况下，医生都会建议新手妈妈用母乳喂养宝宝，因为和人工喂养配方奶粉相比，母乳喂养的好处更多一些。

产妇奶水稀，说明她的奶水不好吗？

A 不是。生下宝宝不久（一般在1～2天后），妈妈的乳房开始发胀，这表明乳房开始分泌乳汁。先分泌出来的是一种淡黄色清澈的乳汁，这就是初乳。初乳的颜色较淡，比较稀薄，全脂肪及乳糖较少，但含有较多的蛋白质，特别是富含有免疫作用的球蛋白及乳铁蛋白。当新生儿吸入初乳后，这些物质可吸附在肠黏膜表面，形成一层保护膜，从而阻止病原菌的侵入。初乳是母体为新生儿提供的非常宝贵的营养物质，一定要珍惜它。让新生儿尽早地、充分地吸吮初乳吧。

母乳喂养的优缺点

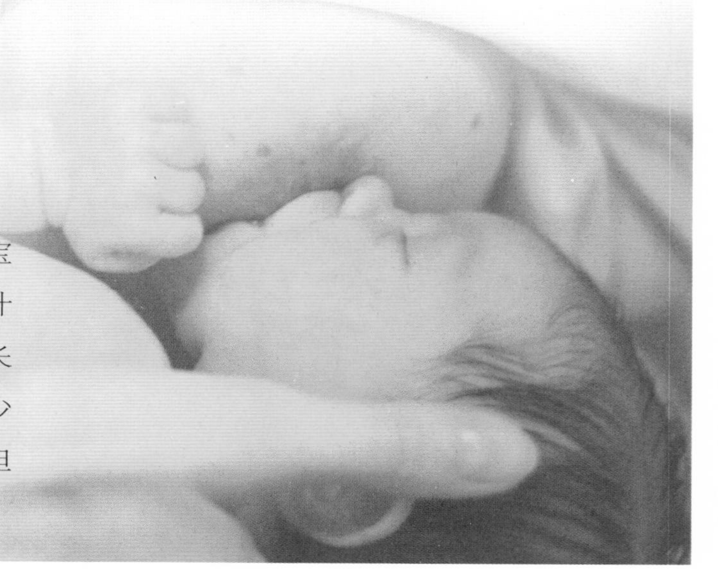

如果情况允许，最好还是选择母乳喂养宝宝。母乳喂养对宝宝大有好处，因为妈妈的乳汁能为宝宝提供最好的营养。母乳中含有宝宝生长发育所需的各种营养素，也含有抗体，可以减少宝宝感染性疾病的发生和过敏性症状的出现。但是母乳喂养也有一些不方便的地方。

母乳喂养的优缺点比较

优点	缺点
营养均衡，适宜宝宝成长需要，母乳中的抗体可对抗一些疾病，降低成年期某些疾病的风险。	最初，母乳喂养可能使妈妈不舒服。
母乳喂养非常经济。	母乳喂养需要的时间更长，次数更多。
增进母婴之间的感情。	乳母的睡眠时间缩短。
可促进妈妈子宫收缩，使其更快恢复正常大小。	不易掌握宝宝每次到底吃了多少。
母乳喂养在方法上简洁、方便、及时，奶水温度适宜，减少了细菌污染的可能性。	妈妈生病或服用某些药物时，无法进行喂养。

乳头内陷该怎么办

乳头内陷的妈妈在产后不容易给宝宝喂奶。此外，由于乳头内陷还会使妈妈的乳汁淤积，导致乳房肿胀或继发性感染，引起乳腺炎。这会给妈妈和宝宝带来痛苦和麻烦。

为保证产后母乳喂养宝宝，最好在孕前就矫正自己的乳头。但是有不少妈妈孕期并没有注意这一问题，因此在生完孩子后才开始矫正乳头。

矫正乳头内陷的方法有以下几种。

牵拉乳头

把手洗净后，一手托住乳房，另一手轻轻将乳头向外牵拉，停留片刻。当乳头实在难以揪出时，可从外侧按压乳晕周围的部分，这样容易揪出。

每天起床后、入睡前及沐浴时重复上述动作，每次几分钟。也可以用特制的橡皮乳头固定在乳头上，促使乳头突出。

开通输乳管

轻轻地按摩乳腺、乳头。

把热毛巾敷在乳房上。

在毛巾上面把乳房夹在拇指和四指之间，进行按摩，以开通输乳管和刺激乳头突出。

坚韧乳头皮肤

把乳头拉出，用温热的湿毛巾轻轻摩擦乳头。

每天2～3次，每次10分钟。

妈妈如果使用以上方法难以奏效时，还可以使用乳头纠正器，一天吸引数次，把乳头吸出来。相信妈妈的努力，会让宝宝受益终生哦！

什么时候可以给新生儿喂奶

假如是正常分娩，宝宝在分娩后警觉而清醒，就可以给宝宝喂奶了。当宝宝吮吸你的乳头时，有几种不同的激素共同参与乳汁的产生与释放，你身体的内部会发生下面的变化。

1.宝宝的吮吸运动刺激乳头的神经末梢。

2.这些神经纤维将泌乳的诉求通过脊髓上传到你脑部的垂体。

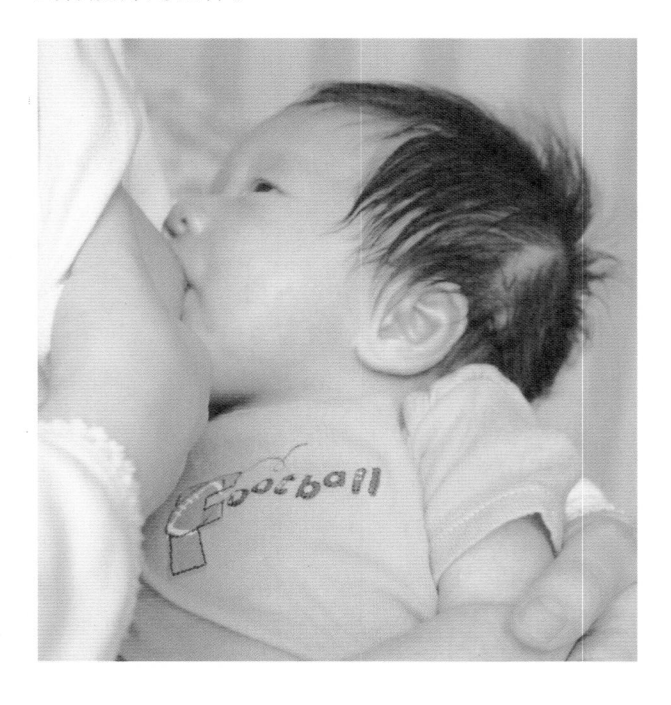

3.垂体对这些信号的反应是释放催乳素和环状肽催产素。

4.催乳素刺激乳房产生更多的乳汁。

5.环状肽催产素刺激乳房输乳管周围的细小肌肉收缩，这种收缩会挤压输乳管并将输乳管中的乳汁排到乳晕下方的储存池中。

所以，宝宝吮吸得越多，妈妈产生的乳汁就越多。

婴儿配方奶粉可以代替母乳吗

很多妈妈都注意到了，婴儿配方奶粉的广告大都在强调，配方奶粉里添加了很多营养物质，能够帮助宝宝消化吸收，强壮身体。有些广告说奶粉还特别添加了一些能够提高婴儿智力的物质。这么说，婴儿配方奶粉就比母乳好吗？

其实，现在市场上销售的大部分婴儿配方奶粉都可以满足宝宝的基本营养需求。但是，临床医学研究证实，母乳中含有配方奶粉中无法制造的抗体、生长因子及激素等物质。吃母乳的宝宝拉出的大便是金黄色的，而且很稀；吃奶粉的宝宝拉出的大便呈浅黄色，而且比较稠。可见配方奶粉是无法复制出和母乳完全相同的成分的。

如果妈妈身体状况不允许，或者母乳分泌不足，婴儿配方奶粉也可替代母乳喂养，以保证宝宝的基本发育。

配方奶粉喂养的优缺点比较

优点	缺点
给宝宝更多的自由和时间。	缺乏抗体和母乳中才有的其他成分。
宝宝的生活更规律。	宝宝容易出现溢乳、便秘等症状。
在妈妈开始工作时不存在转奶的困难。	容易增加宝宝患肥胖、过敏性疾病等的风险。
其他家庭成员可以喂养宝宝，以增进他们之间的感情。	喂养代价较高。
可以准确地把握喂养量。	夜间冲泡奶粉时影响成人休息。
不用担心妈妈服用药物。	时刻担心喂奶用具的卫生及奶粉的安全性。

亲子 ★ 乐园

小白兔

小白兔，白又白，
两只耳朵竖起来。
爱吃萝卜爱吃菜，
蹦蹦跳跳真可爱。

小手

小手小手真能干，
会玩玩具会吃饭。

Chapter 2 怎样给宝宝喂奶

喂奶虽说不是一件很复杂的事情，但是如果不加注意，也会出现一些意想不到的麻烦。妈妈可能不知道，有的宝宝会拒绝吃奶；有的妈妈的乳头也会因为哺乳不当而皲裂；就连喂奶的姿势，也是妈妈需要学习的内容。

要不要固定喂奶时间？

A 在宝宝初生的几天内，母乳分泌量较少，不宜刻板地固定喂奶时间，可根据需要调节喂奶次数。当妈妈乳汁较少时，给宝宝喂奶的次数应相应增加，这样一方面可以满足宝宝的生理需要，另一方面通过宝宝吸吮的刺激，也有助于泌催乳素的分泌，继而乳汁量也会增加，到此时吃奶间隔就可以相应延长。

假如固定喂奶时间，宝宝因饥饿哭闹，时间长了宝宝哭累了，等到了喂奶时间会因困乏疲劳，而少吃奶，且哭闹使宝宝胃内进入许多气体，吃奶后也会引起呕吐。足月儿隔三四个小时就要喂奶一次。每次喂奶时间，以20分钟左右为宜。吸奶时间过久，宝宝会因咽入过多空气而引起呕吐，而且也会养成日后吸吮乳头睡觉的不良习惯。如果每次喂养时间过短，宝宝吃不到富含脂肪的后奶，会使宝宝生长缓慢。

宝宝拒绝妈妈的乳房该怎么办

在为宝宝哺乳时，通常会遇到宝宝拒绝妈妈乳房的现象，其原因和解决方法大致如下。

1.妈妈的乳房可能因为肿胀（乳汁过多、有疼痛感、变硬）而使宝宝很难吸吮。遇到这种情况，妈妈可以用一块温热、柔软、洁净的棉毛巾热敷乳房以减轻肿胀，也可以用吸奶器吸出一些乳汁，使乳房松软，乳汁畅通。这样一来，宝宝就比较容易吸吮乳头，不会拒绝妈妈的乳房了。

2.妈妈的乳汁可能流出得太快，新生儿吸吮时常常呛着，因此，就拒绝吃妈妈的乳汁。这时，妈妈可以先挤出一些乳汁，减轻乳房压力，使乳汁流出时不至于太快；另外就是用中指和食指夹住乳房，以减小乳汁的流量，这样，就不至于呛着宝宝，宝宝也不会拒绝妈妈的乳房了。

3.妈妈的乳房可能盖在宝宝的鼻孔上，使宝宝因呼吸困难而拒绝妈妈的乳房。这时，妈妈只需轻轻地将乳房移开宝宝的脸，宝宝就会愿意吃奶了。

4.宝宝的鼻子可能不通气，吸吮时呼吸受阻而影响吃奶。解决的办法：清除宝宝鼻腔分泌物或遵医嘱使用一些滴鼻剂。宝宝鼻子通气了，自然就会吃奶了。

乳头皲裂时怎么办

因为哺乳方法不当，妈妈经常会发生乳头皲裂的现象。如果乳头过短或凹陷，宝宝吸奶困难，有可能将乳头嘬破；或者妈妈喂奶姿势不正确，担心宝宝吃奶时乳房会堵着鼻孔，没有把乳头和大部分乳晕放入宝宝口中，只让宝宝吸乳头，使得乳头受力过大，致使乳头破裂。

乳头皲裂后，宝宝吸奶时妈妈会感觉疼痛，

裂口深的甚至会出血。有的妈妈因为疼痛，就减少给宝宝喂奶的次数，结果使乳汁分泌逐渐减少，或者造成乳汁淤积。乳汁淤积会招致细菌侵入，引起乳腺炎。

如果裂口较小，疼痛不严重，妈妈可以继续哺乳。每次哺乳后，在乳头皲裂处涂以少量母乳或凡士林软膏，以保护创面，促进其愈合。下次哺乳前，将药物彻底擦净。如果裂伤较重，除用上述药物治疗外，还需用吸奶器吸出乳汁喂养宝宝。

哺乳的姿势

为宝宝哺乳，不仅是妈妈的一种责任，更是一种精神享受。当妈妈看着怀中的宝宝贪婪地吸吮着自己的乳汁时，一种幸福感一定涌遍全身。如果妈妈和宝宝能选择一个舒适的姿势哺乳，一定会更加惬意。

妈妈可以躺着哺喂宝宝，但要用枕头或靠垫支撑住后背和胳膊，特别是妈妈的头部要垫高一些。宝宝的头部、背部和臀部，也要用枕头或靠垫支撑，但宝宝的头部不能垫得太高，要与身体保持在同一个水平面上，头部稍侧向妈妈。

妈妈也可以坐着哺喂宝宝，后背用靠垫或枕头支撑，用脚垫把脚支起来，用妈妈的左臂或者右臂环抱住宝宝，另一只手托住自己的乳头。

帮宝宝含吮乳头，检查宝宝的姿势，是哺乳的关键。宝宝的含吮姿势很重要。每次喂哺先将乳头触及宝宝的嘴唇，诱发觅食反射，当宝宝口张大、舌向下的一瞬间，立即将宝宝靠向自己，使其能大口地把乳晕也吸入口内。这样，宝宝在吸吮时能充分挤压乳晕下的乳窦，使乳汁排出，还能有效地刺激乳头上的感觉神经末梢，促进泌乳和排乳反射。

妈妈要让宝宝含吮到乳头并尽可能含吮大部分的乳晕，否则宝宝可能会咬拽妈妈的乳头，引

★爱心★提示★

妈妈们最好学会躺着喂奶。如果每次都抱着喂奶，就像手上抱着3～4千克的重物一样。刚出生的宝宝，一天至少要喂10次左右。如果宝宝每次都吃半个小时，妈妈非累坏不可。

起疼痛感。如果妈妈觉得姿势不合适，可以轻轻使宝宝离开你的乳房，重新摆好舒适的姿势给宝宝喂奶。

妈妈应将拇指和四指分别放在乳房上方、下方，托起整个乳房喂哺。避免“剪刀式”夹托乳房，那样会反向推乳腺组织，阻碍宝宝将大部分乳晕含入口内，不利于充分挤压乳窦内的乳汁。

让宝宝享受吃母乳的乐趣

母乳喂养的乐趣

妈妈在为宝宝哺乳时，要用充满爱意的眼神看着宝宝。这是因为，看着宝宝吃奶，宝宝的吮吸动作会刺激妈妈的泌乳反射，分泌一种可以促进妈妈的乳腺分泌乳汁的激素。宝宝在吮吸乳汁时，妈妈可以听到宝宝吞咽乳汁的声音。有的妈妈可能还会有麻刺感，子宫收缩，或另一只乳房同时有乳汁分泌出来。同时，还能注意到宝宝会不会溢奶，鼻子会不会被堵住等问题。

作为新生儿期的宝宝，在吮吸妈妈的乳汁时，也喜欢这种肌肤之亲，宝宝会不时地看着妈妈的脸庞，吮吸的劲儿更大，有时会发出快乐的“哼哼”声。

宝宝吃饱奶后会睡着

有些年轻的妈妈在给宝宝喂奶时，不知道宝宝是否吃饱了。其实这个问题很好判断。

一般宝宝吃饱奶后会睡着，然后自然会停止吮吸妈妈的乳头。这时候，妈妈不要急着将宝宝拽离你的乳头，而是应当将你的手指放进宝宝的嘴角，打破宝宝口腔的真空状态，这时候宝宝的嘴就会自然离开妈妈的乳头。

母乳喂养应坚持按需哺乳原则

要依据宝宝的需求适时哺喂，宝宝吃饱后会自动停止吸吮。夜间喂奶时，妈妈最好坐着给宝宝喂，因为妈妈操劳一天，夜间躺卧喂奶容易睡着，易发生乳房堵住宝宝的鼻孔，造成窒息和意外。

让宝宝吸完一侧乳汁再吸另一侧

妈妈哺乳宝宝时，应让宝宝吸完一侧乳房的乳汁后再换另一侧。这是因为，如果不等宝宝吸完一侧乳房的乳汁，就换吃另一侧乳房，宝宝每次吃到的，可能只是水分较多的前面部分的乳汁，而错过了浓度大的乳汁。长此下去，宝宝的营养就会跟不上。

从另一角度讲，吸完一侧乳房的乳汁后，再

吸另一侧，可以充分促进乳汁的分泌，为下一次哺乳积攒乳汁。

双胞胎宝宝的喂养

双胞胎宝宝的妈妈真是幸福极了，一次得到了两个宝宝，真令人羡慕。不过，一次要养育两个宝宝，妈妈也真辛苦，常常手忙脚乱，不是给宝宝轮流喂奶，就是给他们换尿布。两个宝宝的家庭总是能听到宝宝的哭声，不是大的哭，就是小的闹。然而最让妈妈忙乱的就是两个宝宝同时哭。

双胞胎宝宝该怎么喂奶呢？其实，也没有固定的方法。你可以同时给两个宝宝喂奶，也可以分开喂。分开喂奶可以单独培养妈妈和宝宝之间的感情，只是这样在喂奶上就需要花两倍的时间。最重要的是，妈妈一定要记住喂奶时间，不然很容易重复喂一个宝宝，而让另一个宝宝饿肚子。

宝宝出牙前后，妈妈喂奶该注意了

相信不少5个月以上大的宝宝的妈妈都有过这样的经历：你怀抱着吃奶的宝宝，很舒适地享受着喂奶的愉悦，内心一片安详。突然间，乳头上一阵钻心的疼痛袭来，你几乎失去控制地惨叫一声。低下头看看，原来是小家伙刚刚咬了你一口。这时，小人儿不仅没有被你的惨叫声吓呆或者吓哭，反而被你这样的反应逗乐了，正看着你笑呢！

很多宝宝对于妈妈的过激反应感到好玩，以为这是一场游戏，从此更加喜欢刺激妈妈做这样的反应。

如果你了解了宝宝为什么咬乳头，就能够更好地掌握如何防止被咬。宝宝咬乳头有两种原因。

最常见的情况，就是宝宝在长牙，牙床又痒又疼，十分不舒服，恨不能见什么咬什么。柔软的乳头，恰好做了唾手可得的牙胶。

比较少见的情况是，如果宝宝的衔乳姿势不正确，宝宝觉得自己没有被抱稳当，快要掉下去了，也会本能地咬住乳头防止自己摔下去。

了解了这些情况，在宝宝咬你的时候，轻轻拍拍他，告诉他不要这样。几次以后他肯定就不会再咬了。不要以为宝宝不懂事，其实他聪明着呢！你还可以在他咬疼你的时候轻轻地捏他的鼻子，这样宝宝就会马上松口。

除了咬妈妈的乳头以外，宝宝在出牙期间，吃奶时表现得与平常不一样。妈妈会发现宝宝有时连续几分钟猛吸乳头，一会儿又突然放开乳头，像感到疼痛一样哭闹起来，反反复复。这种情况一般是宝宝出牙期间吸吮乳头时，感觉牙床特别疼痛而表现出的拒食现象。

出牙期间，妈妈可以将给宝宝喂奶的次数适当增加，在间隔当中喂些适合宝宝的固体食物。可将橡皮奶嘴的洞眼开大一些，使宝宝不用费劲就可吸吮到奶汁，而且又不会感到十分疼痛。但应注意，奶嘴的洞眼不能过大，以免呛着宝宝。

患有某些疾病的妈妈不适合给宝宝喂奶

如果妈妈身体有病，哺乳势必会增加妈妈的负担，使病情加重，而且有些药物会在乳汁中分泌出来，如果妈妈长期服药，可使宝宝发生药物中毒。患有传染病的妈妈，还可通过乳汁将疾病传染给宝宝。因此，妈妈有病或吃药时应停止哺乳。一般来说，妈妈患下列疾病或特殊状况时不宜哺乳。

如患急性传染病、乳房感染、乳房手术未愈等病症时，不宜给宝宝哺乳。但需每隔3～4个小时挤奶一次，以免乳汁淤积。疾病痊愈后才可继续给宝宝哺乳。

如患活动性肺结核、迁延型和慢性肝炎、严重心脏病、肾脏病、严重贫血、恶性肿瘤、其他职业病和精神病等疾患时，不宜给宝宝哺乳。

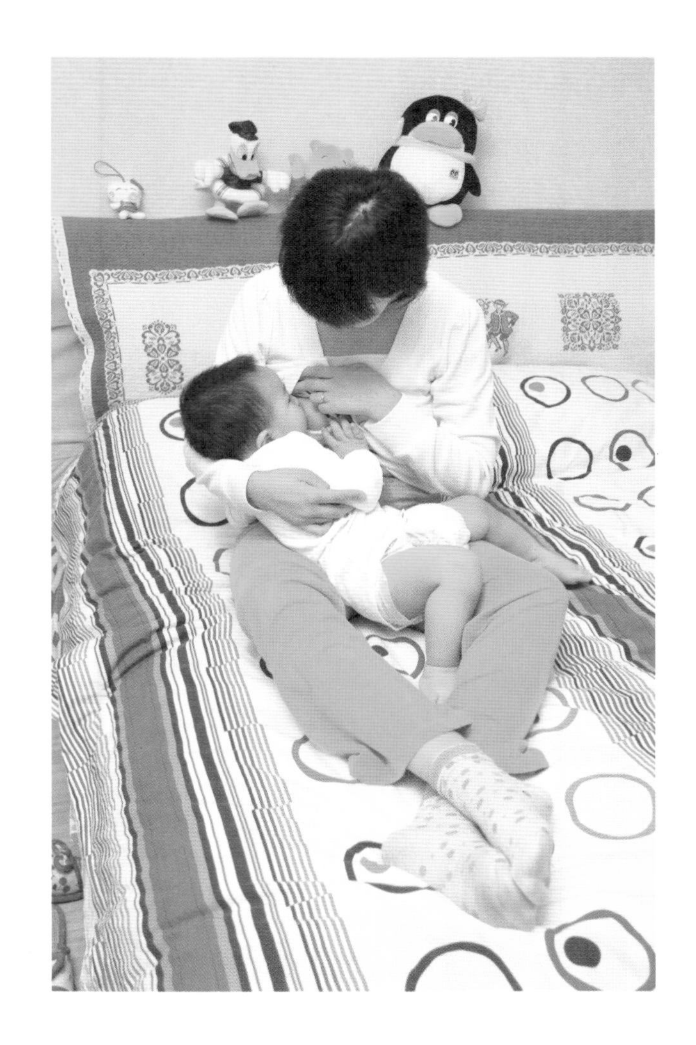

当乳头皲裂时，可以挤出乳汁后用小匙哺喂。患乳腺炎时，有病患的一侧不要给宝宝哺乳，也需按时挤出奶汁。

因病服药期间是否可以哺乳要咨询医生。

总之，是否继续哺乳，应当从宝宝的营养和安全以及妈妈的身体和心理上的具体情况来慎重考虑，权衡利弊，做出合理的选择。

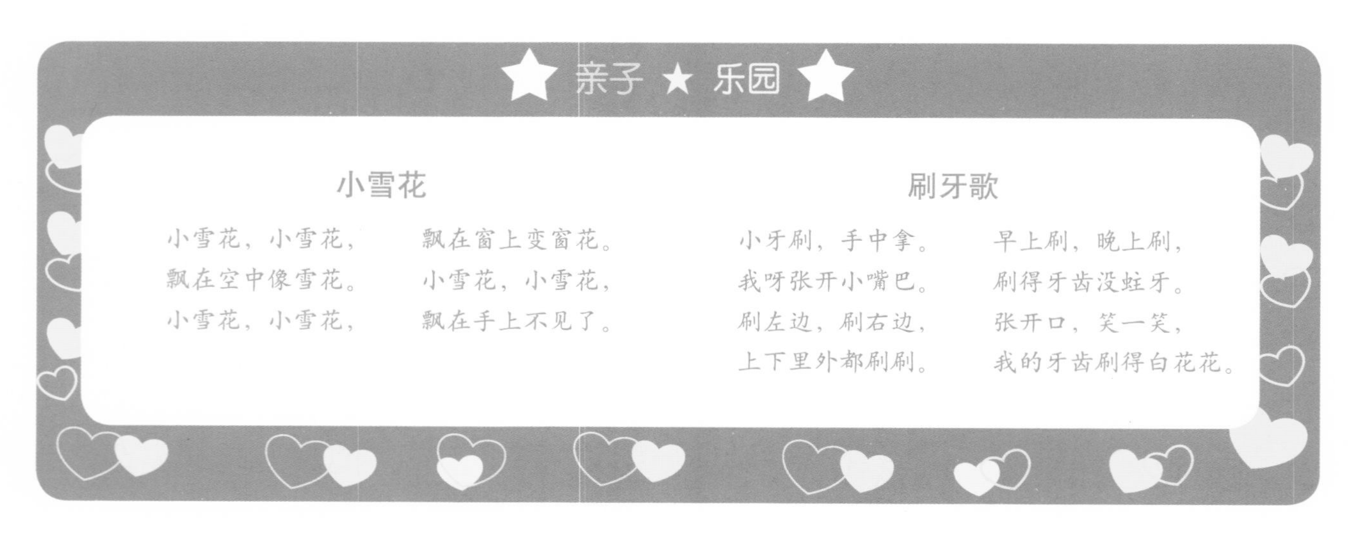

亲子★乐园

小雪花

小雪花，小雪花，
飘在空中像雪花。
小雪花，小雪花，
飘在窗上变窗花。
小雪花，小雪花，
飘在手上不见了。

刷牙歌

小牙刷，手中拿。
我呀张开小嘴巴。
刷左边，刷右边，
上下里外都刷刷。
早上刷，晚上刷，
刷得牙齿没蛀牙。
张开口，笑一笑，
我的牙齿刷得白花花。

上班妈妈如何继续哺乳

喂养宝宝几个月以后，妈妈要上班了，宝宝吃不上母乳该怎么办呢？妈妈总是希望宝宝能更长时间吃到母乳，这时就需要想些办法了。

宝宝需要喂水吗？

A 在通常情况下，母乳喂养的宝宝，在6个月内不必添加任何食物和饮料。母乳内含有婴儿所需的水。因为母乳中的主要成分是水(占到90%～95%)，这些水分对宝宝来讲已经足够了。

断奶还是继续哺乳

职业女性再次回到工作岗位后，很多人就此给宝宝断奶了。这样其实很可惜。上班的妈妈还是可以继续给宝宝喂母乳的，只要事先把母乳挤出来冷冻或冷藏，然后由保姆或家人取出来加热后喂给宝宝就可以了。等到妈妈下班后，仍然可以亲自哺乳宝宝。

挤母乳，让宝宝继续享受妈妈的爱

上班的妈妈挤出母乳来喂养宝宝确实是一个好办法。这样可以让宝宝继续享受妈妈的爱。

什么时候挤乳汁比较合适呢？上班前什么时候喂宝宝，最好还是在那个时间段挤。每个妈妈体质都不同，有的妈妈乳房存奶量比较多，有的少一些。如果奶量很充足，最好多挤几次。不要等到乳房肿胀的时候挤，因为乳房长时间肿胀会影响以后乳汁的分泌。

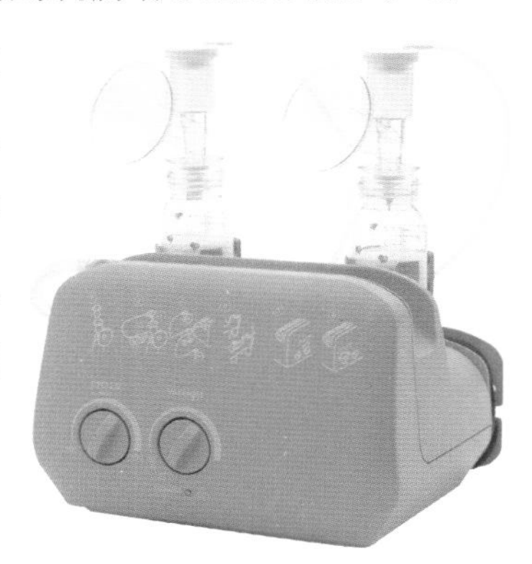

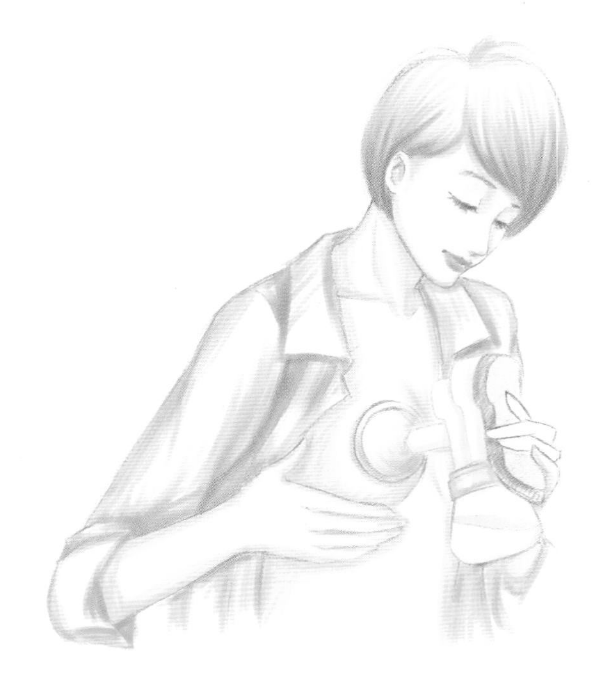

冷冻母乳营养会不会流失

很多上班妈妈都想知道，冷冻的母乳在营养成分上会不会发生变化？回答是肯定的。冷冻母乳一旦解冻之后，淋巴细胞就会死亡，母乳中的抗体就会有所损失。另外，母乳中的脂肪球有时会遭到破坏而造成脂肪分离，并且会依附在奶瓶上。

解冻母乳的时候，最好用40℃左右的温水解冻，然后马上喂宝宝喝。宝宝喝剩下的奶，最好丢弃不用。不要用微波炉加热母乳，微波炉会杀死母乳中的免疫物质。炉火加热，对免疫物质也有损害，最好是隔水加热。

最好的做法是，上班期间就用吸奶器把奶吸出来，有条件的话，将其存放在冰箱里冷藏，下班的时候带回家里冷藏起来第二天用。最好在瓶子上写上日期，这样多用几个瓶子存放，也不会混乱。先挤的奶，宝宝先喝，家人在给宝宝喂奶的时候也就做到心中有数了。

爱心★提示

解冻放在冷冻室且未加热过的母乳，放在室温下4个小时之内仍可食用。如果母乳是从冷冻室中取出，放于冷藏室24个小时之内可以食用，但是不能再放回去冷冻。用温水加热过的冷冻母乳，放在冷藏室4个小时以内仍可食用，但不可以再次冷冻。

挤母乳的时候需要注意什么

如果条件允许，最好准备一间专门用来挤母乳的屋子而不要在厕所里面挤，因为厕所不卫生，有很多细菌。

很多妈妈发现，如果带上宝宝的照片、宝宝的衣服或者录一段宝宝的声音，这些都能帮助自己产生泌乳反射。如果妈妈挤母乳的时候很紧张，乳汁出来的速度就会变慢。如果放松自己的心情，想象乳汁就像瀑布一样流出来，那么乳汁挤起来就容易多了。

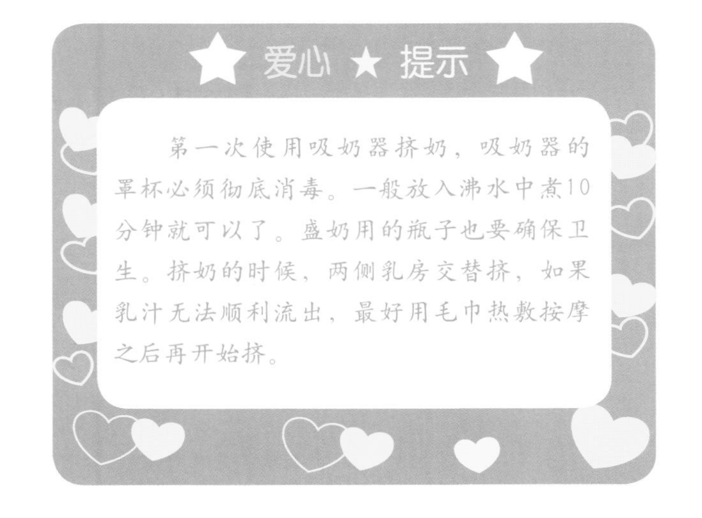

爱心★提示

第一次使用吸奶器挤奶，吸奶器的罩杯必须彻底消毒。一般放入沸水中煮10分钟就可以了。盛奶用的瓶子也要确保卫生。挤奶的时候，两侧乳房交替挤，如果乳汁无法顺利流出，最好用毛巾热敷按摩之后再开始挤。

母乳的储存原则

妈妈和家人了解一些存放母乳的相关知识是很有必要的，下面提供一些数据供参考。

母乳存放方式及时间

存放方式	存放时间
室温下	可保存4～8个小时
冷藏室	2～4℃情况下可保存24个小时
冷冻室	−18℃的情况下可保存3个月

Chapter 4 哺乳期妈妈生病了可以服用药物吗

哺乳期的妈妈生病了，能不能服用药物呢？虽然药物成分经由母乳而被宝宝吸收的量很少，但哺乳期的妈妈还是很担心自己吃药会对宝宝的成长发育造成不良影响。

妈妈服用的药物，宝宝到底能吸收多少？

A 当妈妈服用药物后，药会经由母体血液渗透到乳汁里，然后宝宝吮吸乳汁至胃肠道。相对于6个月以下的宝宝来说，食物来源几乎全是母乳，但妈妈也不用过于担心，通常进入奶水中的药量，不到你所服用剂量的1%。

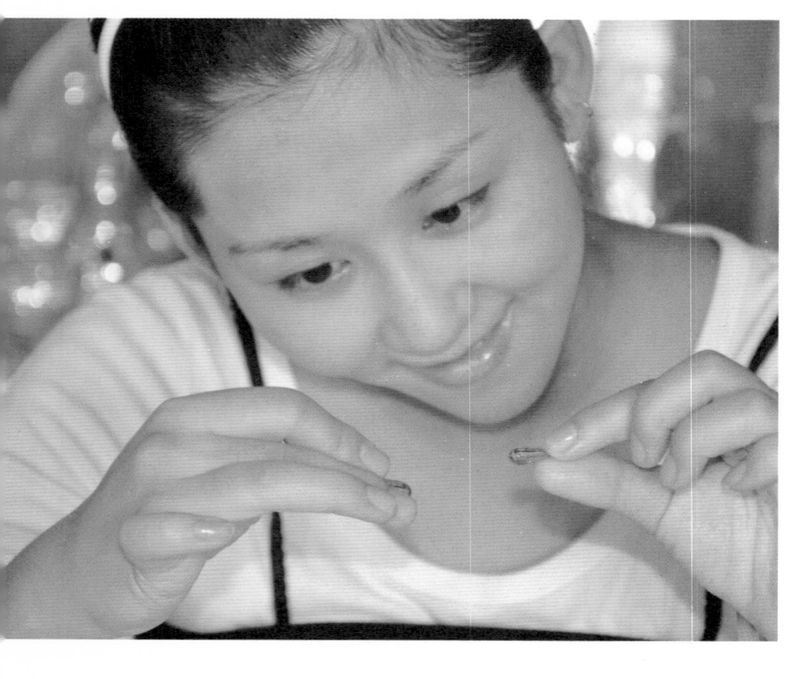

哺乳期妈妈服用药物对宝宝有影响吗

正在哺乳宝宝的妈妈如果生病了，一定会很紧张。她并不是担心自己的身体，而是担心自己该不该去医院，吃药对宝宝会不会造成影响呢？

通常情况下妈妈吃药，渗透到母乳中的药量非常小，不会对宝宝产生很大的影响，不过还是谨慎为妙。

如果医生要开药，一定要让他知道你在哺乳期。有些医生会例行建议你断奶，而事实上，只有极少量的药品被证明对婴儿有害，比如放疗和化疗药品以及毒品等。而且，如果某种药品对婴儿可能有害的话，大多数的医生都能找到替代的药品。

如果医生的回答还不能让你满意，最好再请教一下儿科医生，他也许更了解药物对母乳喂养婴儿的影响。但是哺乳期的妈妈无论是使用口服药物，还是使用外用药物都应该在医生的指导下进行，这样才能保证用药安全、有效。

用药后最好能暂停一段时间的母乳喂养。一般需停药48个小时后再喂奶。如果妈妈感冒了，在哺乳宝宝时，最好戴上口罩。

哺乳期间妈妈严禁服用的药物

禁服的药物	危害
四环素	四环素在乳汁的浓度可高于血液的5倍多，能损害宝宝的牙龈和骨骼发育。
氨茶碱	氨茶碱分布于乳汁中的药量，可达乳母用药量的4%。
苯茚二酮	苯茚二酮可导致宝宝出血。
氯霉素	氯霉素可使宝宝发生骨髓抑制。
异烟肼	其乙酰化代谢物，可引起宝宝肝中毒。
放射性诊断药物	进入乳汁中的药物可影响宝宝健康。
其他	妈妈若吸收高脂溶性的DDT、卤二苯双三氯酚、四氢大麻酚等药量较多时，也可引起宝宝药物中毒。

哺乳期的饮食宜忌

通常来讲，哺乳期的妈妈是没有特别的饮食禁忌的，但如果宝宝的爸爸妈妈是过敏体质，妈妈就要观察自己的饮食与宝宝可能出现的某些症状之间是否有联系，如宝宝出现皮疹（尤其湿疹）、口周红肿、呕吐、腹泻等。一般来说，常见的需要注意的饮食包括牛奶及其制品、蛋清、

鱼虾、坚果等。如果妈妈发现进食某种食物与宝宝出现不适症状有联系，就要在一段时间内避免食用这种食物。妈妈进食某些辛辣刺激的食物，有时也会让宝宝不舒服，需要妈妈悉心观察。

还有一点要特别注意，就是在哺乳期间最好少吃含有咖啡因的食品，比如咖啡、巧克力、可乐以及茶。在吃下这些食物的60分钟之后，咖啡因在母乳中的含量最高。虽然一天的摄取量不多，对宝宝的影响不大，但是如果长期大量饮用含有咖啡因的饮料，就有可能造成宝宝不安、不喜欢睡觉。咖啡因在宝宝体内的代谢会随着年龄的增大而减小。

在食物选择方面，哺乳期间，妈妈可比平时多吃些动物性食品，如鸡、鱼、瘦肉及动物的肝脏、血等，豆类及其制品也是不可忽视的佳品，同时每日还不可缺少新鲜蔬菜。妈妈还要饮用适量的牛奶，多吃水果，尽量不要偏食。每餐要干稀搭配、荤素结合，粗细粮搭配，这样才有利于宝宝的生长发育。

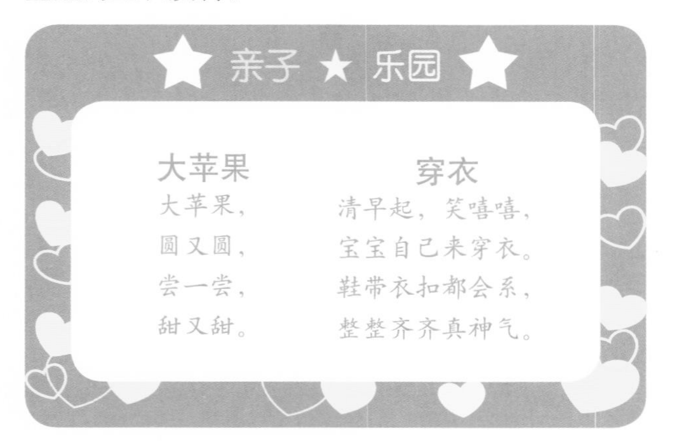

亲子★乐园

大苹果

大苹果，
圆又圆，
尝一尝，
甜又甜。

穿衣

清早起，笑嘻嘻，
宝宝自己来穿衣。
鞋带衣扣都会系，
整整齐齐真神气。

爱心★提示

哺乳期最好少食用下列食物

1.咖啡和浓茶。

2.含脂肪多的食物，如肥肉、油炸食品等。

3.太咸的食物，如咸菜、咸蛋、咸鱼、腌肉、豆腐乳等。

4.熏制的食物，如火腿、熏肉等。

5.热量高但是没有营养价值的食物，如糖果、巧克力、甜点、可乐、汽水等。

6.刺激性的调味品，如辣椒、胡椒、咖喱等。

7.烟、酒等。

无法用母乳喂养的宝宝该怎么喂

因为各种原因，有些妈妈不能用母乳喂养宝宝，而必须人工喂养。人工喂养时，要先为宝宝挑选好合适的奶粉，然后冲泡给宝宝喝。在给宝宝喂奶时，家长一定要做好奶具的消毒工作。

为什么奶粉喂哺的宝宝会很胖？

奶粉喂养导致宝宝肥胖的现象比较多见。在排除遗传和疾病因素后，可能是由以下几个原因引起的。

1.人工喂养的宝宝与吃母乳的相比，人工喂养更省力，容易摄入更大奶量。

2.有些妈妈怕宝宝吃不饱，擅自改变奶粉配制的剂量，超量冲调奶粉，没有严格按照说明书的剂量配制，以致宝宝摄入了过多热量。

3.由于能够看得见宝宝进食的奶量，妈妈常常会按照一定的剂量标准，要求宝宝每次吃完相同的奶量。其实，宝宝每次需要的奶量并不是一成不变的，应该让他自己决定每次吃多少。

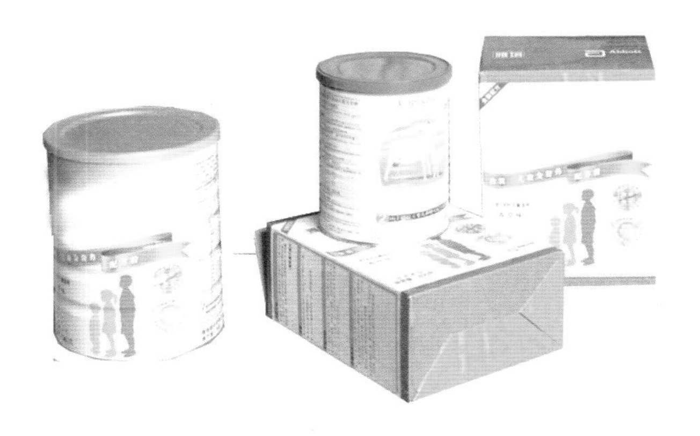

为宝宝选择合适的奶粉

市场上可供选择的奶粉品种很多，妈妈在选择的时候要仔细斟酌。

配方奶粉：营养学家模拟母乳的营养成分，重新调整搭配奶粉中酪蛋白与乳清蛋白、饱和脂肪酸与不饱和脂肪酸的比例，除去了部分矿物质的含量，加入适量的营养素，包括各种必需的维生素、乳糖、微量元素等物质。配方奶粉是无法用母乳喂养或母乳不足时的首选替代品。

在选择奶粉时还要注意以下几点：包装要完好无损，不透气；包装袋上要注明生产日期、生产批号、保存期限，保存期限最好是用钢印打出的，没有涂改嫌疑。奶粉外观应是微黄色粉末，颗粒均匀一致，没有结块，闻之有清香味，用温开水冲调后，溶解完全，静止后没有沉淀物，奶粉和水无分离现象。否则，说明奶粉质量可能有问题。

虽然有的奶粉保质期比较长，但最好购买近期生产的奶粉。

具有知名度的品牌奶粉当然好，但要防止冒牌货。要从大超市、商场购买，除了能防止假货外，大超市和商场商品周期短，能够买到较新生产的商品。

鲜牛奶不适合喂养新生儿

刚出生的宝宝不适合饮用鲜牛奶。虽然鲜牛奶含有丰富的钙质，是很好的乳品，而且鲜牛奶中还含有充足的蛋白质，比母乳高出约3倍。但鲜牛奶中的蛋白质有80%是酪蛋白，酪蛋白在胃中遇到酸性胃液后，很容易结成较大的乳凝块。此外，鲜牛奶还含有多量钙质，也使酪蛋白沉淀，不易宝宝消化吸收，加之钙、磷的比例不适当，会减少钙质的吸收。鲜奶中完整的牛奶蛋白也容易诱发牛奶蛋白过敏。各种维生素和微量元素的含量较少，不能满足快速生长期的宝宝的需要。

新生儿消化吸收功能原本比较弱，因此很难消化鲜牛奶，容易溢乳。综上各种因素，鲜牛奶不是新生儿的首选。

可以给宝宝喂炼乳吗

炼乳是一种乳制品，它是将鲜牛奶浓缩至原来的2/5，然后加入大量的白糖制成的。

宝宝出生后，有些妈妈可能会发现自己的奶水不够，于是寻找可以代替母乳的乳制品。一些家长发现炼乳具有易存放、易冲调、宝宝爱喝等优点，认为炼乳同样是乳制品，与鲜牛奶一样有营养价值。事实上，只喂炼乳有许多弊端，最主要的缺陷是糖分太高。

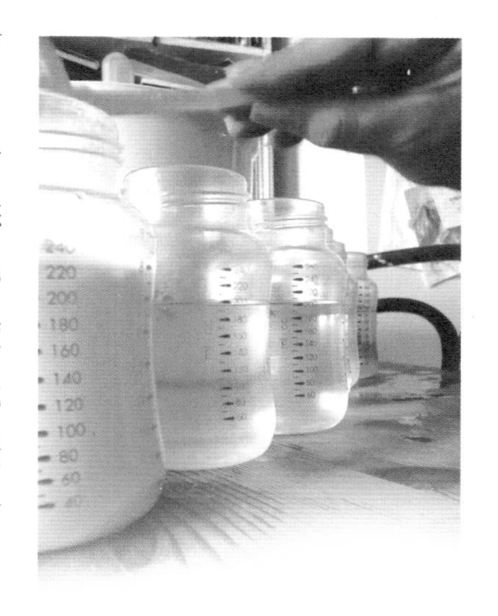

炼乳的含糖量高达40%，按这个比例计算，宝宝吃炼乳时要加4～5倍水稀释甜度才合适，但此时炼乳中的蛋白质、脂肪含量却已很低，不能满足宝宝的营养需要。即使宝宝暂时感觉饱了，也是因为其中含糖量多。如果考虑蛋白质、脂肪含量合适而少兑水，那么冲调出来的炼乳会过甜，不适合宝宝食用。

因此，不要用炼乳作为主要食物来喂养宝宝。

怎样给宝宝调配奶粉

在为宝宝调配奶粉的时候，请按照厂商的调配说明来进行，奶粉和水的比例已经认真地计算过，可以为宝宝提供最好的营养。最好一次调配一瓶奶，具体方法如下：

将适量温水倒入奶瓶中，按照配方奶粉外包装上标注的比例加入奶粉，盖上奶瓶盖后沿顺时针方向轻轻摇动，避免剧烈上下摇动，以免产生大量泡沫。

根据实际情况，也可以一次调配几瓶，将调配好的奶放在冰箱冷藏室，需要时取出（一次没有喝完的奶尽量不要再喂给宝宝了）。

把奶粉冲得浓一点好吗

许多妈妈都希望宝宝能多吃一些，对于人工喂养和混合喂养的宝宝来讲，有时妈妈看到最近几天宝宝吃奶量减少，就不按照说明的要求，而把奶冲得浓一些。认为这样，营养价值就会高一些，能够保证宝宝的摄入量。

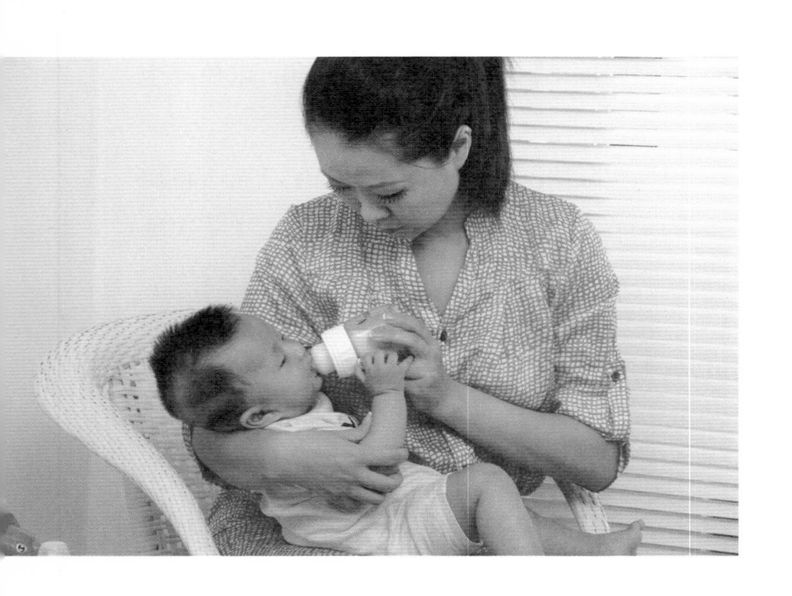

其实这样做对宝宝没有好处。过浓的奶液是一种高渗液体，进入消化道后要经过消化液稀释才能消化。宝宝的消化腺体不发达，不能释放出大量消化液。那些无法稀释的浓奶液会引起超渗透负荷，使宝宝腹胀、呕吐甚至腹泻。

另外，奶粉中含有较多的钠离子，如果奶的浓度过高，其中钠离子的含量也会相应增加。如果这些钠离子没有适当地稀释，而被宝宝大量吸收，就会使血清中的钠含量增高，导致血氮增高和血液中尿素增多。它会使宝宝的肾脏负担过重，还会引起高血压、抽筋，甚至昏迷。

因此，宝宝的奶粉不宜冲泡得过浓。

享受喂奶时的天伦之乐

调好配方奶后妈妈就要着手给宝宝喂奶了，爱抚是喂奶的第一步。喂奶前，妈妈要先将宝宝轻柔地抱起，让宝宝贴近妈妈的胸，让宝宝和妈妈充分享受肌肤之亲。妈妈要望着宝宝的眼睛，在用奶瓶喂宝宝之前，轻柔地和宝宝说话、微笑，这些都有助于增进宝宝和妈妈之间的感情。

千万不要在没人照看的情况下，将奶瓶留在宝宝嘴里，以免导致宝宝呛奶或窒息。

在喂宝宝喝奶之前，先将以前调配好的配方奶温热，或用热水冲一下奶瓶，或将奶瓶放在热水中泡一会儿，不要用微波炉加热。

在喂奶时注意保持奶瓶倾斜，让奶嘴中充满奶，这样宝宝就不会吸到空气了。

喂奶时，让宝宝在妈妈的怀抱里稍稍倾斜。如果宝宝平躺着，会造成吞咽困难，甚至可能被呛着。

当宝宝吃饱以后，妈妈要将宝宝竖起，让宝宝的头靠在妈妈肩部，然后轻轻地拍拍宝宝的背部，帮助宝宝排放在吃奶过程中进入胃里的气体，防止宝宝胀气和溢奶。

如何确定宝宝喝够了

宝宝喝得够不够是爸爸妈妈最关心的问题。一般情况下，满足下列情形就表示宝宝喝够了。

一看哺乳次数。1～2个月宝宝每天需要喂8～10次，3月龄时每天至少要喂8次。

二看排泄。每天换6块以上湿尿布，期间有2～3次软大便。

三看睡眠。能够安静入睡4个小时左右。

四看体重。3个月内时每个月平均增加体重700克以上。

五看神情。小眼睛闪亮，反应灵敏。

给宝宝的奶具消毒

在用牛乳及配方奶喂养宝宝时，要对奶具进行严格的消毒。

奶瓶

奶瓶是为宝宝喂奶不可缺少的工具。为了宝宝的健康，必须在每次宝宝吃奶之后将奶瓶进行清洗和消毒，以消灭残留在奶瓶里的细菌。

具体做法如下：先将奶瓶冲净，然后分别洗一下奶嘴和瓶身，用一把小刷子把残余物刷净。将奶嘴翻转过来，看看吸孔有没有堵塞。再用清水冲洗一遍，然后给奶瓶和奶嘴消毒。

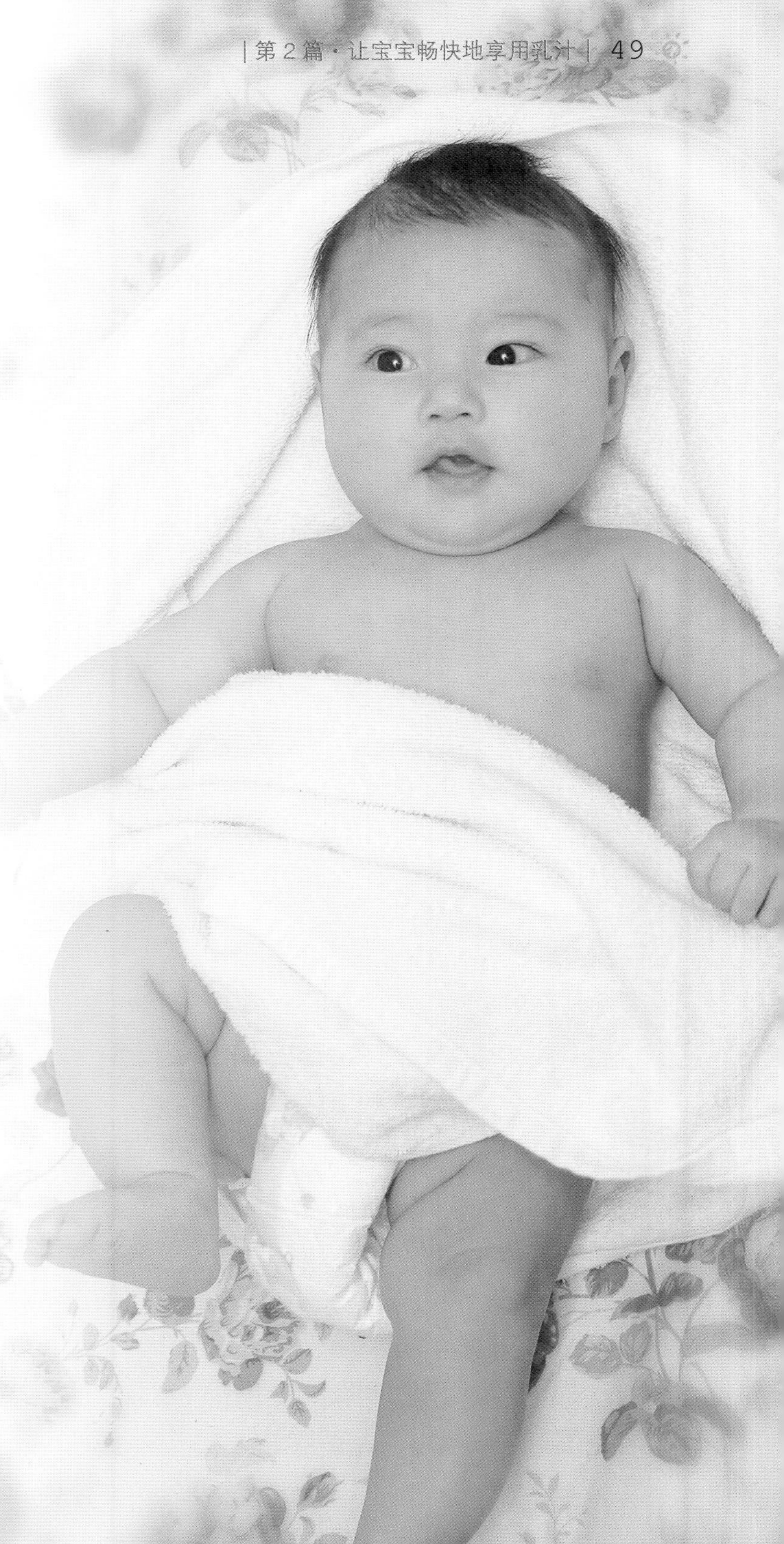

消毒时，可以采用以下方法。

★ 煮沸消毒法

顾名思义，是将奶瓶和其他喂奶的工具放入一口深锅中，使工具完全浸在水中，然后煮沸10～15分钟。

★ 用消毒剂消毒

将奶瓶和其他喂奶的工具放入一个大的容器中，加水超过其高度，放入消毒剂（固体或液体均可），然后浸泡30分钟。

★ 蒸汽消毒机消毒

这是一种电动设备，只需加入水就可产生足够的蒸汽来为奶瓶消毒，大约需要10分钟。

★ 微波消毒装置

这是一种特别设计的、可放入微波炉的蒸汽装置。消毒大约需要5分钟。但使用前必须先确定奶瓶和其他工具可以用微波消毒时方可运用。

每餐都要给奶瓶消毒吗

对于出生1个月的宝宝来说，对奶瓶的消毒是必需的。宝宝在出生后一个月之内，胃肠道呈现无菌状态，万一病菌入侵就会生病，所以最好每餐都消毒。但是当满月过后，宝宝的肠道就会有益生菌，这时，奶瓶只要用清水冲洗即可。为了避免宝宝生病，最好在宝宝喝完奶之后立即对奶瓶进行清洗或消毒，以免奶瓶里残留的奶滋生细菌。

★ 亲子 ★ 乐园

雪馒头

团呀团，团雪球，
我用白雪做馒头。
雪馒头，圆溜溜，
送给雪人尝一口。

好妞妞

糖豆豆，糖球球，
装进小兜兜。
给自己，吃豆豆，
留着糖球球。
给伙伴，吃球球，
真是好妞妞。

怎样帮宝宝断奶

帮宝宝断奶的最佳时机因人而异。如果妈妈即将要上班，而宝宝也长到4～6个月的时候就可以开始断奶了。如果妈妈可以一直哺乳，那么宝宝吃母乳到2岁也没问题。只是在断奶的时候，妈妈还要注意很多问题。

哪个季节给宝宝断奶最合适？

A 给宝宝断奶最好选择春、秋季节。因为春、秋季节，气温不高不低，宝宝身体调节能力较强，能适应断奶以后的变化。

最好不要选择夏季，夏季气温高，人体为了调节体温，通过出汗将体内的热量散发出去。皮肤在散热时，血管扩张，较多血液流向体表，胃肠等内脏器官血液供应相对减少，导致胃肠道活动和消化液分泌减少，消化功能降低。

宝宝因为发育尚未成熟，调节能力弱，如果在这个时候改变宝宝的饮食结构，会加重宝宝的消化系统代谢负担，出现不良反应，如胃肠炎、消化不良、厌食症等。

帮宝宝断奶时该注意什么

一般情况下，妈妈去上班后，随着哺乳宝宝的次数减少，泌乳量也会跟着减少。

随着母乳的减少，在决定断奶之前可以先喂宝宝配方奶，再喂母乳。在断奶时，先减少白天的哺乳次数，再减少睡前的哺乳次数。

从开始断奶到完全断奶，宝宝需要经过一段适应过程，也就是一顿一顿地用辅助食品代替母乳。有些妈妈平时不做好断奶的准备，不逐渐改变宝宝的饮食结构，而是用在乳头上抹黄连、清凉油等方法，突然不给宝宝吃奶，致使宝宝因为突然改变饮食而适应不了。宝宝因此连续多天又哭又闹，精神不振，不愿意吃饭，身体消瘦，甚至发生疾病。这样做是很不明智的。

其实断奶，指的是断掉母乳，并非断去乳制品。在断奶期间和断奶后，要保证宝宝每天能饮用足量适合宝宝月龄的配方奶粉。

断奶期间，爸爸最好承担起喂养宝宝的任务，妈妈可以在厨房准备辅食，不要再抱起宝宝喂奶。到了晚上妈妈最好不要在宝宝身边，由爸爸喂临睡前的一次配方奶粉和负责晚上的照料任务。宝宝哭闹1～2天就会停止，妈妈有意回避5～7天，乳汁自然会减少和停止分泌。

许多母乳喂养的宝宝拒绝用奶瓶。在准备断母乳之前，可先让宝宝试用奶瓶饮水，渐渐学会用奶瓶喝配方奶。用奶瓶的宝宝在睡前一次喂奶最好也用奶瓶，宝宝不必抱着奶瓶入睡，这样对预防龋齿有利。

宝宝断奶后还应该继续喝牛奶吗

宝宝断奶，并不是所有的乳制品都不吃了，还应该继续喂宝宝牛奶，目前推荐使用牛奶为基础的配方奶粉，而且还不能太少。因为宝宝在生长发育的过程中，无论如何都不能缺少蛋白质。虽然在宝宝的食谱中有动物性食品，也含有蛋白质，但宝宝吸收的量不足，远远满足不了生长发育的需求。而牛奶是优质蛋白质，既好喝，又方便，所以，从牛奶中补充是最佳的选择。至于每天让宝宝喝多少牛奶，这要根据宝宝吃鱼、肉、蛋的量来决定。因为宝宝如果吃这些食品比较多，相对来说喝牛奶的量就少，爸爸妈妈在这方面，也要给宝宝进行合理搭配。既不能因为宝宝爱喝牛奶，而减少吃鱼、肉、蛋的量，也不能因为宝宝喜欢吃鱼、肉、蛋而减少喝牛奶的量，因为这些食物不能相互代替。一般来说，1岁以内宝宝每天补充牛奶的量不少于500毫升，1岁以上以不超过500毫升为宜。

宝宝断奶不当容易引起哪些疾病

由于断奶，宝宝的饮食习惯改变了，由此也带来了身体方面的种种变化。如果爸爸妈妈给宝宝的断奶工作准备得到位，饮食调理得好，宝宝就会顺利地度过断奶期，宝宝的生长发育就不会受影响；如果爸爸妈妈准备工作不到位，宝宝的饮食出现了这样或那样的问题，就会容易引起各种疾病。

★ 营养失调症

宝宝的体重低于正常指数，精神萎靡，日渐消瘦，面色和皮肤缺少光泽，而且较为苍白，食欲下降，大便溏稀，睡眠也不太好。这时候就要考虑宝宝是否患了营养失调症。

引起营养失调症的主要原因是断奶后饮食不当，方法不合理，偏食以及食物摄取量不足。营养不良症对宝宝身体的危害是不容忽视的，它可降低宝宝对疾病的抵抗力，宝宝不仅易患感冒，而且因胃肠道的功能差而易引起腹泻。如不加以解决就会使宝宝变得越来越虚弱。因此，爸爸妈妈要及时带宝宝上医院，找出行之有效的解决办法，使宝宝尽快康复。

消化不良症

宝宝一旦习惯了断奶饮食和断奶期间的护理，妈妈就容易精神松懈、疏忽大意起来。饮食上由着宝宝，造成宝宝饮食过量，同时又忽视食具的消毒，从而引起宝宝消化不良。

维生素缺乏症

维生素缺乏症也是一种营养失调症。由于宝宝以断奶饮食为主，减少了母乳或牛乳的摄取量，所以，会在一定程度上引起维生素不足。这不仅是饮食的质和量的问题所致，也是由于饮食不平衡、营养摄取不均衡的问题所致。

断奶后的宝宝饮食上应注意什么

断奶后的宝宝基本上都在半岁以上了。这时宝宝的消化功能增强了许多，能吃流质、半流质的食物，从而为宝宝能够摄取足够的营养物质打下了基础。爸爸妈妈在给宝宝喂辅食的时候，要注意营养的均衡搭配，可以适当多让宝宝吃一些蛋白质食物，如豆腐、蛋类、奶制品、鱼、瘦肉末等。但碳水化合物、维生素等营养成分也不能少。还要注意，新的辅食品种要一样一样地给宝宝增加，宝宝适应一种再增加另一种。如果宝宝

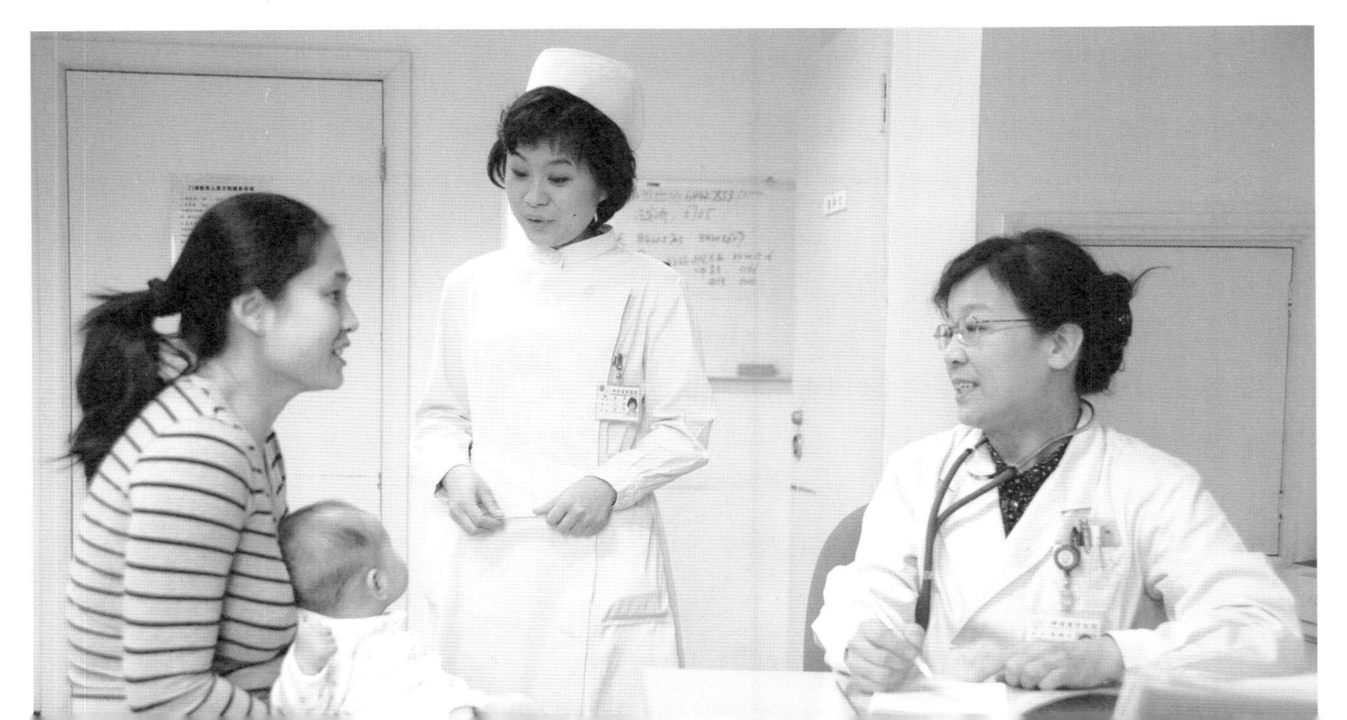

有不良反应，应立即停止。添加新辅食要在喂奶前，先吃辅食再喂奶，这样宝宝比较容易接受。

断奶后期的宝宝（1岁以后）接受食物、消化食物的能力增强了，一般的食物几乎都能吃了，这时候的宝宝有时还可以与爸爸妈妈吃同样的饭菜了，比如蒸肉末、鱼丸子、面条、米饭、馒头等。但还要注意宝宝的饮食特点，食物要做得色香味美，这样宝宝才爱吃。

虽然宝宝能吃肉了，但妈妈切的肉块太大，或肉丝炒得油腻腻，宝宝既吃不进去，也消化不了，不仅会被宝宝拒绝，还会导致宝宝呕吐。另外，还要防止出现另一个极端，即要避免把饭菜做成稀糊烂泥。爸爸妈妈往往会低估宝宝的进食能力和消化能力，总以为没长几颗牙齿的宝宝吃不了成块的食物和固体食物。实际上快1岁的宝宝可以吃些松软柔嫩的碎块状食物，宝宝可以凭几颗门牙和牙床就把熟菜块、水果块、饼干块弄碎、嚼烂再咽下去。如果总给宝宝吃泥状食物，一方面锻炼不了宝宝的咀嚼能力，另一方面，泥状食物有时不见得比松软的固体食物好消化。

少数宝宝吃到碎块食物就会想呕，究其原因，就是给宝宝平时吃惯了糊

状的食物，宝宝一下子接触块状食物不适应造成的。对于宝宝能吃多少，应该在满足宝宝饭量的前提下，根据情况进行调整，比如对吃得过多的宝宝，爸爸妈妈要控制，避免宝宝得肥胖症。这个时期的宝宝仍需喝牛奶，如果宝宝断奶后又不爱喝牛奶，爸爸妈妈就应该想办法，让宝宝喝其他种类的代乳制品，因为乳制品对婴幼儿来说很重要。对于仍然不能接受辅食的宝宝，爸爸妈妈应引起重视，带宝宝去当地保健部门咨询，以得到正确的喂养指导。

宝宝到了断奶期，爸爸妈妈在为宝宝准备食物的时候，一般应回避的食品有以下几大类。

某些贝类和鱼类：乌贼、章鱼、鲍鱼以及用调料煮的鱼贝类小菜、干鱿鱼等。

蔬菜类：牛蒡、藕、腌菜等不易消化的食物。

香辣味调料：芥末、胡椒、姜、大蒜和咖喱粉等辛辣调味品。

另外，大多数宝宝都爱吃巧克力糖、奶油软点心、软糖类、人工着色的食物、粉末状果汁等食品。这些食品吃多了对宝宝的身体不利，因此，都不宜给宝宝多吃。

应该避免不好消化的、刺激性强的、制作过程中容易污染的食品。

宝宝总是断不了母乳怎么办

断奶后期，母乳就要逐渐停止，即使母乳还很充足，除午睡前可喂宝宝一次外，其他时间就不要再喂宝宝了。但有时尽管妈妈也做了努力，但宝宝还是断不了母乳，一天中总有一两次吃了母乳才睡觉，妈妈往往不忍心看到宝宝哭闹，就随着宝宝。这个时候，是否要采取强制性措施停止喂母乳，主要看喂母乳是否影响宝宝吃断乳食品。

宝宝虽然断不了母乳，但并不少吃断乳食品，对这样的宝宝，喂母乳也是可以的。但对那些只想着吃母乳，而排斥断乳食品的宝宝，则必须要想办法，如果不采取一定的措施，宝宝将很难摄取到足够的营养。妈妈应该将食物烹制得色香味更佳，以吸引宝宝的饮食兴趣。

第3篇

精心照顾宝宝的日常生活

照顾宝宝的日常生活是一件累人而又甜蜜温馨的事情。爸爸妈妈在给宝宝换尿布、洗澡、哄宝宝睡觉过程中与宝宝培养出了深厚的感情。看着宝宝一天天长大，由一个什么都不懂的婴儿，变成逐渐学会自己照顾自己的小孩子，做父母的不由得心生一股成就感。

Chapter 1 观察宝宝的排便

观察宝宝排便的次数和大便的颜色、状态很重要。许多妈妈都是通过这些事情来判断宝宝健康状况的。宝宝吃不同的食物，大便的颜色、形状、硬度、气味也不相同。新手妈妈只有了解了这些，才能更好地确保宝宝的身体健康。

我的宝宝3个月，他每天至少大便3～5次，而且呈泡沫状，有发酵味，这正常吗？

A 宝宝可能有如下两种情况。

第一，有可能是生理性腹泻。生理性腹泻多见于8个月内的宝宝。这样的宝宝通常体形较胖，常有湿疹，生后不久即腹泻，大便次数增多且稀，但食欲好，无呕吐及其他症状，生长发育不受影响。这样的宝宝到添加辅食后，大便就会逐渐恢复正常。

第二，如果宝宝是母乳喂养，有可能是母乳中含糖分太多。因为糖分过度发酵使宝宝出现肠胀气、大便多泡沫、酸味重，因此妈妈应该限制摄糖量。如果宝宝的大便不仅泡沫多，而且其中有灰白皂块样物质，表示脂肪消化不良，妈妈就应该注意在自己的饮食中控制脂肪的摄入量。

宝宝一天排便几次

宝宝出生后头3天排出的胎粪为棕绿或墨绿色，无臭味，是由胎儿期内吞入的羊水、许多上皮细胞和浓缩的消化液等组成。有时候妈妈为宝宝换尿布时，会被墨绿色的大便（胎便）吓一跳，以为宝宝得病了。其实，宝宝的这种大便颜色是很正常的。

宝宝还在妈妈肚子里的时候，这种墨绿色的物质就存在了。这表明宝宝的小肠蠕动正常，所以出生后可以将这些东西排出体外。通常在宝宝出生后24小时之内，胎便基本排泄干净，接下来的2～3天，会出现过渡期的排便，颜色将由墨绿色逐渐到黄色，并且稀软，有时还会含有黏液。

另外，不同的食物，会产生不同的粪便。

一般来讲，母乳喂养的宝宝的粪便呈金黄色，有轻微酸味，每天排便3～8次，比吃配方奶的宝宝排便次数要多。

吃配方奶的宝宝的粪便和吃母乳的宝宝的粪便相比，水分少，呈黏土状，且多为浅黄色或浅绿色，每天排便2～4次，偶尔粪便中会混有白色粒状物，这是奶粉没有被完全吸收而形成的，妈妈不必担心。

母乳和配方奶混合吃的宝宝，因母乳和奶粉的比率不同，粪便的稀稠、颜色和气味也有所不同。母乳吃得多的宝宝，粪便接近黄色且较稀；而奶粉吃得多的宝宝，粪便中会混有粒状物，每天排便4～5次。

观察宝宝大便的学问

通过观察宝宝大便可以发现一些问题：大便臭表示喂养宝宝的乳汁中蛋白质过多，宝宝消化不良；大便奶油状表示喂养宝宝的乳汁中脂肪过多，原样排出；大便有奶瓣，表示宝宝吸收的脂肪与钙或镁成皂化物排出，可更换配方奶粉的种类来解决这个问题。

懂得了这些，爸爸妈妈就要注意观察宝宝每次排出的大便，发现宝宝粪便有异常，就要随时调理和治疗。

宝宝便秘怎么办

2～4个月的宝宝极易发生便秘。这时，宝宝的大便次数减少了，大便异常干硬甚至拉不下来，以致宝宝排便时哭闹不止。宝宝便秘的原因很多，最常见的是缺水。特别是人工喂养的宝宝，因为牛奶中钙的含量较高，容易导致宝宝“上火”，如果水分补充不足，就会引起便秘。

所以，为了防止宝宝便秘，爸爸妈妈应注意多给宝宝喂些水，特别是在天气炎热的情况下，更要不时地给宝宝喂水。还可以给宝宝适当喂些菜汁、果汁等。

如果宝宝便秘比较厉害，粪便积聚时间过

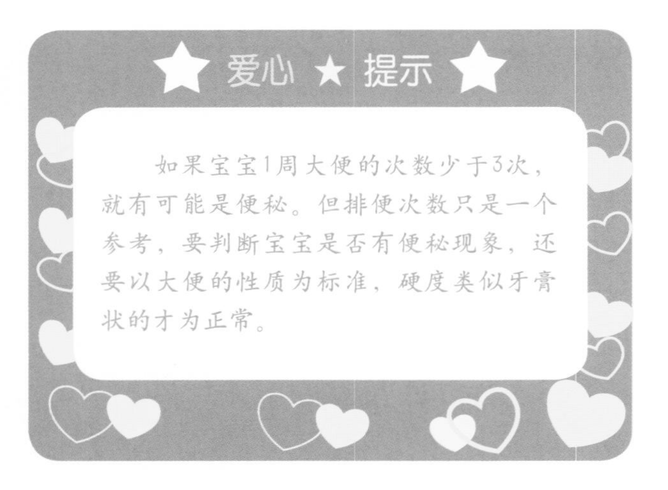

长，不能自行排出时，可试着用小肥皂条蘸些水轻轻插入宝宝肛门刺激排便；或用宝宝开塞露注入肛门，一般就能使宝宝顺利通便。但以上两种方法对宝宝均有一定的刺激，而且容易让宝宝产生心理上的依赖，最好不要常用。便秘严重时要请儿科医生诊治。

为什么宝宝小便次数变少

宝宝在新生儿期，小便次数真是多，几乎十分钟就尿一次，爸爸妈妈一天要更换几十块尿布，

每次打开都是湿的。哺乳期的宝宝，每日进水量多但是膀胱容量小，每日可排尿20次左右；随着宝宝慢慢成长，排尿次数会逐渐变化至每天10次左右，至幼儿期结束，日排尿在5次左右。

随着宝宝月龄的增加，进入第2个月以后的宝宝与新生儿期的宝宝相比，排尿次数逐渐减少了，爸爸妈妈就很担心，宝宝是不是缺水了？

要想判断宝宝是不是缺水，一是要看季节，二是要看宝宝的体征。如果是在夏季，天气热，宝宝可能会缺水分。症状为宝宝不但尿的次数减少，而且每次尿量也不多，颜色黄，嘴唇还可能发干，这就证明缺水了，应该赶紧补水。

还有一个原因会使宝宝的小便减少，那就是宝宝逐渐长大了，膀胱也比原来大了，可以储存的尿液也多了。原来垫两层尿布就可以了，现在垫三层也会湿透，甚至能把褥子都尿湿。可以说，不尿便罢，一尿就尿透。因此，宝宝小便次数少，并不是缺水了，而是宝宝长大了，爸爸妈妈应该高兴才是。

培养宝宝规律性大小便

宝宝刚出生时，大便次数比较多，而且难以掌握规律。等到了两个月以后，每天的大便次数基本保持在1～2次，而且时间也基本固定。所以，从第3个月开始，就可以按照宝宝自己的排便规律培养他按时大便的习惯了。

训练宝宝定时大小便，可以使宝宝的胃肠道蠕动规律化。通常只要宝宝的吃、喝、睡有规律，大小便稍加训练，就可形成规律。

刚开始时，家长可以有意识地在宝宝排便时给予固定的声音（如“嗯、嗯”或“唏、唏”）强化训练动作，逐渐再固定排便地点和排便器皿。经过一段时间的训练，一般等宝宝4个月以后，如果发现宝宝出现脸红、瞪眼、凝视等神态时，就应把宝宝抱到便盆前，并用“嗯、嗯”的发音使宝宝形成条件反射，久而久之，宝宝一到时间就会有便意了。宝宝大小便的时间就比较固定了。

让宝宝学会自己大小便

满1岁之后的宝宝可以独立行走，并能听懂爸爸妈妈的话了，此时就可以训练宝宝自己坐盆大小便了。训练宝宝自己坐盆大小便的时间，最好选择在温暖的季节，以免宝宝的小屁股接触冰冷的便盆时产生抵触情绪。

一般来讲，1岁以后宝宝每天小便10次左右。妈妈或爸爸首先应掌握宝宝排尿的规律、表情及相关的动作等，发现后立即让宝宝坐盆。逐渐训练宝宝排尿前向妈妈或爸爸做出表示。如果宝宝每次便前主动表示，妈妈或爸爸要及时给予语言和行动上的鼓励和表扬。

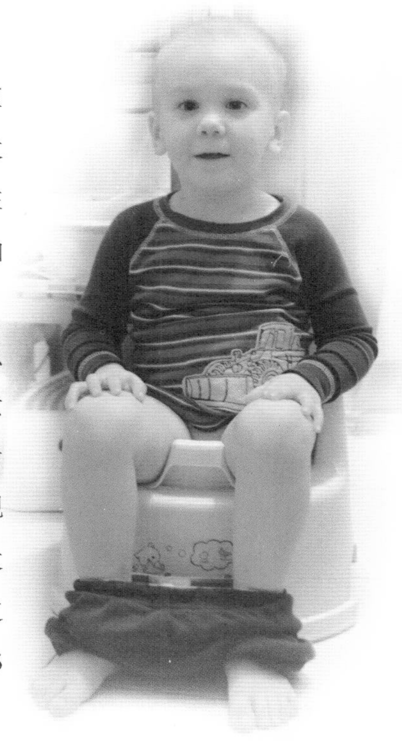

大部分的宝宝在早上醒来后大便，大便前宝宝往往有异常表情，如面色发红、使劲、打战、发呆等。只要妈妈和爸爸注意观察，就可以逐步掌握宝宝大便的规律。让宝宝坐盆大便的时间不宜过长，一般不要超过5分钟为宜。

开始训练宝宝坐盆大小便时，妈妈和爸爸可以在宝宝旁边给予帮助，随着宝宝的逐步长大和活动能力的增强，宝宝就学会自己主动坐盆大小便了。

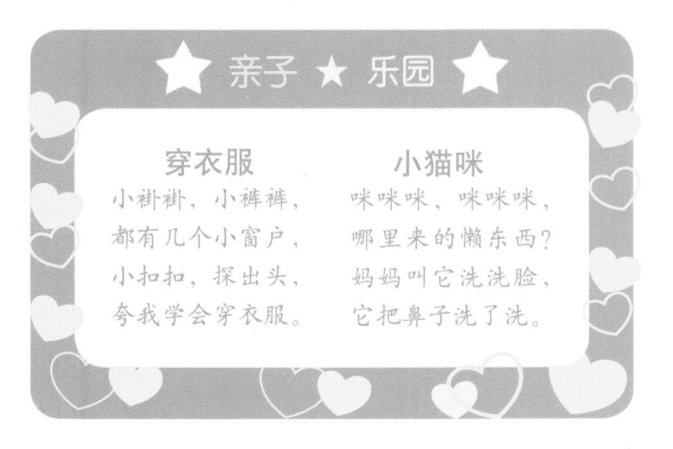

Chapter 2 怎样给宝宝换尿布

换尿布是爸爸妈妈要经常面对的事情。没有经验的爸爸妈妈可能还不知道宝宝需要什么样的尿布，尿布应该怎样换。其实，别看换尿布很平常，如果做不好，还会影响宝宝的健康。那么，我们一起来学习怎样给宝宝换尿布吧！

宝宝肛门周围的皮炎该怎么办呢？

A 肛门周围的皮炎常见于喝奶粉的宝宝，这是因为喝奶粉的宝宝粪便中的碱性较高，会导致肛门周围的皮肤呈碱性，不容易抵抗细菌感染。

这样的状况最早会出现在出生后8周左右的宝宝身上，在肛门周围两厘米的区域内出现红色斑块，严重一点的甚至会有水肿、糜烂的情形。一般在7～8周之后会自动愈合。如果宝宝有这种情况，只要在大便之后尽快帮他洗干净，然后在肛门四周涂抹护臀霜，症状慢慢就会改善。

给宝宝制作合适的尿布

尿布是新生儿的重要用品，尿布要求吸水性强、柔软、便于洗涤，因此要选用柔软浅色的棉布或旧床单、旧秋衣、旧秋裤制作。可剪成36×36厘米的正方形，也可做成36×12厘米的长方形，不需要弄得太大。

使用时可折成两种形状，一种是长方形，也就是将正方形尿布折叠成三层，或用两块长方形尿布折叠成长方形使用。使用时在宝宝腰部围一条宽松适宜的松紧带，将尿布包好，尿布前后两端塞入松紧带即可。

另一种是三角形，将正方形尿布对折两次即

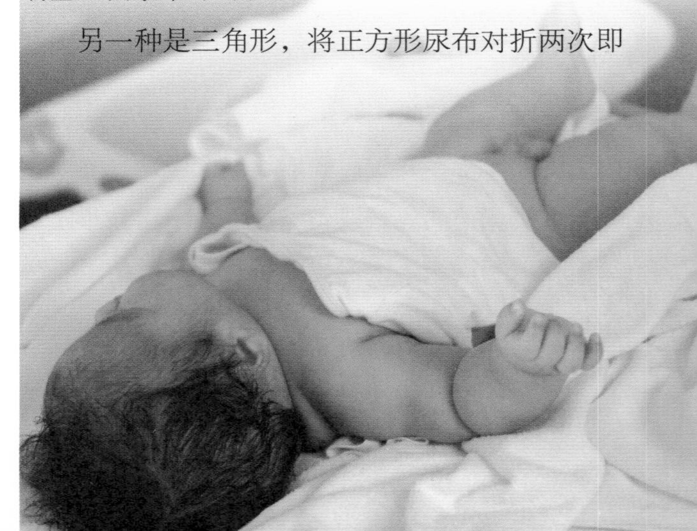

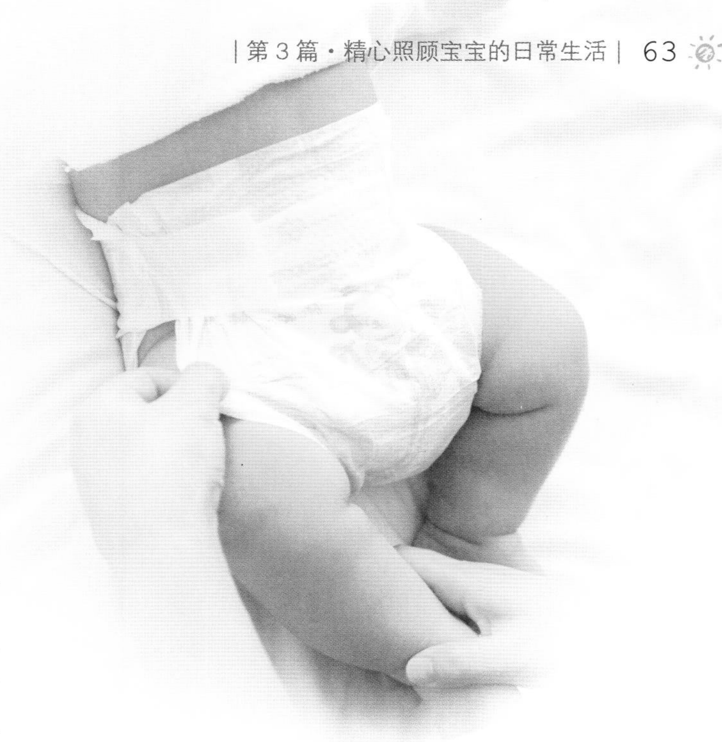

成，使用时可在三角形尿布内侧加一叠长尿布，三角形尿布的两端可缝上粘料。

长方形尿布比较方便，但容易漏出大便，三角形尿布包裹较紧，会使宝宝两腿分开较大。做好的尿布在使用前要先用开水烫一下，在阳光下晒干备用。

为防止宝宝的尿液渗到床褥上，还要准备几块棉垫子。棉垫子的制作方法是用旧棉布做成约45厘米见方的夹片，内絮棉花。一般需准备五六块，以备轮换使用。塑料布或橡皮布不能直接包在尿布外面，应将塑料布或橡皮布放在棉垫下面，这样尿液渗出时就不会弄湿床褥了。如果不垫棉垫子，塑料布会阻碍尿液外渗和蒸发，尿液容易刺激宝宝皮肤，从而产生尿布疹。

纸尿裤与传统尿布的利弊比较

首先，纸尿裤有舒适的干爽网面，使得宝宝不再被尿湿的尿布浸着。宝宝不必为尿布湿了而大声哭闹，可更长时间连续睡眠，也减少了尿布疹的发生。而使用传统的尿布，每天要更换十几次，甚至二十几次，不能让宝宝连续安睡，还要每天清洗尿布，给爸爸妈妈带来很多麻烦，尤其外出时。

使用纸尿裤减少了妈妈和宝宝接触的机会。而给宝宝换尿布就像做游戏一样。正在哭闹的宝宝，妈妈一旦打开尿布，摸摸宝宝的小屁股，嘴里说着话，宝宝会立刻停止哭闹，并手舞足蹈，嘴里“哼哼”着，表现出异常兴奋的样子。宝宝希望爸爸妈妈的爱抚，这非常有利于宝宝智能的发育。纸尿裤的出现使得母子间感情的交流不知不觉地淡漠了。

其次，由于纸尿裤使用方便，吸水力强，减少了宝宝因尿湿后的啼哭频率。其实，宝宝的啼哭是一种语言，宝宝可以通过这种特殊的语言和爸爸妈妈交流。啼哭也是宝宝的一种运动方式，适当的啼哭对宝宝的发育成长是有好处的。

所以，任何一个新产品，都不可能全是优点，总会或多或少带有些不足，甚至缺憾，应该辩证地看待。纸尿裤本身还在改进，只要年轻的爸爸妈妈学会扬长避短，去弊就利，就能充分享受现代科技产品带给我们的好处。

传统尿布与纸尿裤优缺点的比较

项目	优点	缺点
传统尿布	可重复使用。	要花时间清洗。
	省钱。	不停地更换。
	环保。	容易造成尿布疹。
	增进母子交流。	无法保证母子连续睡眠。
纸尿裤	不用清洗。	不环保，增加垃圾量。
	吸收力强。	用量大，花费多。
	可随手丢弃，方便外出。	宝宝更晚学会控制大小便。
	母子睡眠良好。	—

选用理想纸尿裤的 4 项标准

新手妈妈如果想选用较为理想的纸尿裤，可以参考以下4项标准。

★ 吸收尿液力强而且速度快

因为纸尿裤含有高分子吸收剂，吸收率可达自身的100～1000倍。纸尿裤表层的材质也要挑选干爽而不回渗的，最好选择四层结构的纸尿裤，即表层、吸收层、防漏底层之外多加一层吸水纤维纸的，这样的纸尿裤更少渗漏。

★ 透气性能好且不闷热

透气性好的纸尿裤首先是内层材质天然透气而且很薄，最关键的因素是有层透气膜，即薄塑料膜上有一种肉眼看不见的微孔，透气但不透水。

★ 触感舒服

由于纸尿裤与宝宝皮肤不仅接触的面积大，而且几乎是24小时不离身，所以，要选择超薄、合体、柔软、材质触感好的纸尿裤。

尺码适合且价格适中

选用纸尿裤尺码时，可参考包装上的标示购买。目前，市场上出售的纸尿裤品牌多，价格也高低不等。经济条件好的可选择比较高级的纸尿裤，价格相对低廉的纸尿裤质量也比较可靠，爸爸妈妈尽可以放心购买。

轻轻松松换纸尿裤

在为宝宝换纸尿裤之前，先将需要的用品放在伸手可及之处。如干净的纸尿裤、湿纸巾、棉球、温水、一条小毛巾和可供换洗的衣服。如有必要，还应准备一些滋润皮肤的乳液，也可以准备几件能够吸引宝宝注意力的玩具，或是有逗宝宝的人在旁边。妈妈把双手洗净后，就可以正式为宝宝换尿布了。

换纸尿裤的步骤

第一步，调整纸尿裤

将干净的纸尿裤打开，并把大腿内侧的里衬展开来。这样可以防止宝宝的大便从大腿内侧漏出来。

第二步，垫上纸尿裤

不要急着解开脏的纸尿裤，要把干净的纸尿裤铺在宝宝的屁股底下，调整好位置。

第三步，清洁小屁股

解开宝宝身上的脏纸尿裤，但先别拿开。若是排粪便，就利用原先的纸尿裤的干净部分把粘在小屁股上的大部分粪便抹去，由前向后帮宝宝清洁屁股，然后再用干净的纸尿裤来取代脏纸尿裤。

第四步，固定位置

固定腰部的位置，最好腰部能容下一指，这样宝宝会比较舒服。然后再调整大腿内侧的松紧。

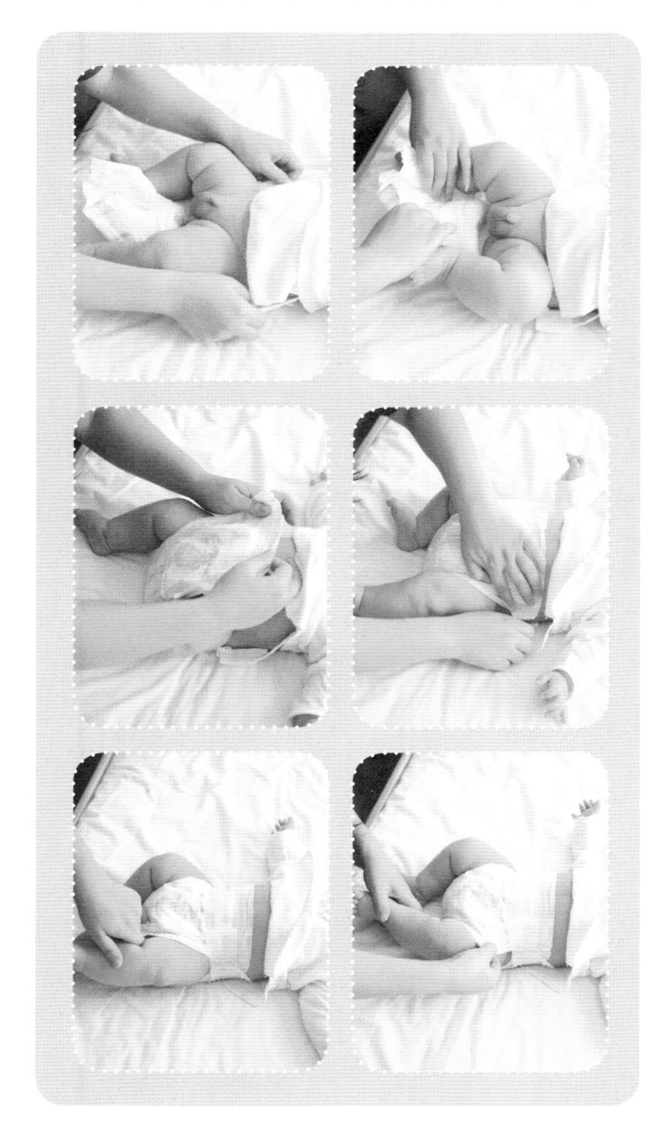

几种特殊尿布的换用方法

现在的宝宝所使用的尿布多种多样，下面几种特殊尿布的换用方法可供年轻的爸爸妈妈参考。

三角形尿布的换用

三角形尿布透气性好，也较为适合宝宝使用。换用时，先把宝宝的外生殖器擦拭干净，再把宝宝的小屁股放在三角形尿布中间。把尿布的一角向上移至宝宝胯部，遮住宝宝下腹，把另外两角打成漂亮的结，注意要留出一定的余量，并整理好尿布的边侧部位，保证宝宝腿部能活动自如。

长方形尿布的换用

先清除宝宝小屁股上的污物，换上新尿布。男宝宝的尿布前端稍长，女宝宝的尿布后端稍长，并留有空余，包裹好尿布带。

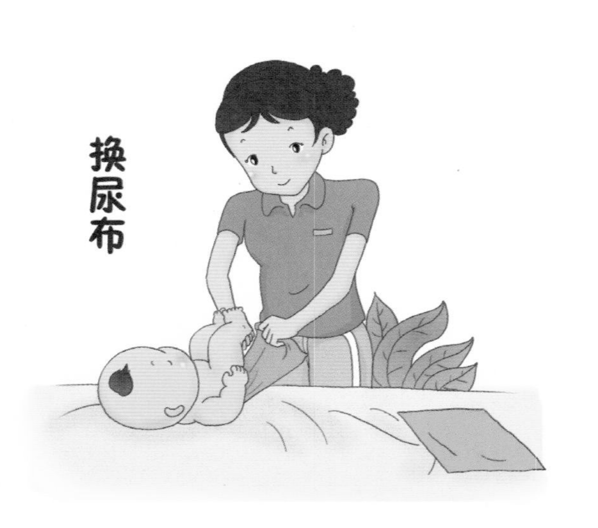

如何洗尿布

宝宝的尿布要勤换勤洗，换下来的尿布要及时洗涤。洗尿布不能用洗衣粉、药皂和碱性强的肥皂洗涤，这些都会刺激宝宝的皮肤，易引发尿布疹。

正确的洗法是先将尿布上的粪便用清水洗刷掉，再擦上中性肥皂，放置20～30分钟后，用开水烫泡，水冷却后稍加搓洗，粪便黄迹就很容易洗净，再用清水洗净晒干备用。如尿布上无粪便，只需要用清水洗2～3遍，然后用开水烫一遍晒干备用。新生儿的尿布不要用炉火烘烤，因为那样会反潮而刺激皮肤。

预防尿布疹的方法

尿布疹是发生在裹尿布部位的一种皮肤炎性病变，也称婴儿红臀。它的外观表现为臀部与尿布接触区域的皮肤发红、发肿甚至出现溃烂、溃疡及感染，稍有轻微的外力或摩擦便会引起损伤。

如果新生儿护理不当，出现尿布疹是经常会发生的事，特别是在头几周里，宝宝小便的频率几乎是1个小时好几次。所以，经常更换尿布，就成了预防尿布疹的最好方法。

对于使用免洗纸尿裤的宝宝来说，妈妈更要

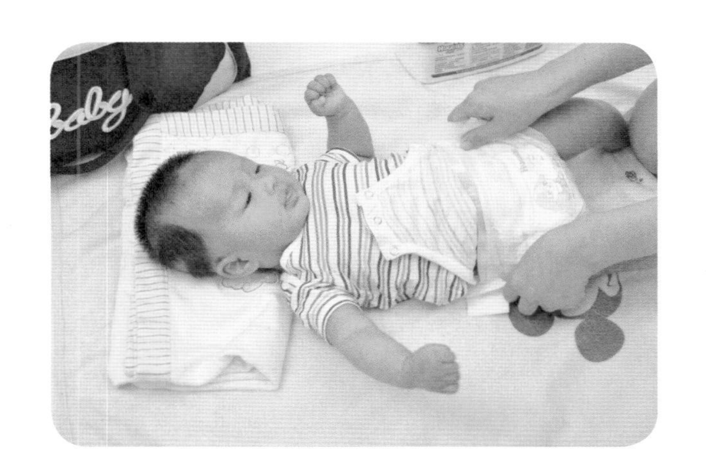

格外注意，千万别等到纸尿裤湿透了才换。因为现在的纸尿裤吸水性都很强，如果等到纸尿裤湿透时，恐怕宝宝的小屁股早就患上尿布疹了。

正确使用尿布可使宝宝少患疾病

为使宝宝身体健康，在为宝宝换尿布时，应注意以下几点。

宝宝在垫尿布的地方非常容易发生糜烂，即使很注意换尿布也可能发生。如果已经发生糜烂，应尽量勤换尿布，不要总裹着湿尿布。另外，在给宝宝换下湿尿布的时候，不要马上包裹好干尿布，应先用清水帮宝宝把小屁股洗一洗，然后再晾一晾。最好多晾一会儿，让宝宝的小屁股多接触一些新鲜空气，这对预防尿布疹很有效，同时也不要用老式的防水尿布套。

用肥皂洗尿布时，一定要用清水多漂洗几遍，以免残留的肥皂成分刺激宝宝的皮肤。为了防止细菌侵入宝宝糜烂的肌肤，尿布应充分日晒消毒。

现在纸尿裤的使用越来越普遍。如果宝宝对生产纸张时所使用的化学物质不过敏，也不发生皮肤糜烂，完全可以使用纸尿裤。

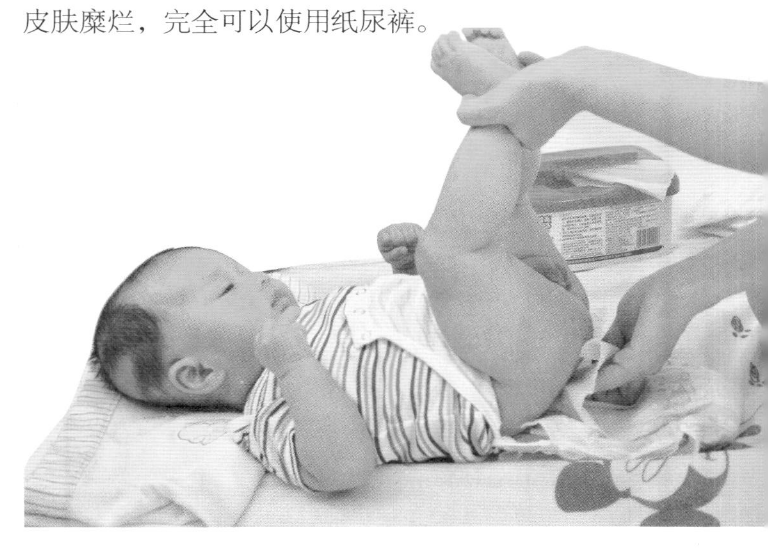

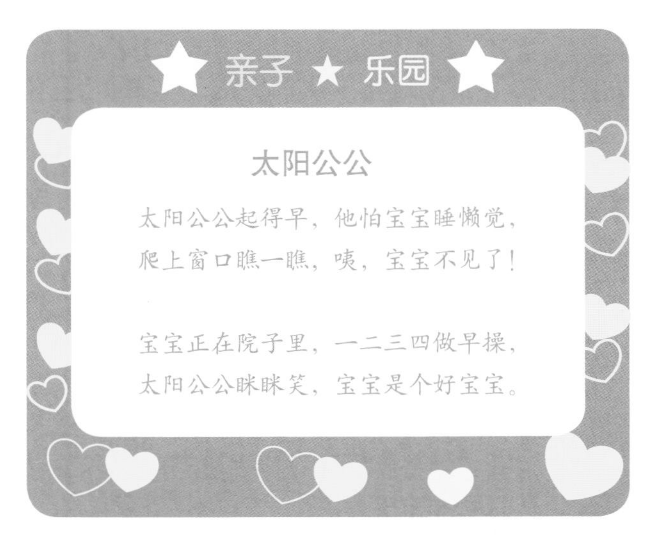

★ 亲子 ★ 乐园 ★

太阳公公

太阳公公起得早，他怕宝宝睡懒觉，
爬上窗口瞧一瞧，咦，宝宝不见了！

宝宝正在院子里，一二三四做早操，
太阳公公眯眯笑，宝宝是个好宝宝。

Chapter 3 为宝宝洗澡及清洁

如果不是夏天，4个月以前的宝宝是没有必要每天都洗澡的，其实1周洗两三次就可以了。如果是冬天，每周洗1次都可以；如果是夏天，洗澡的次数可以适当增加。

如果宝宝没有洗澡，那就要对他的脸、手、脚和屁股多做清洁了。在清洁的时候，女宝宝和男宝宝的特殊部位也要做特别的清洁。

Q 宝宝不小心喝了洗澡水怎么办？

A 宝宝在洗澡的时候，有时会有意或无意地把洗澡水喝到肚子里。只要宝宝不是和其他人一起洗澡，就不会出现细菌进入胃肠道引发感染的问题。

但如果水中有溶解的香皂、浴液，那么宝宝有可能出现轻微的不适或腹泻，但很快就会恢复正常，妈妈不必太担心。

今后在给宝宝洗澡时，要注意别让他喝洗澡水。大一点儿的宝宝要告诉他，洗澡是将身体的脏东西洗掉，所以洗澡水很脏，不能喝。

经常洗澡对宝宝有好处

宝宝新陈代谢旺盛，容易出汗，大小便次数多，而且容易因为溢乳吐奶，而使奶汁滴到衣服上、颈部或耳内。所以宝宝的皮肤很容易弄脏，勤洗澡对宝宝的发育关系重大。

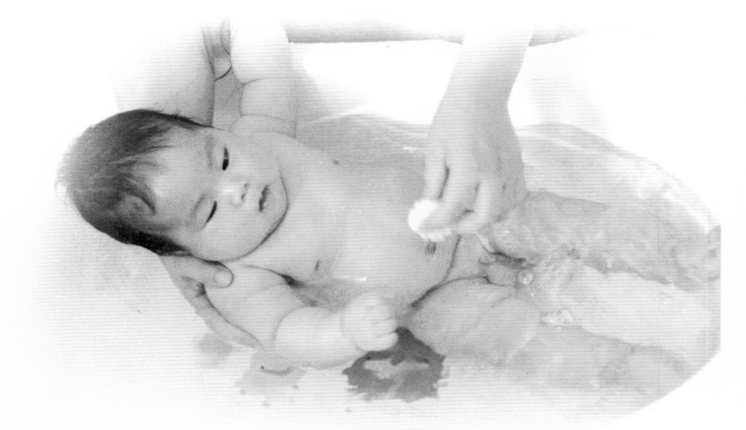

脏的皮肤容易成为细菌生长繁殖的地方，洗澡不仅可以避免细菌感染，还可以清洁皮肤，帮助皮肤呼吸，加速全身血液循环。经常洗澡也是

对宝宝皮肤触觉的最好刺激。在洗澡过程中，皮肤能把各种感觉直接传递到大脑，对促进大脑的发育和成熟十分有利。此外，每次洗澡的时候，妈妈还可以很方便地检查宝宝全身的皮肤、脐带，观察四肢活动和姿势，以便及早发现和处理宝宝发育中可能出现的问题。

怎样给宝宝洗澡

洗澡前的准备

给宝宝洗澡时间不要拖得太长，以免着凉生病，尤其是天气不太好的时候，更要注意。为此，在给宝宝洗澡之前要做一些必要的准备工作。

浴盆

为宝宝选择一个合适的浴盆。浴盆的地面周围要防滑。

浴巾、毛巾

毛巾用来擦宝宝身上的水，浴巾用来包裹宝宝，以免洗澡后宝宝着凉。毛巾最好选择纯棉的，摸起来比较柔软的。

沐浴露

沐浴露要选择适合宝宝使用的，这样的沐浴露温和，不刺激皮肤。

换洗的衣物和干净的纸尿裤或尿布

将换洗用的衣物和干净的纸尿裤或尿布放在随手就可以拿到的地方，方便给宝宝换用。

爱心★提示

给宝宝洗澡的时间最好安排在吃奶后半个小时，因为刚吃过奶的宝宝容易睡觉，洗澡时也容易吐奶。洗澡时的室温最好在25℃左右，室温太低宝宝容易受凉。至于宝宝的洗澡次数，可以根据当时的气候和家庭条件来决定。如果是夏天，每天至少洗1次；如果是冬天，可以每周洗1次，有时大便后如果特别脏也可以相应增加次数。

洗澡的步骤

一切准备好后，就可以给宝宝脱衣服洗澡了。

第一步

爸爸妈妈先要做好自己的清洁。先把手洗干净，以免把细菌带给宝宝。

第二步

在澡盆里盛上深5～8厘米的水就可以了，要先倒凉水，然后兑热水，用胳膊肘或手腕试试水温，38℃～40℃，觉得热而不烫就可以了。

第三步

帮宝宝脱掉衣服，马上用大浴巾把宝宝包好。

第四步

先用小毛巾帮宝宝擦洗小脸。顺序是眼睛、耳朵、嘴巴，鼻孔也要擦干净。

第五步

用一只手把宝宝的耳朵压住，以免进水；另一只手托住宝宝的屁股，慢慢将宝宝放入水中。

第六步

可以用小毛巾帮宝宝洗头发，洗完头发后一定要用清水冲洗干净，以免残留的洗发露使宝宝皮肤过敏。

第七步

帮宝宝清洁身体时，要特别注意背部、脖子、腋下、关节处、腹股沟和屁股的清洁。

第八步

洗完后，用小毛巾帮宝宝擦干身上的水，再用大浴巾包好宝宝。尽快帮宝宝穿上衣服，以免着凉。

怎样给宝宝做简单的清洁

如果你给宝宝洗澡的技术还不过关，或者你的宝宝卫生保持得好，就没有必要彻底清洗，也可以采用擦洗的办法。为宝宝擦洗时，将所需的一碗温开水、脱脂棉球、两块柔软的棉质软布或毛巾、干净的褥单和衣服准备好之后，就可以按照以下方法操作了。

首先，在脱衣服的时候，把宝宝放在换尿布用的垫子或毛巾上。不要脱掉他的背心，或者用毛巾裹住他。

然后将一块脱脂棉球用温开水湿润，轻轻擦洗宝宝的脸、下巴，还有耳朵和脖子，然后用棉质软布或毛巾轻轻地拍干。

要特别注意的是，一定要确保脖子褶皱处拍干才行。然后取两团新棉花，在温水里蘸湿，仔细地从内眼角向外眼角擦洗宝宝的眼睛。

为了防止交叉感染，两眼使用的棉球要分开用。擦洗耳朵时，要先擦耳内，后擦耳外；擦完一只耳朵后换一块脱脂棉再擦另一只。

同样的道理，将宝宝的手指展开，用新的湿润的脱脂棉球清洗小手、脚和腋下，每洗一个新的部位就换一块脱脂棉，洗完后用毛巾轻轻蘸干。

最后，再把尿湿的裤子脱下来，用蘸了热水的棉花擦洗尿布包着的地方，特别是大腿周围的褶皱处。

擦洗生殖器周围的时候，要遵循从前往后的顺序。擦洗完了之后，换上干净衣服。

为了让宝宝在擦洗时保持良好的情绪，一方面妈妈要保证自己的动作尽可能地轻柔而迅速，另一方面还可以边擦洗边和宝宝说话或给宝宝唱歌，也可以把玩具挂在宝宝头顶上方，让不耐烦的宝宝安静下来。

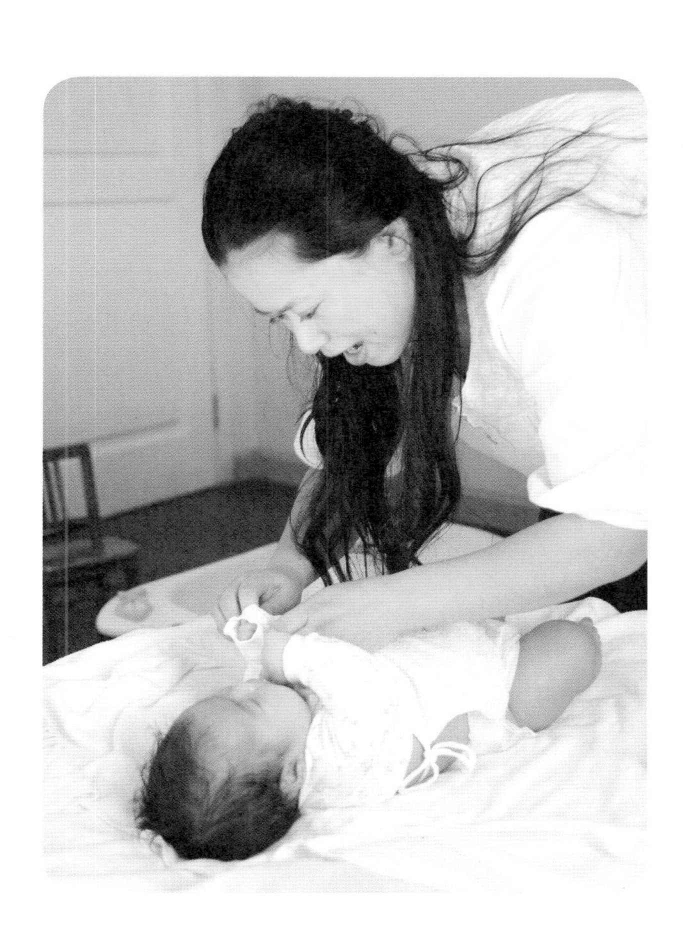

给女宝宝洗澡的要点

帮女宝宝洗屁股的时候，要从前向后洗。从尿道口开始，清洗到阴道口、肛门，这样的顺序可以降低细菌感染的机会。

洗澡的时候要使用温和、天然的弱酸性宝宝专用香皂或沐浴露来清洁女宝宝的屁股。

对于一天要排便很多次的女宝宝来说，也许你担心她的屁股很不干净。其实，只要在换尿布

爱心 ★ 提示

很多新手爸爸妈妈在给宝宝洗澡后，常常喜欢给宝宝的小屁股、腋下或大腿根部等身体皱褶处多擦些爽身粉。过多的爽身粉遇到汗水或尿就会结成块状或颗粒状，当宝宝活动时，身体皱褶处的粉块或颗粒摩擦娇嫩的皮肤，容易引起皮肤红肿糜烂，因此最好不要用爽身粉。为防止宝宝皮肤红肿糜烂，要经常给宝宝洗澡，大小便后也要清洗宝宝的小屁股。洗澡之后，宝宝身体的皱褶处只要用干毛巾擦干就行了。如宝宝皮肤有潮红，可用煮沸冷却后的植物油或红霉素软膏涂擦，严重时就要请教儿科医生了。

的时候，用宝宝专用湿纸巾或者清水把宝宝的尿渍或者大便擦洗干净就可以了。

对于刚出生的女宝宝，在清洁私处时用棉签蘸温水轻轻洗。第一次不一定能完全洗干净，不要着急，连续几天就能彻底洗干净了。在清洁时注意观察宝宝的情绪，如果宝宝不高兴，就暂时停止。刚生下来的女宝宝的分泌物还是洗干净为好。如果不及时清洗干净，时间长了会有异味。

给男宝宝洗澡的要点

对于男宝宝来说，最难清洁的就应该是阴茎了。刚出生的男宝宝，由于包皮紧覆在龟头上，所以清洗起来比较简单，只要把露在外面的部分洗干净就可以了。但随着宝宝渐渐长大，包皮往后退而露出龟头时，很多妈妈都犹豫，要不要把包皮翻开来清洗？其实，大部分的男宝宝在两岁之前，包皮和龟头都不会完全分开。这时候就不用翻开清理。等到宝宝再大一些了，就可以翻开来清洗，但是不要过于频繁，而且清洗时动作要轻柔。

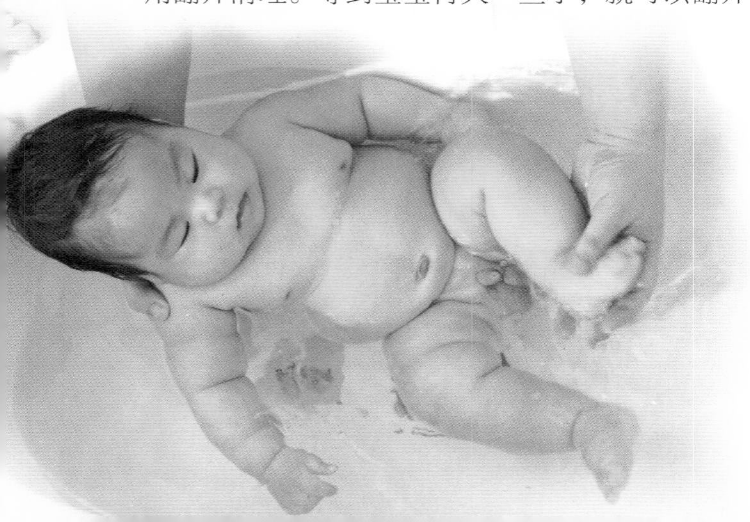

男宝宝在洗屁股时，没有必要一定要从前向后清洗。但是男宝宝的皮肤褶皱处要特别仔细、轻柔地擦拭。

帮宝宝清洁，小细节要注意

洗澡

给新生儿洗澡时要注意脐带的保护。新生儿在出生4～5天之后，脐带可能会脱落下来，先是留下小小的伤疤，几天后就会痊愈。尽管如此，新手爸爸妈妈在为宝宝洗澡时，仍要注意脐带的保护。

如果天气冷或脐带还没有脱落，上下身应分开洗。方法是：先脱去上衣，下半身用毛巾或布包好，新手妈妈或新手爸爸用左手托住宝宝头部，左手的拇指和中指从后面把耳郭像盖似的按在耳道口，防止水流入耳道，左肘和腰部夹住宝宝下半身，右手用小毛巾蘸水将脸、头部洗净擦干，接着洗脖子、腋下、前胸后背、双臂和双手，洗完后用干浴巾包裹上半身。洗下半身的时候，要把宝宝的头靠在左肘窝里，左手托住两大腿根部后用右手洗。宝宝洗澡要用宝宝专用浴皂或沐浴液，浴皂不要直接擦在宝宝身上，应该把浴皂在大人手上摩擦起沫后，再去擦洗宝宝的皮肤。有湿疹的宝宝不要用浴皂洗澡，只用清水洗就可以了，以免加重湿疹。洗后把宝宝放在干浴巾上轻轻擦干水渍，尤其要注意擦干脖子、腋下和大腿根部的皱褶处。然后用酒精消毒脐部，迅速给宝宝穿好衣服，包好尿布。

当宝宝脐带脱落后，脐部又无炎症，就可以把宝宝全身放入水中洗。刚开始盆里水不要放得太满，为防止宝宝滑倒，可在盆底垫放一块尿布或毛巾。刚开始由于不熟练，最好爸爸妈妈一起帮宝宝洗，一个人托住宝宝，另一个人洗。洗的顺序是，首先洗头和脸（这最好在浴盆外面洗，比较方便），接着洗前胸、后背、手和脚。然后把宝宝从盆中抱出，用浴巾包起来，轻轻把水吸干，迅速给宝宝穿好衣服，垫上尿布，最后用干毛巾把眼、耳、鼻、头发擦干。

洗头

新生儿头皮上容易堆积皮脂，很不卫生。为防止头皮上皮脂淤积，可以用软毛刷和少量宝宝专用洗发剂给宝宝洗头发。为防止鳞屑的生成，即使他的头发很少，也应该用手指将宝宝儿的头发梳开。

如果宝宝的头皮上已有皮脂淤积，在他的头皮上抹一点儿婴儿油，第二天早晨再洗掉。婴儿油可以软化淤积的皮脂，使其变得松动而且容易洗掉。不要用手指将皮脂抠下来。

宝宝3～4个月大后，就可以用清水代替洗发

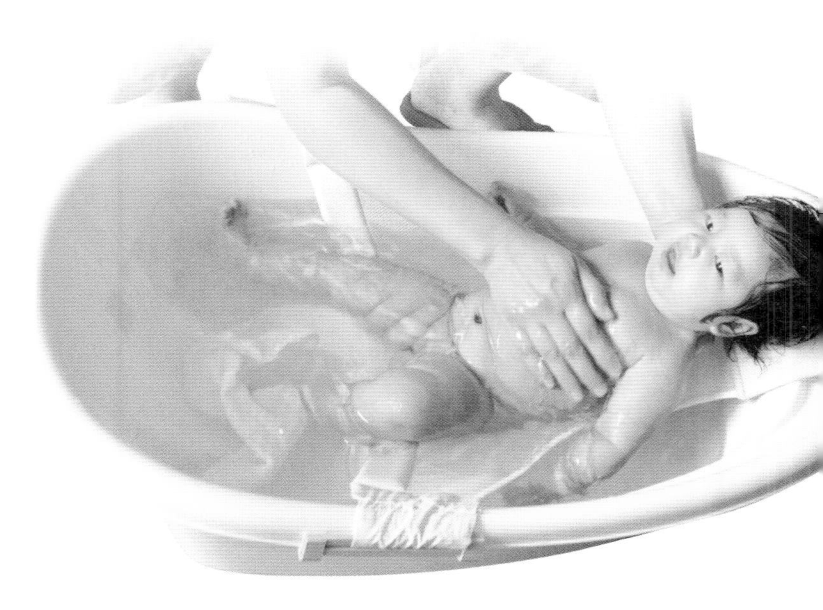

剂给宝宝洗头了，而洗发剂每星期用一两次就可以了。在洗头发时，妈妈不用担心宝宝的囟门。宝宝的囟门上面是一层结实的膜，如果轻轻地洗，就绝不会碰伤它。

洗头发时，不必揉搓宝宝的头发，现在的洗发剂几秒钟就能把灰尘和油渍从头发上清除掉，所以只要使洗发剂形成泡沫，然后再将泡沫冲掉即可。在冲洗时，一定要将泡沫冲净，用毛巾的一角擦干宝宝的头发。毛巾不要盖住宝宝的脸，否则宝宝会呼吸困难，并且感到害怕。

洗脸

给宝宝洗脸时，千万要注意保护好宝宝的眼睛。在洗脸时，只要用毛巾或小纱布蘸水清洗即可。有些出生不久的宝宝眼屎比较多，妈妈可

能会认为宝宝“火气”大。其实这不是宝宝火气大，有些是因为宝宝鼻泪管不通导致分泌物排出不畅，还有的是因为顺产的宝宝通过妈妈的产道时接触了细菌导致感染所致。因此，如果宝宝的眼屎较多，妈妈应当带宝宝到医院请眼科医生看看，帮助鉴别可能的原因，必要时在医生的指导下局部应用眼药膏或眼药水。

宝宝头发的护理

多数宝宝出生时，都长着一头浓密的胎毛，那就是未来的头发。如果宝宝在出生几个月后头发变稀变黄，这与宝宝生长发育迅速和机体的需求之间发生矛盾有关。因此，妈妈不必惊慌着急，大多数孩子的头发生长都会经历这个过程，只不过程度上有些差异罢了。出生时较黑的头发逐渐变黄，如果程度不是很重，属于正常现象。剃胎毛不会改变头发的发质和颜色，这一点妈妈尽管放心。

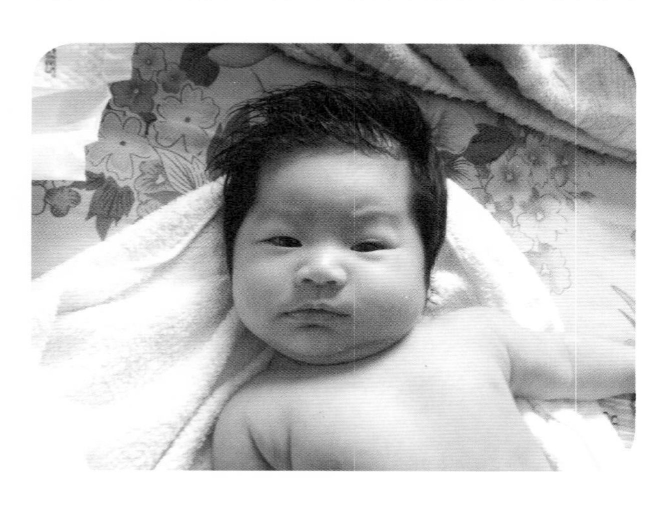

除家族遗传因素外，宝宝出生后不久的头发好坏与妈妈孕期营养有极大关系，稍大又与婴幼儿自身的营养状况有密切关系。一个宝宝头发的好坏，在一定程度上反映出宝宝身体的营养状况。一般认为，头发浓密、乌黑、有光泽，说明营养状况良好。反之，头发稀疏、枯黄、无光泽，且大量脱落、折断，则是营养欠佳的表现。但在1岁之内，由于宝宝生长发育速度很快，通过膳食摄入的一般供养物质相对缺乏，往往头发的生长不会令人满意。

为了让宝宝的头发尽快长起来，建议在宝宝膳食中增加蛋白质、维生素和矿物质含量丰富的食物。因为头发的主要成分是一种角化的蛋白质，可以多让宝宝摄取鱼类、肉类、蛋类、豆制品、牛奶等，这些富含蛋白质的食物，经胃肠的消化吸收可形成各种氨基酸，进入血液后，由头发根部的毛乳头吸收并且合成角蛋白，会促使头发的质量变好。

此外，宝宝头发的护理也十分重要。最好不要给宝宝剃“满月头”，因为宝宝的皮肤屏障机制较差，头皮很薄，而且娇嫩，抵抗力差。有些锋利的剃刀根本没有经过灭菌消毒处理，就在宝宝头皮上剃发，会留下肉眼看不见的创伤。剃刀和皮肤上的细菌乘机入侵，有可能导致疾病的发生。

如果因为天气热，需要理发的话，最好等到

宝宝3个月后剪。那时宝宝皮肤适应了，感染的机会就小一点。男宝宝可以剃光头（不要用剃头刀剃，最好用剪刀剪），如果不想给女宝宝剃光头，建议把头发剪短。

最好不要给女宝宝扎小辫子，因为宝宝毕竟还小，如果把头发扎起来，不仅经常拉扯头发，而且难免对宝宝娇嫩的头发毛囊有损害，在更多的时候会限制宝宝的活动。

给宝宝清理鼻子和耳朵

鼻子和耳朵是具有自净能力的器官，用棉花棒捅，只会把脏东西推到更里边。所以，清洁鼻子和耳朵的最好方法就是让脏东西自己掉出来。

给宝宝洗澡时，妈妈要特别注意不要让耳内进水。万一不小心进了水，可以用干棉签轻轻擦拭，但不要捅得太深。

妈妈常会发现宝宝的耳道里有耳屎，一般宝宝的耳屎呈浅黄色片状，也有些宝宝的耳屎呈油膏状，附着在外耳道壁上。这些耳屎一般不需要特殊处理，在宝宝吃奶时，一般会随着面颊的活动而松动，并会自行掉出。

如果妈妈发现宝宝的耳屎包结成硬块，千万不要在家自行掏挖，应到医院五官科请医生滴入耵聍软化剂，用专门器械取出。如果发现宝宝耳朵里有脓性分泌物流出，应马上到医院请五官科医生诊治。

怎样为宝宝剪指甲

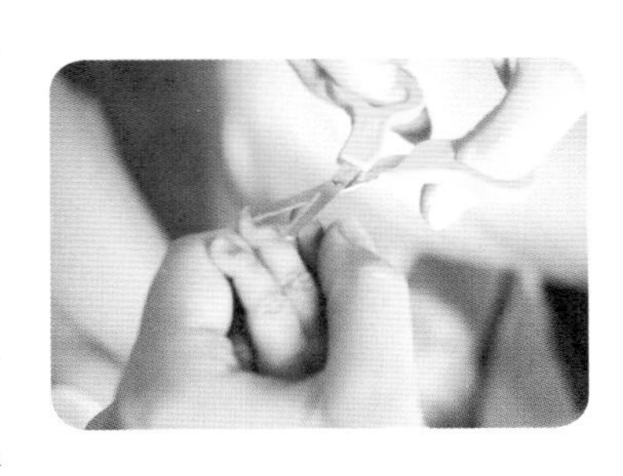

在宝宝还没有满月的时候，最好不要给宝宝剪指甲。帮宝宝剪指甲的最好时机就是刚洗完澡的时候，因为这个时候宝宝的指甲最软，容易剪。如果宝宝不肯配合，最好在他睡熟的时候剪。

亲子 ★ 乐园

洗澡

清清水，哗啦啦，
肥皂泡，白花花，
小毛巾，擦呀擦，
爱清洁，好娃娃。

好孩子

擦桌子，抹椅子，
拖得地板像镜子，
照出一个好孩子。
好孩子，卷袖子，
帮助妈妈扫屋子，
忙得满头汗珠子。

Chapter 4 小宝宝睡着了

宝宝一天大部分的时间都在睡眠。但随着月龄的增长，宝宝的睡眠时间就会逐渐减少。宝宝的睡眠规律和成人不一样，爸爸妈妈了解了宝宝的睡眠习惯后，才能使宝宝睡得安稳、舒适。

宝宝什么时候才会像成人一样睡眠？

A 刚出生不久的宝宝可以说昼夜不分，醒了就吃，吃饱了就睡，一直到4～5个月才逐渐形成规律。到7～8个月时，80%的宝宝白天睡1～2次，晚上可连续睡觉，到1岁时接近成人的生活规律。

宝宝爱睡觉

宝宝和成人比较起来，很爱睡觉。睡眠是他的重要任务，也是评价宝宝生活是否规律的因素。因为宝宝在睡眠时会大量分泌生长激素，所以也可以说“宝宝是在睡眠中长大的”。一般来讲，宝宝会按照身体的需要睡觉，当他的身体需要休息时，他就会呼呼睡去；当他的体力恢复了，就会自然醒来。

宝宝的睡眠时间在很大程度上取决于他的体重和哺乳需要，宝宝体重越轻，就越频繁地需要哺乳，那么宝宝的睡眠时间也就越少。

如果按照成人的作息时间叫起宝宝或是叫宝宝入睡，这样会让宝宝觉得不安和烦躁，而且会变得不爱吃奶，常常哭闹。所以妈妈或爸爸不要因为自己晚睡也想让宝宝晚睡，应遵循宝宝的需求或睡或醒。这需要年轻的爸爸妈妈仔细地观察和细心地照料。

哪种睡眠姿势更适合宝宝

宝宝每天大部分时间都在睡眠，但他还不能自己控制和调整睡眠姿势，因此需要妈妈帮助宝宝选择一个好的睡眠姿势。一般来讲，睡眠姿势可分为3种，即仰卧、俯卧和侧卧。三种姿势各有利弊。

仰卧的睡觉姿势常被大多数爸爸妈妈所接受和喜欢，因为采取这种睡姿时，宝宝的头可以自由转动，呼吸也比较顺畅。但仰卧有两个缺点，一是头颅容易变形，几个月后宝宝的头枕后部可能会睡得扁扁的，这与长期仰卧睡有一定的关系；二是当宝宝吐奶时容易呛到气管内。

俯卧睡是国外特别是欧美国家常常采取的姿势，他们认为俯卧时宝宝血氧分压比仰卧时高5～10毫米汞柱，这就是说俯卧时肺功能比仰卧时要好。另外宝宝吐奶时不会呛到气管内，头颅也不会睡得变扁平。这种睡姿的缺点是因为宝宝还不能自己抬头，俯卧睡时容易把鼻口堵住，影响呼吸功能，引起窒息。

而右侧卧可减少呕吐或溢奶，因为胃的出口与十二指肠均在腹部右侧，所以右侧卧可使胃容物更易流到小肠。同时，万一发生呕吐，侧卧可使口腔内的呕吐物从嘴角流出，而不至于流入咽喉。此外，侧卧还可以减缓宝宝打鼾。睡觉打鼾多由咽喉部分泌物及软组织相互振动而产生的。侧卧可以改变咽喉软组织的位置，减少分泌物的滞留，使宝宝的呼吸更顺畅，也就不会打鼾了。

但是左侧卧易引起呕吐或溢奶，因为胃与食道的交界偏左侧，左侧卧时胃容物易回流到食道中。另外，维持侧卧都姿势比较累，宝宝的身体是滚圆的，四肢又比较短，维持侧卧姿势并不容易，需要用枕头在前胸及后背支撑。

我们提倡侧卧姿势与仰卧姿势相结合，最好经常变换睡眠姿势，可避免头颅变形。为提高宝宝颈部的力量，训练宝宝抬头，每天可以让宝宝俯卧睡一会儿，但时间不要太长，最好身边有人，注意不要堵住鼻口。几个月后，宝宝自己会翻身了，睡姿就再也不成问题了。以后不论将宝宝放入婴儿床时是什么姿势，宝宝都会找到自己最习惯、最舒适的姿势。

如何使新生儿睡得舒服

新生儿大脑发育尚未成熟，容易疲劳，睡眠可使大脑得到充分休息，有利于脑和全身的生长发育。如果睡眠不好，会使宝宝生理功能紊乱，神经系统调节失灵，食欲不佳，抵抗力下降，容易生病。新生儿每天除了喂奶、啼哭外，几乎大部分时间都在睡眠中度过，每天大约需睡眠20个小时。

要使宝宝睡得舒服，每次睡前要喂饱。大小便后要把小屁股洗干净，换上干净尿布。

宝宝偶尔哭一会儿，可以促进肺部的发育，妈妈不必用各种方法来哄。如果宝宝睡眠不好，哭闹不安，要仔细查找原因，是饥饿了，尿布湿了，还是身体有什么不舒服，要及时排除影响睡眠的因素。如果宝宝哭闹不止或有剧烈的尖叫，就应带宝宝到医院，请儿科医生检查治疗。

如何让宝宝睡得安稳

第一，卧室内要有适度的光线，因为宝宝喜欢睡在比较暗的环境中，但最好有基本的光源。

第二，抱着哄睡时，要离宝宝睡觉的小床尽量近一些。因为距离小床越远，宝宝在梦中甜美地醒来的机会就越大，所以，要尽可能在靠近小床的地方喂奶或哄宝宝入睡。

第三，在哄宝宝睡觉之前，应该先把床铺好。如果临时去清理床上的物品或铺床时，宝宝

可能随时醒来。如果你是由左（右）边将宝宝放下，就把宝宝放在你的左（右）手臂上喂奶，或是哄睡。婴儿床最好不要靠墙，这样从两边都可以放宝宝进去睡。

第四，要保持妈妈与宝宝的接触。因为宝宝突然离开妈妈的怀抱，很容易发生惊跳，然后醒过来。这时，需要在放下宝宝的同时，再轻轻地拍哄着，等宝宝睡稳之后，仍要将手留在宝宝的身上待一会儿，也可以哼唱一些催眠曲或是说一些有节奏的话语哄宝宝安稳地入睡。

第五，对于焦躁不安的宝宝，某些具有安慰作用的吮吸，往往可以使宝宝安静下来，比如自己的手指或者橡皮奶嘴等（在给宝宝之前要经过消毒），随着吮吸动作的缓和，宝宝就会慢慢地进入梦乡。

宝宝的睡眠环境不必太安静

有不少妈妈在宝宝睡觉时，会把电话铃声关掉，甚至不让人大声说话，干什么事都蹑手蹑脚的，非常小心，生怕惊了宝宝的觉。其实这样做是完全没必要的。

事实上，想将宝宝的睡眠完全控制在安静的环境下，这几乎是不可能的，也完全没有这个必要。因为宝宝在妈妈肚子里早已习惯了某种音律伴着入梦。宝宝在妈妈腹中的10个月，时常都

会听到某些声音，如妈妈的心跳声，肚子的咕噜声，包括妈妈的话语声。现在，可能会因为没有这些背景声音而使宝宝难以入眠。这时，妈妈可以轻轻地哼唱、试试风扇转动声、放一些柔和的音乐或者其他用来安抚宝宝的有声玩具。在这些带有声响的环境中，宝宝可能睡得更香。

如果真要将宝宝的睡眠控制在非常安静的环境中，反而对宝宝的生长发育不利。所以，新手妈妈所要做的是，通过细心观察，了解什么样的声音以及多大的音量是宝宝可忍受的，并仔细观察宝宝对各种声音的反应，来决定采取一些什么必要措施。例如，当发现宝宝在睡梦中很容易因为某一些声音惊醒时，那就尽量控制这些声源，如电话铃和门铃等。

及早养成宝宝的正常睡眠模式虽然非常重要，但由于宝宝刚刚开始认识这个世界，最重要的一条就是要让宝宝知道妈妈随时会在他身旁，

给宝宝以充分的安全感，这样，宝宝就会睡得比较安稳了。

帮助宝宝养成有规律的睡眠习惯

随着宝宝的一天天长大和睡眠时间的逐渐减少，帮助宝宝养成有规律的睡眠习惯就显得十分重要。所谓有规律的睡眠习惯，就是按时睡、按时醒，睡时安稳、醒来情绪饱满，并可以愉快地进食和玩耍。这种有规律的睡眠习惯，不但有利于宝宝的体格、神经系统和心理的发育，而且还为今后培养宝宝良好的作息习惯打下基础。

所谓规律也不是千篇一律的，每个宝宝都有不同的睡眠习惯，妈妈或爸爸应该在护理中找出适合自己宝宝的规律，在验证这个规律确实对宝宝的健康发育有利之后，就要按照这个规律坚持实行，不能任着宝宝的小性子说变就变。宝宝经过一段时间的适应，良好的睡眠习惯就形成。

妈妈要培养宝宝养成上床睡觉的好习惯。有了这个好习惯之后，当他断奶以后仍可在床上安然入眠，而不再需要妈妈用乳头哄宝宝睡觉。

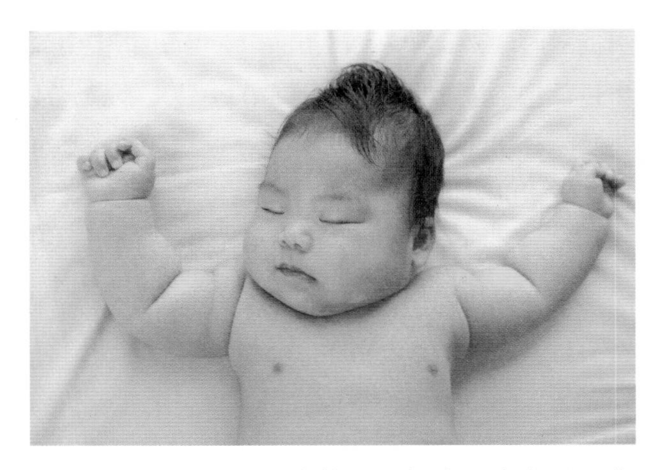

由于不同宝宝的个体差异较大，在白天，有的宝宝每天上午睡3个小时，下午睡2个半小时；而一些爱活动的宝宝，每天上午或下午只睡1次。在夜里，有一夜醒2次的宝宝，也有只醒1次的宝宝，有的宝宝睡得较沉，可能从头一天晚上9点一直睡到第2天早晨6点，甚至中途妈妈给他换尿布也不醒。

喂鸟

乌云卷，雪花飘，
急坏树上一群鸟。
大地盖得严又实，
想寻食物无处找。
小明一切看在眼，
出屋忙把空地扫。
撒把谷米喂鸟儿，
鸟儿乐得蹦又跳。

荡秋千

秋千秋千高高，
荡呀荡过树梢。
树梢点头微笑，
夸我是勇敢的宝宝。

Chapter 5

宝宝喜欢外面的世界

爸爸妈妈应该经常带宝宝进行户外活动。在户外晒太阳不仅能够促进宝宝的身体发育，增强宝宝的抵抗力，还能让宝宝接触到更多的人和事物，对宝宝的认知发展非常有好处。爸爸妈妈只要把握好不同季节的外出要领，就可以放心地带宝宝外出了。

Q 宝宝可以在严冬外出吗？

A 冬季天冷以后，许多父母担心宝宝外出受凉而感冒，因此打算让宝宝整天在家里度过。其实这样做对宝宝的成长不利，宝宝需要锻炼对不同环境的适应能力，另外，长期待在室内也会影响宝宝的心情。如果风不是特别大，父母应该每天带宝宝出去晒太阳，呼吸新鲜空气。

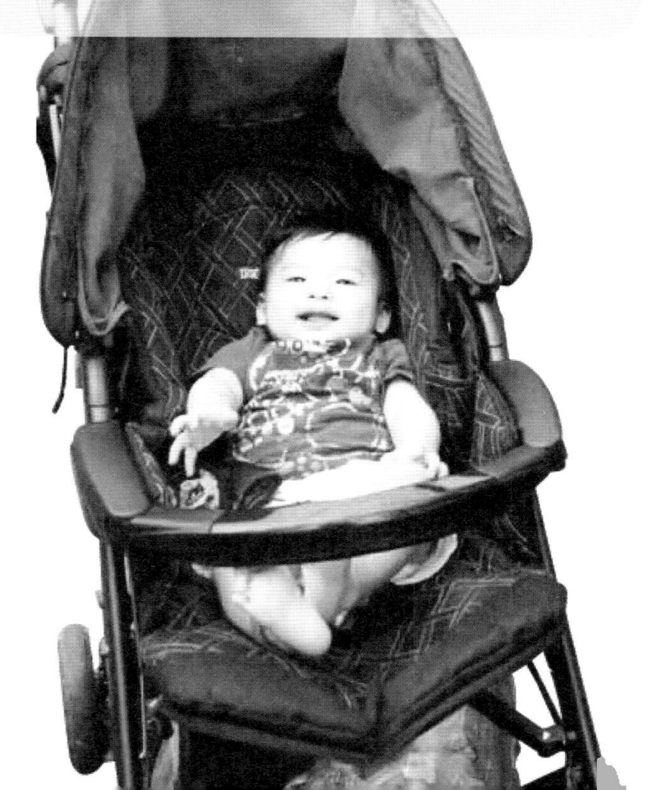

带宝宝出门应该准备什么

带宝宝外出时，爸爸妈妈要准备好宝宝需要用到的东西。那么，应该带些什么呢？当然是越齐全越好啦。不过你也没有必要像搬家一样把宝宝所有的东西都带上，需要带多少，还要看你们出去多久，或者出门多远。如果出门的时间很短，那就没有必要带上宝宝的玩具和食物以及饮料。

宝宝满月之后，爸爸妈妈就可以带他到户外去接触新鲜空气了。宝宝2个月之后，可以每天带着他去室外散步。当宝宝满周岁之后，就可以带着他做真正的户外活动。宝宝外出时，一定要准备好他的外出用品，不要因为没有带够东西而措手不及。

宝宝吃的问题

吃母乳宝宝必备：溢乳垫、哺乳衣、奶瓶。吃母乳的宝宝外出时，吃的问题就比较好解决了。如果妈妈不习惯在公共场合哺乳，可以穿哺乳衣喂奶，这样可以让哺乳的乳房不外露。也可以事先将乳汁挤到奶瓶里放在保温桶内保存，然后喂给宝宝。

吃奶粉宝宝必备：奶瓶、奶粉、温水。外出时，爸爸妈妈必须考虑所去的地方有没有热开水提供。如果没有，最好自己带上热开水。外出时，奶瓶的清洗和消毒也不好做，最好在外出前就做好清洗和消毒的工作。外出时，如果需要多次喂奶，奶瓶用开水彻底消毒就可以了。

其他：辅食、磨制辅食用的简易工具、汤匙、盛辅食用的杯子等。4个月以上的宝宝，还需要带上宝宝平时吃的辅食。现在市场上销售的适合不同月龄的宝宝的方便辅食，妈妈只要带上热水冲泡就可以了。

宝宝的清洁问题

需要准备：纸尿裤、可一次性使用的围嘴、纸巾、湿纸巾、婴儿沐浴用品、护肤用品、替换衣物。

妈妈一定要带足纸尿裤和纸巾，因为宝宝随时都会小便或者大便。如果外出时间不是很长，宝宝的沐浴用品、护肤用品、替换衣物就不用带了。如果外出时间很长，这些东西最好还是带上，因为不是哪里都可以方便买到婴儿用品的。

宝宝的睡觉问题

外出时最好推着婴儿车，宝宝可以在车里睡觉。如果天气比较冷，可以在车里铺上褥子，铺一半，另一半给宝宝当被子用。

宝宝的娱乐问题

想让宝宝乖一点儿，最好带上宝宝喜欢的玩具或者书。

宝宝的健康问题

退热药、止泻药、感冒药、防蚊液、防晒乳液等。

如果带宝宝外出旅行，这些东西是不可缺少的。

带宝宝去晒太阳吧

晒太阳对宝宝的身体非常有好处。阳光中有两种光线，一种是红外线，照射人体后，能使血管扩张，增强新陈代谢，使全身得到温暖；另外一种是紫外线，照射到人体皮肤上，可使皮肤中的脱氢胆固醇转变为维生素D，而维生素D能帮助人体吸收食物中的钙和磷，以预防佝偻病。冬天出生的宝宝及人工喂养的宝宝、双胞胎或多胞胎的宝宝更应经常到室外进行日光浴。

进行日光浴时，时间应由短到长。刚开始每日3～5分钟，以后可逐步延长至1～2小时。冬季天气晴好的时候可露出宝宝头部、臀部、手等皮肤。春、秋两季要注意防风沙。夏季注意不能让宝宝皮肤直接在日光下暴晒，这样会灼伤皮肤的。可以利用一些树阴使宝宝间接地接受日晒，也可以在有阳光的房间或阳台上晒太阳，但不能隔着玻璃晒太阳，因为紫外线仅少部分能穿透普通玻璃，隔玻璃晒太阳效果是有限的。

让宝宝呼吸新鲜空气

空气浴可以让宝宝呼吸到新鲜空气，新鲜空气中氧含量高，能促进宝宝新陈代谢。同时室内外空气温度不同，宝宝从室内至室外受到冷空气刺激，可使皮肤和呼吸道黏膜不断受到锻炼，从而增强对外界环境的适应能力和对疾病的抵抗能力。

在不同的季节，空气浴有不同的要求。

空气浴也可以在屋里进行。春、秋季节，只要外面的气温在18℃以上，风又不大时就可以打开窗户或房门。夏季可打开门窗，让空气流通，但要避免对流风直接吹到宝宝。冬季在阳光好的温暖时刻，也可以隔1个小时打开1次窗户换换空气。

室外空气浴同样适合新生儿。夏天出生的宝宝，在出生后7～10天，冬季出生的宝宝在满月后，都可以抱到户外进行空气浴。

为宝宝进行室外空气浴，应根据不同季节决定宝宝到户外的时间。夏季最好选择早晚到户外去，冬季可选择中午外界气温较高的时候到户外去，出去的时候衣服不要穿得太多，包裹不要太严。刚开始要选择室内外温差较小的好天气，时间每日1～2次，每次3～5分钟。除了寒冷的天气以外，只要没有风雨，就可把宝宝抱到院子里去，使其受到锻炼。每天可以抱出去2次，每次5分钟左右，以后根据宝宝的耐受情况逐渐延长时间，增加次数。当室外温度在10℃以下或风很大时，就不要到外面去了，以免宝宝受凉感冒。

爱心★提示

户外活动时衣着不宜过多，有的妈妈或爸爸总担心宝宝受凉，每次外出时给宝宝穿上大衣，戴上帽子、口罩、围巾等，全身捂得严严实实。这样做的结果，会使宝宝的身体无法接触空气和阳光，使得宝宝变得弱不禁风，有时出汗后反而更容易受凉生病，根本达不到户外锻炼的目的。

春季要帮助宝宝预防呼吸道疾病

春季万物复苏，爸爸妈妈喜欢在这个季节带宝宝外出活动。春季虽然生机盎然，景色宜人，但也是各种微生物大量繁殖的季节。如果爸爸妈妈护理不当，宝宝很容易被病毒或细菌感染而生病。同时，春季的气候也是一年四季中最变化无常的季节，加之又非常干燥，所以容易使宝宝患上呼吸道疾病。

对于生活在南方的宝宝，由于初春气温上升较快，一般户外比室内更温暖，宝宝到室外的时间可以适当增多，每次到室外的时间也可以相应延长。但是，由于南方地区多阴雨天气，即使到户外的时间较长，宝宝接受紫外线照射的机会也比北方少，所以要在儿科医生的指导下，适当为宝宝补充维生素D。

对于生活在北方的宝宝，初春时节风比较大，最好不要在刮大风的时候抱宝宝出门。如果宝宝对花粉过敏，最好减少宝宝的外出次数。

夏季如何帮助宝宝做防晒

宝宝的皮肤发育还不健全，如果户外活动时缺乏防晒保护，成年后的各种皮肤问题、衰老问题就会提前出现。所以，同成人一样，夏季防晒对宝宝来说很重要。在为宝宝做防晒时，物理防晒比使用防晒霜更好。

首先，宝宝的皮肤娇嫩敏感，使用防晒霜可

为宝宝选择防晒霜时，最好选择防晒系数等于或低于15的。因为，防晒系数越高，对宝宝的皮肤刺激越大。在为宝宝涂抹防晒霜的时候，不要涂到眼睛周围，以免宝宝揉眼睛的时候刺激眼睛。

能会产生过敏反应。

其次，最好不要在紫外线最强的时候出门，如上午10点以后至下午4点之前不带宝宝外出活动。

即使不得已要出门，也要首选物理防晒方式，如给宝宝戴上宽边的遮阳帽，撑一把遮阳伞。这样做不仅可以有效地减少日晒对宝宝皮肤的伤害，也不会加重宝宝皮肤的负担。

最后，在无法避免被太阳直射时，为了防御紫外线晒伤宝宝，也可以给宝宝露在外面的皮肤涂抹一些婴幼儿专用的防晒产品，防晒系数（SPF）15的为最佳。在出门前半个小时涂抹效果较好。而且在给宝宝使用防晒品时，要在干爽的皮肤上使用，以免防晒品随水、汗脱落或失效。

总之，尽量不要用防晒产品代替衣物的遮蔽和对外出时间的控制。即使是用了防晒产品，在气温高、光照强的时候，最多在户外待1个小时。即使是阴天，紫外线的强度也不会减弱很多，所以在阴天长时间外出时也要注意防晒。

怎样预防宝宝中暑

夏季气温很高，宝宝容易出现高热不退、口渴多饮，先大汗、后排汗少或者无汗等症状，这就表明宝宝正在中暑中。在炎热的夏季，大人一不小心都会中暑，宝宝自身的体温调节发育还不成熟，就更容易发生中暑了。那么，应该怎样预防宝宝中暑呢？

首先，要注意户外活动的时间、地点，最好选择在上午10点前或下午4点后，以避开过高的温度和强烈的紫外线；活动量也应比其他季节少，避免出汗过多引起虚脱；尽量选择绿荫蔽日的场所。

其次，让宝宝养成规律起居的习惯。天气炎

热，宝宝和大人一样，也会变得晚睡，而扰乱的生物钟会使宝宝的抵抗力下降，容易导致中暑。

最后，多摄入流食。别让宝宝渴了才喝水，最好每过1个小时就主动给他喝水。除了喝温开水，也可以给宝宝喝清凉的绿豆水、加少许盐的饮料或吃些西瓜。至于喝水量，具体还要看宝宝的活动量。爸爸妈妈可以根据宝宝的尿液来判断，如果尿色发黄，说明该补充水分了。

中暑的程度可以分为三级：①先兆中暑——高温环境中，大量出汗、口渴、头晕、耳鸣、胸闷、心悸、恶心、四肢无力、注意力不集中，体温不超过37.5℃；②轻度中暑——具有先兆中暑的症状，同时体温在38.5℃以上，并伴有面色潮红、胸闷、皮肤灼热等现象；或者皮肤湿冷、呕吐、血压下降、脉搏细而快的情况；③重度中暑——除以上症状外，发生昏厥或痉挛；或不出汗，体温在40℃以上。

宝宝中暑后的紧急处理

如果宝宝轻微中暑，可以给他喝些生理盐水，但不能过量饮水，尤其是热水。喝太多的热水会使宝宝出汗，反而使身体里的水分和盐分流失更多。如果宝宝出现高热现象，就是体温达到38℃以上，一定要赶快送医院治疗。

秋天怎样照顾宝宝

由于宝宝对外界环境的适应能力和自身调节能力都比较差，所以秋季护理的重点是初秋不要过热，秋末要预防宝宝着凉。

我国四季养生经验中有句名言，叫做“春捂秋冻”，其实说的就是初春不要过早脱减衣服，要适当捂一捂；初秋不要过早添加衣服，要适当冻一冻，给机体一个变换季节的适应过程。因此，在初秋天气逐渐变凉的时候，也不要过早地给宝宝添加过多的衣服和被褥。只有这样，宝宝

才能更加适应可能出现的短时间燥热，适应还不稳定的初秋气温。否则宝宝不仅难以适应气温的变化，而且也难以适应即将到来的冬季。

到了秋末，由于冬季即将来临，天气开始变冷。这时除了要注意预防感冒、咳嗽等呼吸道感染之外，更要注意预防因受凉而导致的腹泻。秋末也是宝宝患轮状病毒肠炎的高发季节，爸爸妈妈绝不能掉以轻心，一旦发现宝宝腹泻，也不要认为是一般的腹泻而自己找止泻药喂给宝宝吃，而要及时带宝宝去医院就诊，然后再对症喂药。

如何让宝宝安度寒冬

冬季寒潮多，气温变化大，宝宝容易着凉、感冒。所以，保暖是宝宝安度寒冬的首要任务。除此以外，保护皮肤也很重要。冬季寒冷干燥，宝宝皮肤中的水分散失较多，皮脂腺分泌也少，皮肤易出现干裂发痒。所以要让宝宝多吃蔬菜和水果，多喝开水，并常用热水洗手、脚、脸，再适当抹点婴幼儿专用护肤霜。

多晒太阳对宝宝也很有好处，阳光中的紫外线能杀灭人体表面的病毒和细菌，帮助宝宝对钙、磷的吸收，增强机体的抗病能力。此外，阳光也能提高红细胞的含氧量和增强皮肤的调温作用，还能增强神经系统的活动机能和宝宝的体质。

冬季地面的温度很低，不要让宝宝坐在冰冷的地面上。宝宝坐在上面，体内的热量就会大量散失，容易感冒、腹泻。

冬季要注意让宝宝进行适度的运动和锻炼。锻炼可增强宝宝体质，抵抗各种疾病的发生。

Chapter 6 宝宝自己动手做

照顾宝宝的日常生活是爸爸妈妈的乐趣所在。随着宝宝的渐渐长大，宝宝自己照顾自己的意愿越来越强烈，这时就需要配合宝宝的需要，让他学会自己动手做一些事情。宝宝只有自己学会做事情，他才会愿意动脑筋思考问题，才会摆脱对成人的依赖，从而在身体、智力、性格等各方面得到较快、较好的发展。

Q 宝宝不愿意洗澡怎么办？

A 对一些宝宝来说，洗澡简直就是一种受罪。2岁左右的宝宝不愿意洗澡，是因为害怕肥皂沫流进眼睛，或者对水有种莫名的恐惧感；而大孩子不愿意洗澡则是认为自己用不着洗澡，或者不想让洗澡中断游戏。有时宝宝不愿洗澡则是因为父母的原因，如房间温度低，父母的手冰凉或动作鲁莽，都会使宝宝洗澡时感到不安全。只要让宝宝享受到洗澡的乐趣，他就会乐意去洗澡。家长要尽量使宝宝在洗澡时感到舒适愉快，让宝宝把洗澡当作每天必做的事情。

宝宝自己会吃饭了

大多数宝宝进入1岁后，就要争着、抢着自己动手吃饭。而也有一些宝宝却不愿意自己拿勺吃饭，非得妈妈喂才行。

对于这样的宝宝，爸爸妈妈别强迫宝宝。如果宝宝希望由妈妈喂时，妈妈就喂他；当宝宝想自己动手吃东西时，就让宝宝自己吃，不要怕他弄脏了衣物。让宝宝自然发展，等宝宝再大一点儿时，就会自己吃东西了。

与此同时，妈妈随时让宝宝有自己动手的机会，把奶瓶、杯子、汤匙放在宝宝随手可以拿得到的地方，但千万不要迫使宝宝自己用。多给宝宝放置一些用手抓的食物，点心或正餐都一样，以食物来引诱宝宝自己动手吃东西，会令宝宝更加自信。慢慢的，宝宝就学会自己用勺子吃饭了。

1 ~ 2 岁的宝宝可以学会自己洗手

这个年龄的宝宝对什么都怀有浓厚的好奇心，也有了很强的模仿能力，同时也能听懂妈妈和爸爸的话。妈妈和爸爸要充分利用宝宝的这些特点，从训练宝宝学习自己洗手开始，让宝宝养成良好的卫生习惯。

由于这个年龄的宝宝好玩好动，而且特别喜欢玩水和沙子，往往会把衣服搞湿、搞脏，所以不少妈妈和爸爸顾虑重重，认为宝宝年龄还小，只不过是喜欢玩水、玩沙而已，还不会自己洗手。其实，宝宝对妈妈和爸爸训练他自己洗手是很感兴趣的。只要方法得当，宝宝很快就能学会自己洗手、洗脸。

训练时，妈妈或爸爸要一边和宝宝玩肥皂泡，一边教洗手的动作，同时也应教宝宝如何开或关水龙头，如何用手巾擦手等。只要坚持一段时间，宝宝就能学会自己洗手甚至洗脸了。

宝宝最好自己睡

不少妈妈和爸爸出于对宝宝的过分疼爱，或者怕宝宝受凉，要么喜欢和宝宝睡同一个被窝，

要么把宝宝放在妈妈和爸爸中间睡。这两种方法都是不科学的。

让宝宝和妈妈或爸爸同睡一个被窝，可能使成人在夜间照顾宝宝时比较方便一些，但对宝宝的身体健康是有害无益的。通常妈妈或爸爸总是先将宝宝哄睡之后，干完一些其他事情再上床睡觉，可能会惊醒宝宝。而且在夜间无论是妈妈、爸爸还是宝宝，只要有一个醒来，就会影响另一个的睡眠，长此以往彼此都休息不好。另外，妈妈或爸爸与宝宝同睡一个被窝时，由于妈妈或爸爸与外界接触机会较多，身上携带的各种病菌，也可能会感染抵抗力弱的宝宝，容易使宝宝患上这样或那样的疾病。

如果宝宝睡在妈妈和爸爸中间，妈妈和爸爸排出的二氧化碳就弥漫在周围，非常容易使宝宝处于缺氧状态而呼吸窘迫，出现睡眠不安、做噩梦或半夜啼哭等现象，妨碍宝宝的正常生长和发育。此外，由于宝宝睡在妈妈和爸爸中间，使床面变得比较拥挤，在睡眠中如果妈妈或爸爸翻身时稍不小心，还可能会压在宝宝身上发生意外。

因此，从1岁开始，宝宝最好自己独睡。如果妈妈或爸爸为了夜间照顾宝宝方便，可以把宝宝的小床放在大床旁边，这样可以一举两得。妈妈和爸爸应培养和巩固宝宝自动入睡和单独睡觉的习惯，这样既利于宝宝的身体健康，又可培养宝宝独立生活的能力。

教会宝宝擤鼻涕

流鼻涕是一种正常的生理现象，患感冒的时候更容易流鼻涕，对于宝宝来说更是如此。

在宝宝患感冒之后，由于鼻黏膜发炎而使鼻涕增多，常常会造成鼻子堵塞。由于这个年龄的宝宝生活自理能力很差，如果不会自己擤鼻涕，就会用衣服袖子随意一抹，或是使劲吸回去。由于鼻涕中含有大量病菌，以上两种现象不仅不卫生而且还会影响身体健康。

正确的擤鼻涕方法，是用手绢或卫生纸盖住鼻孔，分别轻轻地擤两个鼻孔，即先按住一侧鼻翼，擤另一侧鼻腔里的鼻涕，然后再用同样的方法擤另一侧鼻腔里的鼻涕。

在教宝宝用卫生纸擤鼻涕时，要多用几层纸，以免宝宝把纸弄破，搞得满手都是鼻涕之后再随手擦到身上。

如果同时捏住两个鼻孔用力擤，非常容易把带有细菌的鼻涕，通过连通鼻子和耳朵的咽鼓管擤到中耳腔内引起中耳炎。中耳炎轻者可能导致听力减退，严重时引起脑脓肿，将会危及生命。因此，教会宝宝正确的擤鼻涕方法是非常必要的。

2 ~ 3 岁的宝宝可以自己刷牙了

2～3岁的宝宝在学会漱口的基础上，家长还应逐步培养他刷牙的兴趣。如果刷牙方法不正确，不仅达不到清洁牙齿的目的，还可造成牙龈萎缩、牙槽骨吸收和牙颈部楔状缺损等病变。

由于这个年龄的宝宝手的动作协调能力较差，可以教宝宝先将牙刷在牙面上做上下小移动，逐步加快成为小震颤，再过渡为在牙面上画小圈，从简单到复杂，一颗牙一颗牙地刷，按照顺序，不要跳跃，不要遗漏。刷牙时不要使用拉锯式横刷法，以免损伤牙齿、牙龈，而且刷牙的效果也不佳，长期下去还会造成牙齿近龈部位的楔形缺损并对冷热酸甜刺激过敏。

宝宝掌握了刷牙的基本要领之后，妈妈最好教会宝宝“三三三”刷牙法，即饭后3分钟、每次刷3分钟、每天刷3次。因为口腔内的细菌分解食物残渣中的糖，产生酸来腐蚀牙齿的整个过程，是在饭后3分钟开始的；要逐一刷净每个牙的牙面，大致需要3分钟的时间；仅早晨刷1次牙是不够的，有条件的最好每次餐后都刷牙。

为了提高宝宝的刷牙水平，应该每天督促宝宝，使宝宝从小养成早晚刷牙、饭后漱口、睡前不吃东西的良好口腔卫生习惯。此外，还应注意宝宝的营养和膳食平衡基础，给宝宝吃些粗糙、含纤维多的食物，以增加咀嚼运动和唾液分泌，提高牙面的自洁能力。

★ 宝宝牙刷的要求

刷牙不仅可以保持宝宝的口腔卫生，促进牙周组织健康，同时又锻炼了宝宝手部的灵活性。

宝宝使用的牙刷应根据宝宝的年龄、用途及口腔的具体情况进行选择，选择的基本要求主要有以下几点。

牙刷柄要直，粗细适中，便于宝宝满把握持，牙刷头和柄之间的颈部，应稍细略带弹性。

牙刷的全长以12～13厘米为宜，牙刷头长度为1.6～1.8厘米，宽度不超过0.8厘米，高度不超过0.9厘米。

牙刷毛太软，不能起到清洁作用，太硬容易伤及牙龈及牙齿。因此牙刷毛要硬软适中，毛面平齐，富有韧性。

刷完牙后应清洗掉牙刷上残留的牙膏及异物，甩掉刷毛上的水分，并放到通风干燥处，毛束向上置于牙杯中。通常每季度应更换一把牙刷。

★ 宝宝牙膏的要求

牙膏是刷牙的辅助卫生用品，主要是由摩擦剂、洁净剂、润湿剂、胶黏剂、防腐剂、芳香剂和水组成的。牙膏不是清洁口腔的决定因素，只是能够起到洁白、美观牙齿、爽口除口臭等作用。所以，从宝宝自身的特殊性出发，在宝宝还没有掌握漱口动作以前，暂不要使用牙膏，待宝宝已经熟练掌握刷牙技巧之后，可以按照以下要求选择适合宝宝的牙膏。

选择含粗细适中摩擦剂的牙膏，产生泡沫不要太多。

选择宝宝喜爱的芳香型、刺激性小的牙膏。合理使用含氟和药物牙膏。

不要长期固定使用一种牙膏，更不要使用过期、失效的牙膏。

宝宝具有一定的生活自理能力

2岁的宝宝，对任何事情都感到好奇，总想自己动手去做、去摸，有时候还要逞强。有时妈妈和爸爸怕宝宝摔坏东西或碰伤身体，不想让宝宝干一些事情，但宝宝偏要干，而且兴致很高。比如到了吃饭时间，宝宝能够帮妈妈和爸爸摆桌子、擦桌子、放板凳、分碗筷等；到了睡觉时间，宝宝能自己洗脚，坐马桶；穿鞋时宝宝能分出左右，而且知道拉上鞋后跟；穿有扣的上衣，能独自扣上扣子，会穿有松紧带的裤子。

当妈妈和爸爸做饭时，宝宝还会帮助择菜，拿锅铲等，有时还“忙得”不亦乐乎。在生活实践中，宝宝懂得的东西越来越多，会做的事情也越来越多，这不仅锻炼了宝宝身体的协调能力，而且也提高了宝宝大脑的思维能力和对周围世界的认识能力。妈妈和爸爸应该因势利导地引导、帮助宝宝，使宝宝的各项生活能力提高得更快。

如何训练宝宝使用筷子

3岁的宝宝，手指运动的发育已较为成熟，手的动作比较灵活，已具备使用筷子的条件。这个时期的宝宝，已经基本不用妈妈或爸爸喂饭，能自己用小勺吃饭了。但使用小勺舀粥类食物还可以，而舀条状、块状的食物就不如使用筷子方便。

由于手的运动是受大脑控制支配的，所以，锻炼和运用手指的运动功能，也能刺激大脑，促进大脑的发育。别小看用筷子这个看似简单的动作，实际上还有一定的难度和技巧。一次用筷子夹食物的动作，可以牵动手指、胳膊、肩部等30多个关节、50多条肌肉的运动，还需各个手指的相互配合和协调。让宝宝学会用筷子无论是对手的精细动作的发育，还是对大脑的发育都有相当大的好处。因此，让宝宝早点学会使用筷子很有必要。

初次训练宝宝使用筷子时，宝宝会像刚开始使用匙子一样弄得周围到处是饭粒、菜渍，甚至饭没吃上几口，筷子却落地多次。本来用小勺花上10分钟就能吃完饭，现在得花上20分钟，这还不一定吃得满意。这是妈妈和爸爸应该预料到的事情，千万不要嫌宝宝用筷子吃饭慢，把衣服、桌面、地上弄脏，而索性还让宝宝用匙吃饭，这种做法是极不妥的。3岁宝宝的积极性和自尊心与1岁时相比更容易受到伤害。如果宝宝真对使用筷子感兴趣，而妈妈和爸爸却不给宝宝学习的机会，宝宝以后会不愿意接受筷子。

如果宝宝原本对筷子根本不感兴趣，妈妈和爸爸也不用强求，不必为此而影响宝宝的情绪和进食。等宝宝长大些，或许就对筷子有了兴趣，自然会习惯去使用筷子，只是目前少了一些锻炼的机会而已。

亲子★乐园

爬

爬台阶，往上跑，
往上跑，回头瞧，
爸爸妈妈没我高。

洗手帕

小佳佳，洗手帕，上面有个大西瓜。
搓一下，看一下，别把西瓜洗破了！

第4篇

为宝宝烹制美食

当宝宝逐渐长大，仅凭母乳或配方奶的营养已经不能满足他的需要了，这时，就应该为宝宝添加辅食。在不同的年龄阶段，适合宝宝的辅食是不一样的；随着宝宝咀嚼和吞咽能力的增强，辅食的制作方法也有所不同。怎样为宝宝制作出既美味营养，又适合他的辅食呢？

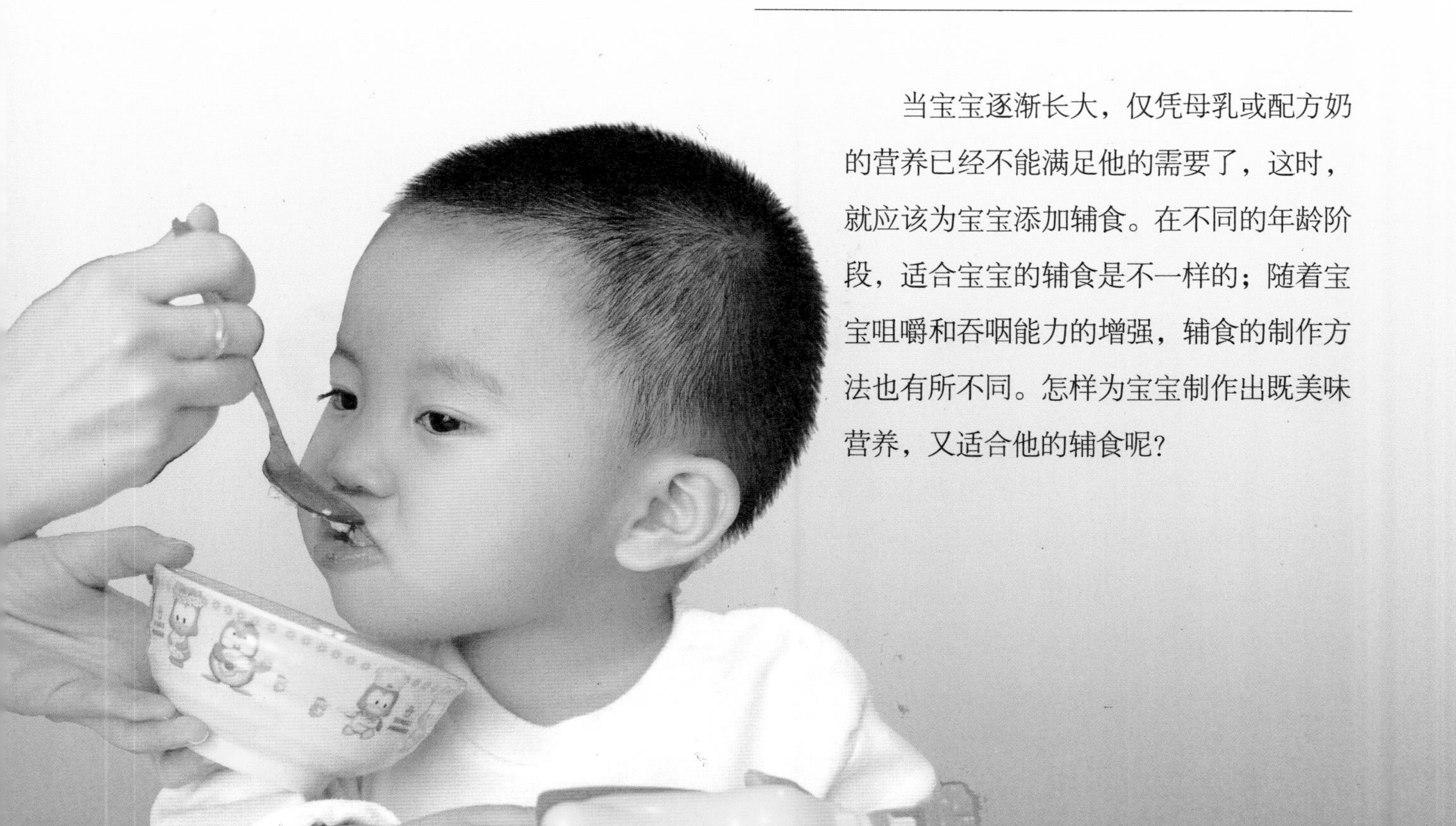

Chapter 1 宝宝可以吃辅食了

宝宝4～6个月就要准备添加辅食了。辅食添加对宝宝来说非常重要，它不但能够补充宝宝的营养需要，也能锻炼宝宝的咀嚼和吞咽能力。每一种辅食对宝宝来说都是一种新的食物，宝宝需要有一个逐渐适应的阶段。如果辅食添加不当，就会引起宝宝消化功能的紊乱，所以爸爸妈妈一定要谨慎。

Q 宝宝不吃用勺子喂的辅食该怎么办？

A 宝宝只吃母乳，不吃用勺子喂的辅食，多半是添加辅食时方法不当所造成。为此，妈妈应耐心地让宝宝逐渐适应直至接受。

让宝宝适应勺子的正确方法是，先从少量喂起，每天只喂一次，而且在宝宝饥饿时，让他逐渐适应碗勺喂的方式。如果宝宝暂时拒绝，可能是宝宝还没适应用勺喂养的方式，或是对正在加的辅食还暂时没有接受，这时应该暂缓尝试，或继续喂已经适应的辅食。

从什么时候开始可以给宝宝添加辅食

一般专家认为，纯母乳喂养的宝宝6个月后，混合喂养或配方奶喂养的宝宝4~6个月后就可以添加辅食了。为使宝宝的辅食能吃得更好，爸爸妈妈应该注意锻炼宝宝的咀嚼和吞咽功能。辅食应该用小勺喂，尽量避免装在奶瓶里让宝宝吸吮，让宝宝学会和习惯用勺。爸爸妈妈给宝宝喂辅食前要先洗手，给宝宝戴上围嘴或垫上小毛巾，并准备一块潮湿的小毛巾，随时擦净脏物。喂辅食时要基本定时、定量，有固定的吃饭场所，并一次喂完。给宝宝喂食时，不要让宝宝吃一点儿玩一会儿，然后又吃。辅食的配量，应以宝宝的身体状况和饮食量的大小，进行搭配和调理。

及时添加辅食对宝宝很重要

为宝宝添加辅食，对于4个月的宝宝来说是非常必要的。这不仅是为满足宝宝营养的需求，而且还有其他方面的好处。

第一，宝宝满4个月以后，从乳汁中获得的营养成分已逐渐不能满足生长发育的需要，必须及时添加一些食品，以补充乳汁中营养素的不足。比如铁，4～6个月的宝宝，从妈妈体内获得的铁已经基本用完，而无论是母乳还是牛乳中铁的含量都不足。因此，此阶段的宝宝容易患缺铁性贫血，添加辅助食品就能为宝宝补充铁的不足。

第二，添加辅食，可以为宝宝以后的断奶做好准备。辅食并不完全是指在断奶时所摄入的食品，而是指从单一的母乳（或牛乳）喂养到完全断奶这一阶段内所添加的食品。

第三，为了训练宝宝的吞咽能力。习惯于吃奶类（流质液体）的宝宝，要逐渐过渡到吃固体食物，这需要有一个适应的过程，这个过程要有半年或更长的时间。宝宝要先从吃糊状、细软的食品开始，最后逐步适应到接近成人的固体食物。

第四，为了训练宝宝的咀嚼功能。随着宝宝的长大，齿龈的黏膜逐渐坚硬，尤其长出门牙之后，宝宝会用齿龈或牙齿去咀嚼食物，然后吞咽下去。所以，及时添加辅食有利于宝宝咀嚼功能的训练，有利于颌骨的发育和牙齿的萌出。

尽量使食物容易吞咽和消化

宝宝刚开始接受乳制品以外的其他食物，既新鲜，又有一个慢慢适应和习惯的过程。宝宝还未长牙，咀嚼能力差，爸爸妈妈给宝宝添加的辅

食，一定要少而烂，既要宝宝爱吃，又要利于宝宝消化。

添加辅食要循序渐进

为宝宝添加辅食的目的，就是要补充热量和营养素，以满足宝宝生长发育的需要。另外，也为宝宝日后的断奶做准备。

添加的每一种辅食，对宝宝来说都是一种新的食物，需要慢慢让他习惯和适应，因为宝宝的肠胃还相当的娇嫩，辅食如果添加不好会引起宝宝消化功能的紊乱，出现腹泻或呕吐。因此，添加辅食必须遵循循序渐进的原则。

所谓循序渐进的原则，一是从少到多逐渐增加，如蛋黄开始只吃1/4个，若宝宝无消化不良或拒食现象，可增至半个。二是从稀到稠，也就是食物先从流质开始到半流质，再到固体食物。三是从细到粗，如从青菜汁到菜泥再到碎菜，以逐渐适应宝宝的吞咽和咀嚼能力。四是从单种到多种，为宝宝增加的食物种类不要一下太多，不能在1～2天内增加2～3种。

在添加新的食物时，还应提醒爸爸妈妈注意，1岁以内的宝宝，主食还应是母乳或配方奶，辅食只能作为一种补充食品配合着吃。辅食一定要在宝宝身体状况好，消化功能正常时添加。爸爸妈妈不能为了让宝宝吃更多的辅食，而减少母乳或配方奶的量。

谁会这样

谁会飞呀，鸟会飞。
鸟儿鸟儿怎样飞？
拍拍翅膀飞呀飞。
谁会游呀，鱼会游。
鱼儿鱼儿怎样游？
摇摇尾巴点点头。
谁会跑呀，马会跑。
马儿马儿怎样跑？
四脚离地身不摇。

Chapter 2 怎样让宝宝吃好辅食

及时正确地给宝宝添加辅食，能够促进宝宝身体的健康发展。而如果餐具选择不当，或者喂养方法不当，也会影响宝宝的健康发展。在保证宝宝营养全面、均衡的同时，也应注意宝宝摄食量的合理。如果把宝宝变成一个小胖子，也不利于他今后的成长和发育。

宝宝可以吃盐吗？

A 1岁以内的小宝宝肾脏功能尚弱，多吃咸食会增加肾脏负担，影响其正常发育。母乳或牛奶中含有天然盐分，辅助食品中也会有少许盐分，所以不要额外给盐。1岁以后可逐渐给予，但每天不宜超过2克。如果夏季出汗较多或腹泻、呕吐时，食盐量可酌情增加。

让宝宝愉快进食

有人发现，如果宝宝情绪愉快，喂他吃东西就比较容易。因此，爸爸妈妈需要掌握一定的技巧，才能使宝宝乐于接受食物。

首先，应该在宝宝状况良好的情况下给宝宝喂食。妈妈要平心静气、面带微笑，营造出愉快的进食气氛，要用亲切的话语和良好的情绪感染宝宝，使宝宝乐于接受辅食。其次，辅食最初量少时，可在喂奶前半个小时添加，待量多后，会自然替代一次喂奶，这样宝宝比较容易接受。再次，每次添加一种新食物都要从一勺开始，在勺内放少量食物，引诱宝宝张嘴，然后轻轻放入宝宝舌中部，食物温度应保持室温或比室温略高一些。

大多数的宝宝能很快接受新的食物，而有些

宝宝对于一种新的食物，常常要经过10～20次的尝试之后才接受。因此，爸爸妈妈一定要耐心地喂宝宝。同时，在给宝宝添加辅助食物时，应注意观察宝宝的进食反应及身体语言。如果宝宝肚子饿了，看到食物时就会兴奋得手舞足蹈，身体前倾并张开嘴。相反，如果宝宝不饿，就会闭上嘴巴，把头转开或者闭上眼睛，这时，爸爸妈妈就不要强迫宝宝吃。

让宝宝拥有自己的餐具

宝宝开始吃辅食时，爸爸妈妈就应该给宝宝准备一套宝宝自己的专用餐具。在选择餐具时，爸爸妈妈应该注意以下几点。

★ 不要选择塑料餐具

塑料餐具在加工和制造过程中，会有部分未反应单体的残留，这些残留均具有一定的毒性。使用塑料餐具盛装食物时，餐具上的这些微量的塑胶成分会转移到食品中，直接损害人体的健康；而且塑料餐具在受热的条件下易发生分解，毒性更强，危害更大。

★ 不要选择内侧有彩色图案的餐具

餐具上绘有的彩色图案采用的颜料对儿童的身体是有害的。餐具的绘图原料主要是彩釉，而彩釉中含有大量的铅，酸性食物可以把彩釉中的铅溶解出来，与食物同时进入宝宝体内。

★ 不要选涂了漆的筷子

这种筷子不仅可以使铅溶解在食物中，而且用久老化或是宝宝放在口中反复咬嚼时，漆脱落下来可能直接被宝宝吃下去。儿童吸收铅的速度比成人快6倍。当儿童体内铅含量过高时，会对智能发育产生严重危害。

★ 不要选择尖锐餐具

不锈钢的饭勺、刀叉具有一定的危险性，制造工艺粗糙的锋利毛边危险性就更大。爸爸妈妈在选择上尤其要注意。因为儿童的定位能力和平

★ 爱心 ★ 提示 ★

很多宝宝在长牙期间，往往因为牙痒、牙痛而喜欢乱找东西来咬。比如宝宝进食时，一旦将饭勺或筷子连饭一起送进嘴里，他便会咬住不放。爸爸妈妈可得多加小心了，这样乱咬硬物等锐器很容易损伤宝宝的牙龈黏膜。

衡能力一般较差，使用锐利的餐具容易将口唇刺破。一旦发生意外，比如宝宝跌倒或与物体产生碰撞，还会造成外伤。

不要选择不易清洁的餐具

宝宝极易感染肠道类疾病，如果餐具不能进行高温消毒，附着在餐具上的油垢得不到及时去除，很容易吸引蟑螂、蚊蝇的“光顾”。它们会带来大量的病菌，对宝宝身心健康的影响也是不可忽视的。

喂食的技巧

刚开始吃辅食的宝宝，消化酶分泌逐渐完善，已经能够消化除乳类以外的一些食物了。可补充宝宝乳类营养成分的不足，满足其生长发育的需要，并锻炼宝宝的咀嚼功能，为日后的断奶做准备，可以给宝宝添加以下辅食。

半流质淀粉食物：如米糊或蛋奶羹等，可以促进宝宝消化酶的分泌，锻炼宝宝的咀嚼、吞咽能力。

蛋黄：蛋黄含铁高，可以补充铁剂，预防宝宝发生缺铁性贫血。开始时先喂1/4个为宜，可用米汤或牛奶调成糊状，用小勺喂食，1～2周后增加到半个。

水果泥：可将苹果、桃、香蕉等水果，用匙刮成泥（市场上有卖专喂婴幼儿吃的水果泥）喂

宝宝，先由1小勺，逐渐增至1大勺。

蔬菜泥：可将土豆、南瓜或胡萝卜等蔬菜，经蒸煮熟透后刮泥给宝宝喂服，逐渐由1小勺增至1大勺。

另外，还可增加鱼类如平鱼、黄鱼、马哈鱼等的摄入量，此类鱼肉多、刺少，便于加工成肉末。鱼肉含磷脂、蛋白质很高，并且细嫩易消化，适合宝宝的营养需要。但一定要选购新鲜的鱼。

给宝宝喂辅助食品时，爸爸妈妈一定要耐心、细致，要根据宝宝的具体情况加以调节和喂养。除了要按照“由少到多、由稀到稠、由细到粗、由软到硬、由淡到浓”的原则外，还要根据季节和宝宝的身体状态添加。

如发现宝宝大便不正常，要暂停增加辅食，可待恢复正常后再增加。另外，在炎热的夏季和身体不好的情况下，不要添加辅食，以免宝宝产生不适。要想让宝宝能够顺利地吃辅食，还有一个技巧，就是在宝宝吃奶间、饥饿时添加，这

样宝宝就比较容易接受。另外，还要特别注意卫生，宝宝的餐具要固定专用，除每餐认真洗刷外，还要每日消毒。喂饭时，爸爸妈妈不要用嘴边吹边喂，更不要先在自己嘴里咀嚼后再吐喂给宝宝，这种做法极不卫生，很容易把疾病传染给宝宝。喂辅食时，要锻炼宝宝逐步适应餐具，为以后独立用餐具做准备。不要怕宝宝把衣服等弄脏，让宝宝手里拿着小勺，妈妈比划着教宝宝用，慢慢的，宝宝就会自己使用小勺了。

给宝宝吃水果的学问

水果既好吃，又富含营养，爸爸妈妈给宝宝补充水果是很必要的，但选择水果也有学问。

水果的品种繁多，它不仅富含维生素，有丰富的营养价值，而且还有防病、治病的作用，但如果水果吃得不当，也会致病。尤其对宝宝来说，消化系统的功能还不够成熟，吃水果尤其要注意，免得好事变成坏事。

一般适合宝宝的水果有苹果、梨、香蕉、橘子、西瓜等。苹果有收敛止泻的作用，梨有清热润肺的作用，香蕉有润肠通便的作用，橘子有开胃的作用，西瓜有解暑止渴的作用。

宝宝身体状况好的时候，爸爸妈妈可以每天选择1～2种水果，做成水果泥喂给宝宝。如果遇到宝宝身体不适时，可以根据宝宝的状况选择一些水果，这样不仅可以补充营养，而且还可以起到治病和帮助恢复的作用。如宝宝大便稀薄时，可用苹果炖成苹果泥喂给宝宝，有涩肠止泻的作用；如宝宝有上火现象时，可用梨熬成梨汁喂给宝宝，有清凉下火的作用。但爸爸妈妈给宝宝吃水果时，也要掌握量的多少，要知道过多吃水果也会致病的。喂水果要适可而止、细水长流。比如香蕉，甘甜质软，喂食又方便，宝宝特别喜欢吃，因此，最容易造成宝宝食用过饱，出现腹胀便稀，从而影响胃肠道功能。

因此，在给宝宝选购水果时，最好对宝宝常吃的水果品种性质有一定的了解。一是有利于宝宝的营养和消化吸收，二是方便喂养。比如买硬脆苹果就不如买松绵的苹果。因为松绵的苹果，用匙很容易刮，而且宝宝还爱吃，而硬脆的苹果用匙刮就不那么容易了，并且口感也不如松绵的苹果好。

不要用水果代替蔬菜

水果是宝宝喜爱吃的食物，而且维生素含量丰富，其功用是相当大的。但从矿物质含量来说就不如蔬菜多。

矿物质包含许多元素，它们对人体各部分的构成和机能，具有重要作用，像钙和磷是构成骨骼和牙齿的关键物质；铁是构成血红蛋白、肌红蛋白和细胞色素的主要成分，是负责将氧气输送到人体各部位去的血红蛋白的必要成分；铜有催化血红蛋白合成的功能；碘则在甲状腺功能中发挥着必不可少的作用。

因此，爸爸妈妈不要认为，已经给宝宝喂了水果了，就用水果代替蔬菜，这是不科学和不可取的。应该既要给宝宝喂水果，又要喂蔬菜，二者不能相互代替。

宝宝挑食怎么办

随着宝宝的逐渐长大，宝宝吃的食物花样也逐渐增多，于是许多过去不挑食的宝宝现在也开始挑食了。宝宝对不喜欢吃的东西，即使已经喂到嘴里也会用舌头顶出来，甚至会把妈妈端到面前的食物推开。

之所以会发生这样的情况，主要是因为宝宝的味觉发育越来越成熟，对各类食物的好恶就表现得越来越明显，而且有时会用抗拒的形式表现出来。但是，宝宝的这种“挑食”并不同于大孩子的挑食。宝宝在这个月龄不爱吃的东西，到了下个月龄时就可能爱吃了，这也是常有的事。所以，爸爸妈妈不必担心宝宝的这种“挑食”，而是要花点儿心思捉摸一下，怎样能够使宝宝喜欢吃这些食物。

为了改变宝宝挑食的状况，妈妈可以改变一下食物的形式，或选取营养价值差不多的同类食物替代。比如，宝宝不爱吃碎菜或肉末，就可以把它们混在粥内或包成馄饨来喂；宝宝不爱吃鸡蛋羹，就可以将鸡蛋煮熟或者煎荷包蛋来喂。

总而言之，要想方设法变着花样给宝宝做饭吃。即使宝宝对变着花样做出的食物还是不肯吃，爸爸妈妈也不要着急。如果宝宝只是不爱吃鱼类和肉类中的一两种，是不会造成营养缺乏的。谷类食物里的品种很多，不吃其中的几种也是没有关系的。爸爸妈妈千万不可强迫宝宝，以免因此使宝宝产生厌食症。宝宝这次不吃，可以过一段时间再试试看，也不能因为一次不吃，以后就再也不给宝宝吃了。

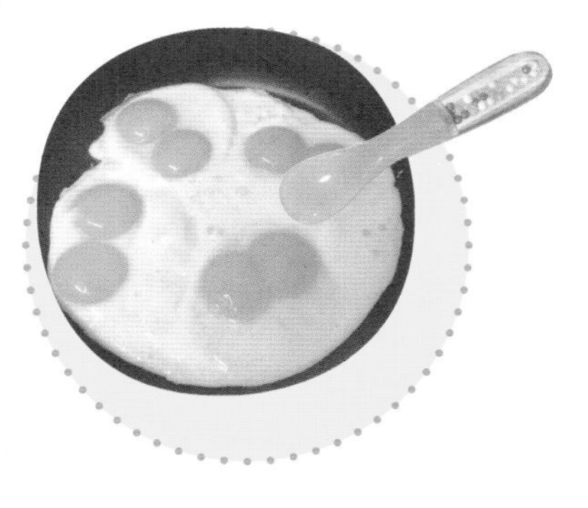

宝宝每日必需的营养素

营养素	功能	优点	摄取过多时可能出现的问题	主要来源
蛋白质	可以构建新的组织，对宝宝的生长发育非常重要。	蛋白质对人体的器官具有修补功能。血液中的白蛋白和球蛋白的成分也是蛋白质。蛋白质可以维持身体中的酸碱平衡及水的平衡、调节生理机能。蛋白质摄取不足会导致身体发育迟缓、体重不足、容易疲倦、抵抗力减弱，严重时还会造成水肿、脂肪肝、皮肤炎等。	蛋白质摄取过多会增加肾脏代谢负担。另外，蛋白质代谢后所产生的一些酸性物质也会与钙结合而排出，造成钙的缺乏。	动物性蛋白质主要来源于蛋、奶、肉类、鱼类，植物蛋白质多来自豆类、核果及五谷根茎类。
碳水化合物	也就是糖类，主要功能为供给身体所需要的能量。	糖类中的葡萄糖是神经细胞能量的唯一来源，尤其是维持脑细胞运作不可或缺的营养素之一。如果糖类摄取不足，体内无法获得足够的热量，人就会缺乏活力，而且会影响蛋白质及脂肪在身体内的代谢。	糖类摄取过多，会转化为脂肪储存在身体中，这是造成肥胖的主要原因。	主要食物来源为米饭、面食和薯类，少量来自奶类的乳糖和水果的果糖。
脂肪	脂肪主要提供生长及维持皮肤健康所需要的必需脂肪酸。	脂肪能提供热量，并保持体温及保护身体和内脏器官不受震荡撞击的伤害。脂肪摄取不足时会使皮肤粗糙、身材瘦小。而脂肪中的必需脂肪酸缺乏时会造成生长迟缓，皮肤、肾脏、肝脏等功能不正常。	脂肪摄取太多会造成肥胖。饱和脂肪酸过多会增加患心血管疾病的危险。	主要食物来源为大豆油等植物性油脂及动物性油脂。

维生素	促进身体中的代谢作用。	维生素在人体内无法合成，必须从食物中获得，其所需要的量不多，但在维持生命、促进生长发育上是不可缺少的。	水溶性的维生素摄取过多时，会由身体排出，脂溶性的维生素不易排出，摄取过多易中毒。	蔬菜和水果含有丰富的维生素。
矿物质	各种矿物质在身体中都有其重要的功能，但所需要的量不多，可由食物补充。	钙和铁是人体内容易缺乏的矿物质。骨骼生长需要有钙和磷的结晶沉积，才能使骨骼有弹性、坚固；另外，钙也是组成牙齿的重要成分。 铁参与血红蛋白的合成，从而参与人体内氧气的运输，过度缺铁就会产生缺铁性贫血，患者会感觉疲倦、乏力，脸色苍白，抵抗力减弱。	矿物质摄取过多会造成身体的负担。像钠摄取过多容易造成肾脏代谢不良。	含钙丰富的食物有奶类、鱼及豆制品、深色蔬菜等。含铁丰富的食物有动物肝脏、红肉、蛋黄、豆类及绿叶蔬菜。
膳食纤维	无法被人体消化吸收，但仍不可缺少。	刺激肠道蠕动，帮助排便，并减少粪便在肠内的停留时间，以减少肠道不良微生物增加，并降低致癌物质。它还可减缓消化速度和加快排泄胆固醇，可让血液中的血糖和胆固醇控制在最理想的水平。	膳食纤维摄取过多会抑制矿物质的吸收。如果宝宝的肠胃还没有发育完全，会不易消化。	膳食纤维食物来源于米、麦、水果、蔬菜、核果及种子类。

怎样为宝宝补充所需的营养素

添加辅食以后的宝宝必须注意营养的均衡。宝宝一天所需的营养素如下。

热量：宝宝的热量够不够，爸爸妈妈不必费心地去计算，这是很容易看出来的。如果宝宝体重大幅度地增加，很有可能是摄取了过多热量；如果宝宝很瘦小或发育很慢，就有可能是热量不够。宝宝所需的热量多从母乳或奶粉中得来，4~6个月后的宝宝需要从辅食中摄取更多的热量。

蛋白质：肉、鸡、鱼、奶酪、优酪乳或豆腐里有优质蛋白质，可把这些做成宝宝能吃的食品喂给宝宝，但一次不要太多，应给宝宝调剂着吃。

钙质：母乳及配方奶粉能提供给宝宝足够的钙质，不过宝宝吃母乳及牛奶会越来越少，所以应该给宝宝补充富含钙质的固体食物，如奶酪、优酪乳、全脂牛奶、豆腐等。

碳水化合物：一天给宝宝吃2～4大匙的谷类食品，就能提供给宝宝基本的碳水化合物（糖类）。谷类食物有全谷类麦片、米片、粥或面条等。

维生素A：2～3大匙由南瓜、红薯、胡萝卜、西蓝花、甘蓝、杏、桃做成的果蔬泥；1/4杯甜瓜、芒果和水蜜桃做成的果汁，就可以给宝宝提供一天足够的合成维生素A的原料。

维生素C：只要1/5杯加有维生素C配方的婴儿果汁或橙汁、葡萄柚汁，或是1/5杯甜瓜汁、芒果汁、西蓝花汁，就可为宝宝提供充分的维生素C。

高脂肪食物：吃配方奶粉或母乳的宝宝，可以得到所需的脂肪及胆固醇。一般情况下，应用全脂的乳制品来喂食。注意脂肪的摄取须适量，不要太少但也不要过量，免得宝宝超重、消化不了或养成不良的饮食习惯。

铁质及补充品：为了避免铁质缺乏症，应该每天给宝宝喂食肉、蛋黄、强化铁的米粉、动物肝脏等食物中的一种。

盐分：宝宝的肾脏还无法处理过量的盐分，过早养成吃盐的习惯容易导致日后高血压，因此，宝宝的食物多不加盐。大部分食物本身含盐分，尤其是乳制品及蔬菜类，所以不必特意给宝宝补充盐分。

水分：宝宝在四五个月以内，水分多从配方奶粉或母乳中获取，渐渐的，宝宝需从其他食物中获取水分，如果汁、水果和蔬菜等。要注意的是，宝宝的水分补充，不要因为喂母乳或配方奶粉量的递减而减少，尤其在夏天，更要多喂宝宝一些水或稀释过的果汁。

其他维生素的补充：从宝宝出生后半个月开始，应给宝宝适量补充含维生素D的婴儿维生素。不要服用未经医师许可的其他维生素、矿物质补充品。

如何避免宝宝变成小胖子

专家经过研究指出，如果宝宝小时候肥胖，长大多半也逃离不了当胖子的命运，所以爸爸妈妈应该留心宝宝有没有超重的危险。有些妈妈可能会说："宝宝还是胖一点儿好，白白胖胖的才可爱嘛！"其实圆嘟嘟的宝宝看似健康，却潜伏着许多危险。因此爸爸妈妈一定要仔细观察宝宝的身体状况，如果发现宝宝有胖的趋势，就要想办法喽！

胖宝宝简易观察法

睡觉呼吸不顺，打呼噜

宝宝睡觉打呼噜，如果没有其他病理因素，可能就是太胖了。

宝宝的心肺功能

如果宝宝稍微运动一下就气喘吁吁、满脸通红，极有可能是因为太胖而导致的。

新陈代谢的速率过快

如果宝宝的胸部等第二性征提早出现，就代表宝宝的新陈代谢出现问题，应该做进一步的检查，以免影响健康。

长到1岁了，却无法站直

如果宝宝1岁了，应该开始学走路了，但宝宝的双腿却很难站直，没办法行走。在排除其他可能性后，这有可能是因为宝宝太胖，双腿无法承受自己身体的重量。爸爸妈妈一定不要掉以轻心，尽早去医院就诊。

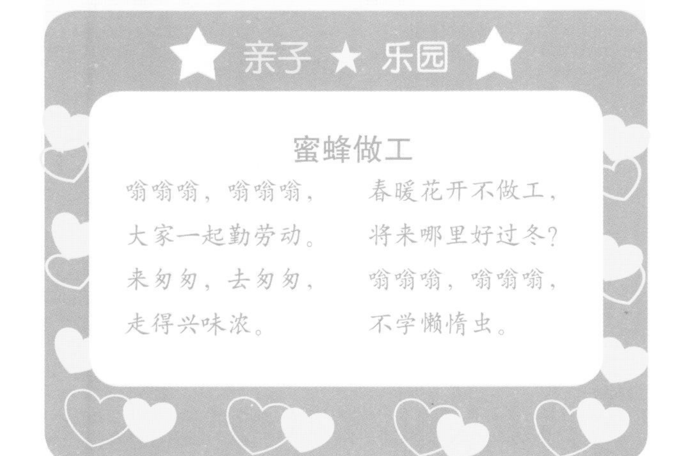

Chapter 3 不同月龄的宝宝的饮食特点

想要宝宝既健康又聪明，就要特别注意辅食的添加。宝宝的身体还没有发育成熟，所以在添加辅食的时候，应该按照宝宝的不同发育阶段，添加适合宝宝食用的辅食。只有科学地养育，才能使宝宝既聪明又健壮。

Q 宝宝1周岁了，吃东西时不爱咀嚼，吃了稍硬一点儿的东西或稍大的食物就会恶心，该怎么办呢？

A 这样的现象通常是辅食添加的过程中食物加工得过于精细，使宝宝没有得到足够咀嚼锻炼的机会。妈妈要逐渐增加食物的粗糙程度，让宝宝有充分的锻炼机会。

4～6个月

液态和糊状食物是 4 ～ 6 个月宝宝的最佳辅食

这一时期的宝宝已经会辨别食物的味道和颜色了，因此可以给宝宝添加母乳或配方奶以外的食物了。给宝宝吃辅食，除了可以补充宝宝日常所需的营养之外，还可以训练宝宝的咀嚼和吞咽能力。让宝宝习惯除了奶水以外的各种不同口味、质地的食物，能使宝宝逐渐适应大人世界的固体食物。4～6个月大的宝宝体内所储存的铁已经耗尽，所以在给宝宝添加辅食时，应补充富含铁的食物。除此以外，液态和糊状食物是这一时期宝宝最容易消化的食物状态。

4～6个月宝宝一日饮食安排参考方案

宝宝只有每天都能吃到五类食物的混合辅食，才能获得均衡合理的营养，身体才能发育得更好。以下是宝宝一天的饮食安排，可供爸爸妈妈们参考。

时间	饮食
06：00	母乳或配方奶200毫升
09：00	米粉+蛋黄糊50克，维生素D适量，适量饮水
12：00	母乳或配方奶200毫升
15：00	苹果泥或香蕉泥适量
17：00	米粉+菜泥50克，适量饮水
20：00	母乳或配方奶200毫升
02：00	母乳或配方奶200毫升

4～6个月宝宝的建议食谱

鲜菠菜汤

原料：鲜菠菜叶50克，水200毫升，芝麻油少许。

做法：

1.将菠菜洗净，切段。

2.将菠菜焯一下捞出，倒掉焯菜水再另烧开水，加入菠菜，煮5～6分钟。

3.离火后，滴入几滴熟芝麻油，取汤即可。

特点：此汤颜色碧绿，鲜香，不但富含钙、铁、磷等矿物质，而且可润肠通便，但婴幼儿不宜多吃。

配方奶香蕉糊

原料：配方奶200毫升，香蕉半根。

做法：

1.将香蕉去皮，放入搅拌容器中搅拌。

2.搅拌至黏稠状时，将温热的配方奶倒入，搅拌均匀。

3.将配方奶香蕉汁倒入碗内即可。

特点：此奶香甜适口，含有丰富的蛋白质、碳水化合物和维生素等多种营养素。制作中，香蕉一定要搅至黏稠糊状，不能带颗粒。

胡萝卜苹果泥

原料：胡萝卜75克，苹果50克，食用油少许。

做法：

1.将胡萝卜洗净切碎，苹果去皮切碎。

2.将胡萝卜放入开水中煮1分钟，研碎时加少许食用油，然后放入切碎的苹果，用微火煮烂即可。

特点：胡萝卜泥含有丰富的胡萝卜素、碳水化合物、钙、铁以及维生素C、维生素B_1、维生素B_2等多种营养素，注意食材一定要成泥状。

豆腐糊

原料：嫩豆腐20克，肉汤适量。

做法：

1.将嫩豆腐放入锅内，倒入少量的肉汤。

2.边煮边用勺子研碎嫩豆腐。

3.嫩豆腐煮熟后放至温热即可。

特点：此菜味美可口，蛋白质和钙含量丰富。蛋白质如果凝固会不易于消化吸收，因为煮的时间要适度，不宜久煮。

猪肝泥

原料：猪肝50克，芝麻油少许。

做法：

1.将猪肝洗净，横剖开，去掉筋膜和脂肪，用刀剁成泥状。

2.将剁好的肝泥放入碗内，加入香油调匀，上笼蒸20～30分钟即成。

特点：猪肝中维生素A含量极为丰富，可预防夜盲症，其中还含有大量的铁，能预防缺铁性贫血。在制作中要注意去掉猪肝上的筋膜和脂肪。

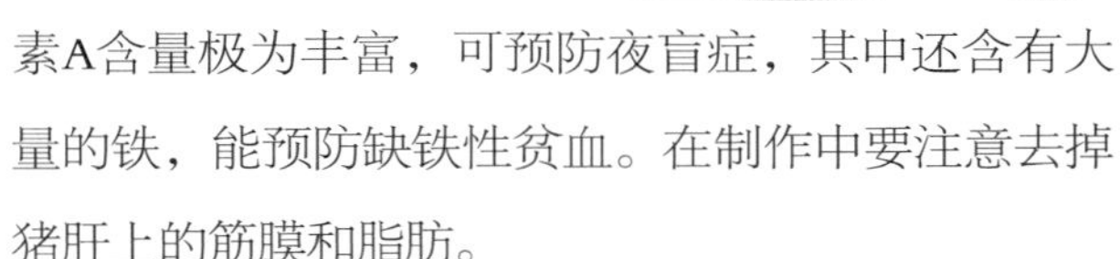

鱼肉糊

原料：鱼肉50克，鱼汤、淀粉各少许。

做法：

1.将鱼肉去刺和皮，切成2厘米大小的块，放入锅内煮熟。

2.将鱼肉切碎，再放入锅内加鱼汤煮，最后将淀粉用水调匀后倒入锅内，煮至糊状即成。

特点：此菜软烂、味鲜，含有丰富的蛋白质和维生素A、维生素D，还含有较多的钙、磷、钾等矿物质。制作中，一定要把鱼刺剔净，鱼肉要煮熟、研碎。

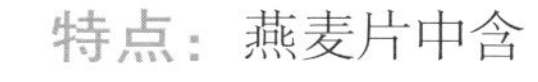

燕麦粥

原料：燕麦片0.5杯，开水2.5杯，宝宝配方奶粉适量。

做法：

1.把燕麦片慢慢地倒入开水锅中，盖上盖煮10分钟。

2.加入宝宝配方奶粉，成为稠度适宜的麦片粥。

特点：燕麦片中含有较丰富的钙、磷、铁、锌和膳食纤维，有促进宝宝骨骼生长，预防贫血，提升皮肤的屏障功能和软化大便的作用。和配方奶搭配， 可保证营养的全面性，有利于宝宝的生长需要。

蛋黄粥

原料：大米50克，熟蛋黄1/2个，清水500毫升。

做法：

1.将大米淘洗干净，放入锅内，加入清水，用大火煮开，转小火熬至黏稠。

2.将熟蛋黄放入碗内，研碎后加入粥锅内，同煮几分钟即成。

特点：此粥黏稠，有浓醇的米香味，富含宝宝发育所必需的铁质，适宜6个月的宝宝食用。制作中，米要煮烂，熬至黏稠。

7～9个月

训练宝宝的咀嚼能力

7～9个月大的宝宝已经进入咀嚼期，这时期的宝宝会用舌头把柔软的辅食磨碎。妈妈一天可以为宝宝做两次辅食，食物的硬度以豆腐为标准，让宝宝慢慢锻炼自己的咀嚼能力。这时候千万别给宝宝吃太硬的食物。

这一时期的宝宝可以开始吃肉了，妈妈可以把肉绞碎，做成肉丸给宝宝吃。到了快9个月的时候，宝宝还可以吃全蛋黄。其他的食物可以剁碎或略带颗粒，但食物最好煮得烂一些。也可以熬些骨头汤，用高汤给宝宝煮面条或者熬粥，这样既有营养又容易吸收。

7个月宝宝的饮食种类及一日参考量

早晨喂奶，中午喂一顿菜加肉的食物，下午喂一次无奶的粮食水果粥，晚上喂一次全乳粥。奶量减至500～600毫升。这样便可完全满足宝宝一天的需要。

宝宝一天的食谱安排参考方案：

时间	食谱
06：00	母乳或配方奶200毫升
09：00	菜肉粥1小碗，维生素D适量，适量饮水
12：00	母乳或配方奶200毫升
15：00	苹果泥或香蕉泥适量
17：00	面条蛋黄碎菜100克，适量饮水
20：00	母乳或配方奶200毫升
02：00	母乳或配方奶200毫升

8～9个月宝宝的饮食种类及一日参考量

可以给宝宝食用的主食包括母乳及其他食品，如牛奶、豆浆、米粥、饼干、面包片、奶糕等。

餐次及用量

母乳：早晨6点，下午2点、6点，晚上10点。

其他主食：上午9点、中午12点，下午4点。

辅助食物

各种蔬菜任选1～2种，每天变换蔬菜种类，每次吃1～2汤匙，中午12点，下午4点配主食吃。

适量饮水。

蛋黄、肉末、肝末、鱼肉等配合蔬菜及主食吃，每日任选2种。

维生素D适量。

水果适量，每日1~2次。

7～9个月宝宝的建议食谱

肉丸子

原料：猪瘦肉、淀粉、碎菜末、水各适量。

做法：

1.将猪瘦肉洗净剁成泥，加淀粉、碎菜末和适量水，调匀成糊状。

2.捏成栗子大小的肉丸子蒸熟。

特点：鲜香柔嫩，美味可口，既可给宝宝佐餐，又可单独吃，同时还能给宝宝补充优质蛋白，是宝宝饮食中不可缺少的食物。

肝泥

原料：动物肝脏、碎菜末、食用油、淀粉各适量。

做法：

1.取动物肝脏，洗净。

2.用刀剁成泥状。

3.加入淀粉拌匀。

4.食用油烧至六七成热时倒入动物肝泥，急火快炒，变色即可。

特点：肝泥滑软可口，炒好的肝泥可调入稀粥、烂面条中或做成馄饨馅。动物肝脏营养丰富，可提供丰富的蛋白质、铁和维生素。

雪梨藕粉糊

原料：雪梨1个，藕粉30克。

做法：

1.将藕粉用水调匀，雪梨去皮、去核，切成细粒。

2.将藕粉倒入锅中，用小火慢慢熬煮，边熬边搅动，直到透明为止，再将梨粒倒入，搅匀即可。

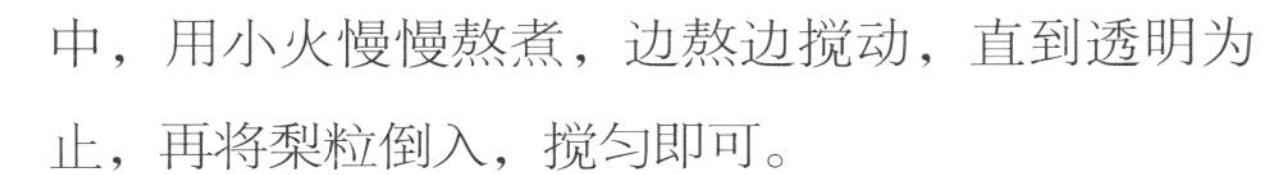

特点：此羹水嫩晶莹，香甜润滑，营养丰富，含碳水化合物、蛋白质、脂肪，并含多种维生素及钙、钾、铁、锌，能促进食欲，帮助消化，非常适合婴幼儿食用。

水果泥

原料：苹果、桃或香蕉各适量。

做法：

1.将苹果、桃洗净。

2.苹果、桃切成两半，香蕉剥去一边皮。

3.用勺将水果刮成

泥，随刮随喂。

特点： 香甜可口，柔软嫩滑，补充宝宝的维生素和微量元素，尤其对改善宝宝便秘大有效果。

香蕉南瓜糊

原料： 香蕉1根，南瓜1小块，蛋黄1个，配方奶50毫升。

做法：

1.南瓜去掉皮、籽，洗干净，切成小块。

2.将处理好的南瓜捣成泥，香蕉捣成泥，蛋黄搅碎后放在配方奶中搅匀。

3.将香蕉泥、南瓜泥放入蛋奶中，上锅蒸10分钟即可。

特点： 香蕉中含有丰富的钾和镁，维生素、糖类、蛋白质、矿物质的含量也很高，南瓜中的甘露醇具有通便功效，所含果胶可减缓糖类的吸收。此品不仅是很好的强身健脑食品，更是便秘宝宝的最佳食物。

番茄面

原料： 面粉100克， 番茄1/2个， 豆腐30克。

做法：

1.将面粉用凉水和成软硬适度的面团，放置30分钟后，擀开，切细条。

2.番茄用开水烫一下，剥去皮，切碎；豆腐切碎。

3.锅里放水，将番茄、豆腐放入，水沸后下入面条，煮熟即可。

特点： 番茄含有丰富的维生素C、维生素A、叶酸和钾等营养元素。特别是它所含的茄红素，对人体的健康更有益处；豆腐富含优质的蛋白质、维生素和多种微量元素，营养丰富。这道主食色彩鲜艳、口味清淡，能促进宝宝的食欲。

香蕉玉米面糊

原料： 玉米面2大勺，牛奶1/2杯，香蕉1/3根（剥皮切成薄片），白糖少许。

做法：

1.把玉米面和牛奶一起放入锅内。

2.上火煮至玉米面熟了为止。

3.再将香蕉片放到玉米面糊中，煮成糊状。

4.吃的时候放入少许白糖即可。

特点： 香浓黏稠，美味可口。既有玉米面的清香，又有香蕉和牛奶的醇香，非常迎合宝宝的口味。

苹果金团

原料： 苹果1个，红薯1个。

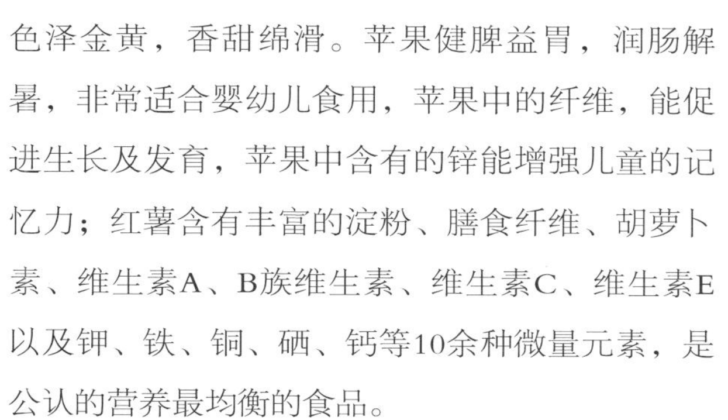

做法：

1.将红薯洗净、去皮，切碎煮软。

2.把苹果削去皮、除去籽后切碎，煮软。

3.把苹果与红薯均匀混合，即可给宝宝吃。

特点： 苹果金团，色泽金黄，香甜绵滑。苹果健脾益胃，润肠解暑，非常适合婴幼儿食用，苹果中的纤维，能促进生长及发育，苹果中含有的锌能增强儿童的记忆力；红薯含有丰富的淀粉、膳食纤维、胡萝卜素、维生素A、B族维生素、维生素C、维生素E以及钾、铁、铜、硒、钙等10余种微量元素，是公认的营养最均衡的食品。

奶油鱼

原料： 鱼（选刺少肉多的鱼）适量，奶油、芹菜、肉汤各少许。

做法：

1.把收拾干净的鱼放热水中煮过后，剔去刺、剁碎。

2.锅内加少量肉汤，再加入剁碎的鱼肉上火煮，边煮边搅拌。

3.煮好后放入少许奶油和切碎的芹菜即可。

特点： 香鲜嫩醇，口味独特，营养丰富，是宝宝极好的美味佳肴，注意将芹菜煮得烂些。

菠菜面片汤

原料： 面粉少许，菠菜1棵，西红柿半个，葱花、肉汤各适量。

做法：

1.把面粉和好后放半个小时。

2.西红柿洗净、切碎；菠菜在开水中焯好，切成2～3厘米长。

3.把肉汤倒入锅里，放上菠菜、西红柿、葱花一直煮到沸腾。

4.把和好的面擀薄，先切成2厘米宽的条状，然后再揪成小面片儿放入锅里。

5.煮至面片熟烂即可。

特点： 汤香面薄，滑溜爽口，是宝宝可口开胃的佳肴。

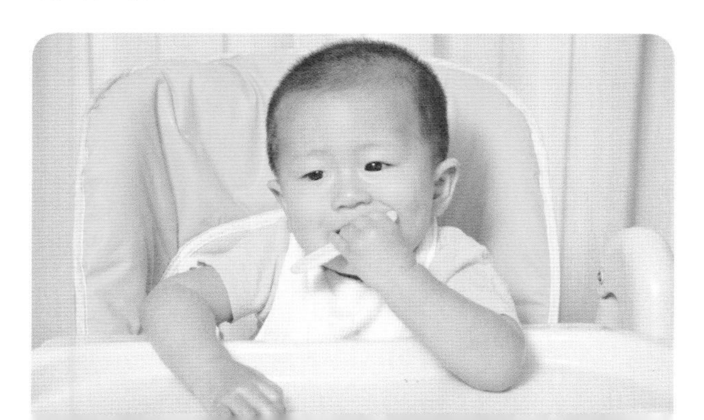

10～12个月

10个月宝宝一天的食谱安排参考方案

主食

母乳及其他（米粥、面片、菜肉粥等）。

餐次及用量

母乳及其他主食喂养次数与9个月时相同，只是在下午6点喂奶前可增加饼干、母乳或配方奶、米粥等，这样做的目的是为再次减少喂奶次数做好准备，比如将喂奶次数减为每日3次。

辅助食物

水、果汁、鲜水果等任选1种，每次120克，可在上午10点食用。

嫩豆腐、鱼松等，1～2汤匙，可在下午6点添加。

在给宝宝安排食谱时，可以参考以下方案：

时间	食谱
08：00	母乳或配方奶200毫升，面包2小块
10：00	菜肉馄饨1小碗
12：00	米饭半小碗，鸡蛋1个，蔬菜适量
15：00	母乳或配方奶200毫升，小点心1个，水果适量
18：00	粥1小碗，鱼、肉末、蔬菜各适量
21：00	母乳或配方奶200毫升

中午吃的蔬菜可选菠菜、大白菜、西红柿、胡萝卜等，切碎与鸡蛋搅拌后制成蛋卷给宝宝吃。下午的水果可选橘子、香蕉、葡萄等。

11 ~ 12 个月宝宝的饮食搭配及一天的食谱

1岁左右的宝宝应该以谷类食品为主食，因为热量的来源大部分靠谷类食品提供。因此，宝宝的膳食安排要以米、面为主食，同时搭配动物食品及蔬菜、水果、禽、蛋、鱼、豆制品等。在食物的搭配制作上也要多样化，最好能经常更换花样，如小包子、小饺子、馄饨、馒头、花卷等，以提高宝宝的食欲和兴趣。

宝宝一天的食谱参照标准：

时间	食谱
07：00	粥1小碗，肝泥或鸡蛋适量
09：00	母乳或配方奶200毫升
12：00	米饭1小碗，肉末2匙，蔬菜3匙
15：00	母乳或配方奶200毫升，小蛋糕1个
19：00	软面条1小碗，鱼、蛋、蔬菜或豆腐各适量
21：00	母乳或配方奶200毫升

10 ~ 12 个月宝宝的建议食谱

沙锅水果

原料：水果（橙子、苹果、梨、菠萝、桃、猕猴桃）50克，栗子50克，白色奶油半杯。

做法：

1.将水果切成稍大块。

2.将水果、栗子涂抹奶油，拌匀，放在沙锅里。

3.把沙锅放入温度150℃的烤箱里，等水果熟后拿出即可。

特点：甜脆香鲜，黏软浓醇，营养丰富，是宝宝极好的断奶食品。

扁豆薏米粥

原料： 白扁豆30克，薏米30克，大米30克，白糖少许。

做法：

1.薏米洗净，浸泡2小时；扁豆洗净，大米洗净。

2.锅里放水，先把薏米和扁豆放进去煮，快熟时，放大米，煮至粥绵软即可。吃的时候可放一点儿白糖。

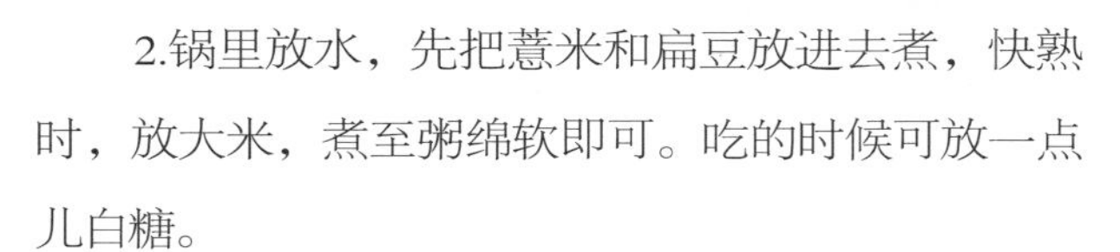

特点： 此菜肴绵稠滑软，具有健脾止泻、清热泻火、预防中暑的作用，非常适合宝宝夏季食用。薏米主要成分为蛋白质、维生素B1、维生素B2，长期饮用，具有促进体内血液、水分的新陈代谢和利尿消肿的作用；扁豆的营养成分相当丰富，包括蛋白质、脂肪、糖类、钙、磷、铁及纤维素、维生素B1、维生素B2、维生素C等。

胡萝卜鱼干粥

原料： 胡萝卜30克，小鱼干1大匙，白粥1碗。

做法：

1.胡萝卜洗干净，去掉皮，切末。小鱼干泡水洗干净，沥干备用。

2.将胡萝卜、小鱼干分别煮软、捞出、沥干，在锅中倒入白粥，加入小鱼干搅匀，最后加入胡萝卜末煮滚即可。

特点： 小鱼干钙、铁的含量非常丰富，对巩固宝宝的骨骼及牙齿健康发育有效。搭配胡萝卜熬成的粥，更有保护眼睛、防近视的功效。

豆腐泥鸡茸小炒

原料： 鲜嫩豆腐200克，鸡肉50克，鸡蛋1个，细油菜丝、细火腿丝各适量，淀粉、盐、植物油各少许。

做法：

1.先将鸡肉剁成泥，加上蛋清和少许淀粉，一同搅拌成鸡茸。

2. 将豆腐用开水烫一下，研成泥。

3.锅里放油，油温七成热时先放入豆腐泥炒好，再放入鸡茸，加上适量盐翻炒几下，然后撒上细火腿丝和细油菜丝炒熟即成。

特点： 此菜味道鲜美、营养丰富。能为宝宝提供足量的蛋白质及钙。

苹果沙拉

原料：苹果20克，橘子2瓣，葡萄干5克，酸奶酪5克。

做法：

1.将苹果洗净，去皮后切碎。

2.橘瓣去皮和籽，切碎。

3.葡萄干用温水泡软后切碎。

4.将苹果、橘子、葡萄干放入小碗内，加入酸奶酪，拌匀即可。

特点：尼克酸和铁含量非常丰富，具有助消化、健脾胃之功效，尤适宜消化不良的宝宝食用。

虾末菜花

原料：菜花30克，虾10克，酱油、精盐各少许。

做法：

1.将菜花洗净，放入开水中煮至熟软后切碎。

2.把虾放入开水中煮熟后剥去壳，切碎。

3.加入酱油少许，使虾肉末具有淡咸味，倒在菜花上即可。

特点：此菜细嫩，味甘鲜美，食后容易消化。菜花中维生素C的含量丰富，不但能增强肝脏的解毒能力，而且能提高机体免疫力，防止感冒、坏血病等的发生。

水果拌豆腐

原料：嫩豆腐20克，草莓1个，橘子3瓣，盐少许。

做法：

1.将嫩豆腐加水煮后，沥去水分。

2.将草莓用盐水洗净后切碎，并把橘瓣去皮、去籽、研碎。

3.将水果与盐混合，加入豆腐拌匀混合即可。

特点：清香酸甜、爽滑可口，富含蛋白质与维生素C，营养丰富。

冬瓜烫面饺

原料：面粉、猪肉（羊肉、牛肉也可）、冬瓜、盐、食用油各适量，葱、姜、香油各少许。

做法：

1.面粉适量，用开水边烫边和，和到不黏手为好，扒开晾凉。

2.猪肉、葱、姜都剁成细末，加入盐、食用油、香油拌匀。

3.冬瓜洗净去皮和瓤，剁成碎馅，用纱布包好挤出水分，放入猪肉馅中搅拌均匀。

4.烫面揉好，分成小面剂，擀成饺子皮，包上冬瓜猪肉馅。捏成蒸饺，上蒸笼蒸8～10分钟即可。

特点：冬瓜烫面饺，馅内有汤，皮软肉香，清鲜有味，含蛋白质、铁、维生素B_2等，还可清热消暑。给宝宝喂食时应将饺子皮和馅捣烂。

疙瘩汤

原料：面粉50克，鸡蛋1个，虾仁10克，菠菜20克，高汤适量，香油、盐各少许。

做法：

1.将鸡蛋磕破，取鸡蛋清与面粉和成稍硬的面团揉匀，擀成薄片，切成黄豆粒大小的丁，撒入少许面粉，搓成小球。

2.将虾仁切成小丁。

3.菠菜洗净，用开水烫一下，切末。

4.将高汤放入锅内，先放入虾仁丁和盐，待汤煮沸后放入面疙瘩，煮熟。

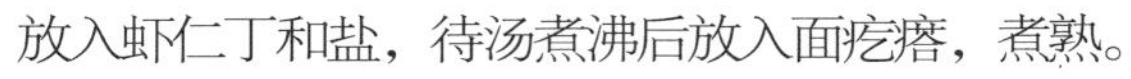

5.加入菠菜末、鸡蛋黄、香油即可。

特点：菠菜含有大量的B族维生素、维生素C、维生素D和胡萝卜素等，并具有滋阴润燥、养血、止血的功用，是婴幼儿的好食品。

肉松饭

原料：米饭75克，鸡肉20克，花形胡萝卜1片，酱油、白糖各少许。

做法：

1.将鸡肉洗净剁成细末，放入热锅内，加入酱油、白糖，边煮边用筷子搅拌，使其均匀混合。

2.加入米饭上面一起翻炒。

3.饭熟后盛入小碗内，用花形胡萝卜点缀即可。

特点：咸甜适口，蛋白质含量丰富。制作时可以搭配小西红柿或者切成小块的黄瓜，既增加美感又增加了营养。

西红柿饭卷

原料： 米饭75克，胡萝卜、西红柿、葱头各15克，鸡蛋1个，香油、盐各少许。

做法：

1.将鸡蛋磕入碗内，搅拌均匀，用炒锅摊成蛋皮。

2.胡萝卜、西红柿、葱头分别洗净切成碎末。

3.将炒锅置火上，放入香油，然后放入葱末、胡萝卜末，炒软。

4.加入米饭和西红柿，撒上盐，拌匀。

5.将混合后的米饭平摊在蛋皮上，卷成卷，再切成段即成。

特点： 此饭卷形色美观，软烂味香，含有丰富的蛋白质、脂肪、矿物质和维生素。制作中，饭菜均要软烂，口味不宜过咸，而且要轻轻把饭卷卷好，防止破碎。

训练宝宝用牙齿磨碎食物

10～12个月的宝宝已经开始长门牙了，所以食物的硬度可以再稍微硬一些，以牙龈可以压碎为标准。这一阶段，可以给宝宝每天喂3餐。12个月大的宝宝可以吃全蛋了。

1岁左右的宝宝接受食物、消化食物的能力增强了，一般的食物几乎都能吃了。这时候的宝宝，有的时候还可以与爸爸妈妈吃同样的饭菜了，比如，蒸肉末、鱼丸子、面条、米饭、馒头等。但爸爸妈妈还要注意宝宝的饮食特点，食物要做得既碎烂软嫩，又色香味美，这样宝宝才能吃、才爱吃。

1～2岁

1～2岁宝宝的饮食特点

1～2岁的宝宝，已经能够独立行走，活动量日渐增多。宝宝的胃容量可增加至300毫升，其生长发育虽不像过去那样日渐增长，但仍然是非常旺盛的，因此，宝宝对食物的需要量就相应增多。然而，宝宝的咀嚼功能和消化功能还没有发育完善，因此，宝宝的饮食还不能完全和大人的一样。爸爸妈妈在食物的选择及烹调上，仍应注意宝宝的特点，选择容易消化、营养丰富的食物。最好每餐仍能给宝宝单独烧一个菜，并经常变换花样品种，同时注意饭菜的细、碎、软、烂等。具体应注意以下几点。

饭菜以低盐食品为好，不吃腌制的食品；食品中最好不放味精、色素、糖精等调味品。

不给宝宝吃刺激性的食品，如咖啡、辣椒、胡椒等；少吃油炸食物和膨化食品。

宝宝的食物应切碎煮烂，尤其是肉类食物。给宝宝吃鱼一定要剔净鱼刺；蔬菜的膳食纤维也要切断；在此基础上，烹调仍应做到色、香、味俱全。

烹调时应尽量避免营养素的损失。如淘米次数不宜过多，米不要浸泡时间过长，水温不宜过高；清洗蔬菜时，先要浸泡一会儿，便于洗净农药残留物，然后再用清水洗净。蔬菜应先洗后切，炒菜时应急火快炒，煮汤时应煮开后再加菜叶，煮的时间不能太长。

保证宝宝每天早晚都要喝一定量的牛奶。

适合 1 ～ 2 岁宝宝的一日饮食参考

由于宝宝的饮食习惯和身体状况各有不同，因此，在饭菜的制作上，也要充分考虑到宝宝不同的饮食需求，以下几种饮食建议，就是本着品种多样，营养丰富均衡，色香味俱全的原则，给不同饮食习惯的宝宝提供的。

宝宝一日食谱之一：

时间	食物
07：00	母乳或配方奶240毫升，面包半块，奶油1小勺，果酱2小勺
09：00	苹果半个
11：00	稀饭1小碗，肉末土豆泥煎饼1块，炒小白菜1小碟
15：00	蛋糕1块
18：00	牛肉面条1碗，香蕉半根
20：30	母乳或配方奶240毫升，饼干3片

宝宝一日食谱之二：

07：00	牛奶肉末粥1碗，饼干2块
11：00	碎菜粥1碗，馒头1个，肝泥碎土豆1小碟
15：00	肉包子1个，草莓3颗
18：00	米饭半碗，鸡蛋羹、海带菠菜汤各适量
20：30	牛奶1瓶，苹果半个

宝宝一日食谱之三：

07：00	牛奶1瓶，面包半块
10：00	饼干2块，苹果半个
11：00	米饭1碗，鱼、鸭血、豆腐各适量
15：00	鸡蛋羹，半根香蕉
18：00	菜肉小馄饨10～12只
20：30	牛奶1瓶，馒头片2片

1～2岁宝宝的建议食谱

鲜香排骨汤

原料：猪小排500克，海带适量，葱段、姜片各适量。

做法：

1.将海带浸泡20分钟后，取出用清水洗一下，切成长方块；将猪小排洗净，用刀顺骨切开，剁成段，放入沸水锅中焯一下，捞出备用。

2.高压锅内加入适量清水，放入猪小排、葱段、姜片，用旺火烧沸，撇去浮沫，烧开后用中火焖烧约15分钟，倒入海带块，再用旺火烧沸5分钟即成。

特点：此汤鲜香美味，营养丰富，对宝宝牙齿和骨骼的发育有很好的帮助。

蛋皮拌菠菜

原料： 鸡蛋1个，菠菜100克，植物油、香油、盐、糖、芝麻个适量。

做法：

1.将鸡蛋打散，加少许盐，放入油锅摊成蛋皮；菠菜洗净，入开水锅内稍烫捞出，切成小段，放入盘内加盐、糖。

2.植物油烧热，浇在盘内，加少许香油搅拌均匀，把蛋皮切成细丝围在菠菜旁边，最后撒一点芝麻即可。

特点：

菠菜茎叶柔软滑嫩、味美色鲜，含有丰富维生素C、胡萝卜素、蛋白质，以及铁、钙、磷等矿物质。

煎薯饼

原料： 面粉20克，马铃薯50克，猪绞肉1小匙，青海苔、盐、酱油、香油、水煮胡萝卜各少许。

做法：

1.将马铃薯洗净，煮熟剥皮磨成泥。

2.将猪绞肉用香油炒熟，备用。

3.在马铃薯和猪绞肉中加入面粉、青海苔、盐、酱油，充分搅拌均匀，压成扁圆形薯饼。

4.在平底锅中倒入香油烧热，放入薯饼将两面煎熟。

5.将薯饼盛入盘中，再把水煮胡萝卜切成花形等造型，装饰在旁边即可。

特点： 香酥可口，易于咀嚼和消化。

什锦面疙瘩

原料： 面粉30克，鸡腿肉、胡萝卜各20克，小白菜1棵，葱10克，香油少许，高汤1杯，酱油适量。

做法：

1.把鸡腿肉洗净切成小块，胡萝卜洗净切成小薄片，葱洗净切成葱花。

2.将小白菜用开水烫过，切成1厘米的长度。

3.待锅内的香油烧热后，先放鸡腿肉，再放入胡萝卜，最后加入高汤一起煮。

4.将面粉用适量水拌匀后，淋入汤内，煮熟后放入小白菜和葱花，并用酱油调味即可。

特点：营养丰富，咸鲜适口。用水拌面粉时，不能一次将水全部倒入，要边倒边拌，以免结成大块的面疙瘩。

炒乌冬面

原料：乌冬面100克，卷心菜1/4片，胡萝卜10克，鲜香菇1/2朵，食用油1小匙，鸡绞肉1/2大匙，盐少许，酱油1/2小匙，炒过的白芝麻少许。

做法：

1.将乌冬面用热水烫过，弄散。

2.卷心菜、胡萝卜、鲜香菇洗净切成细丝。

3.在平底锅中放入食用油烧热，依次放入鸡绞肉和蔬菜。

4.翻炒后再加入水烫过的乌冬面和2大匙水，翻炒片刻，用盐和酱油调味。

5.撒上炒过的白芝麻即可。

特点：本品色泽鲜艳，食用前也可根据宝宝的口味，放入其爱吃的蔬菜。

烩炒蔬菜

原料：西红柿1/2个，洋葱1/2个，青椒1/4个，茄子少许，食用油1小匙，盐少许。

做法：

1.西红柿用热水烫过，去皮，切成1厘米的小方块。

2.洋葱洗净切碎。

3.青椒去籽洗净，茄子洗净削皮，分别切成1厘米的正方形。

4.将食用油烧热后，先加入洋葱和少许水，小火慢炖约10分钟，再加入青椒、茄子和西红柿，最后加盐调味即成。

特点：富含维生素和矿物质，营养丰富。青椒有甜味的和辣味的，最好选择甜味椒，以适宜宝宝的口味。

香炒胡萝卜

原料：胡萝卜30克，高汤1/4杯，酱油、香油各适量，白糖、白芝麻末各少许。

做法：

1.用削皮器将胡萝卜刨成薄片。

2.在平底锅中倒入香油，烧热后，先炒胡萝卜，再加入高汤稍微煮一下。

3.待胡萝卜煮软后，放入白糖和酱油拌匀。

4.撒上白芝麻末即可。

特点：胡萝卜能补充人体所需的维生素A，常吃胡萝卜不容易患夜盲症和感冒，能增强人体的抗病能力。

糖酱南瓜

原料：南瓜60克，高汤1/3杯，白糖、酱油、盐各少许。

做法：

1.将南瓜去外皮，切成1厘米见方的小丁。

2.在锅内倒入高汤，并放入南瓜开火煮至沸腾，再加入盐和白糖，盖上锅盖，以小火慢慢熬煮，使之入味。

3.待南瓜变软后，加入少量酱油，再煮2分钟左右即可。

特点：清香宜人、甜鲜适口。在制作时最好选有内皮的南瓜，以免煮碎。

煮苹果红薯

原料：苹果1/4个，红薯50克，高汤1/4杯，酱油、白糖、盐各少许，水适量。

做法：

1.苹果洗净，不去皮，切成三角形。

2.将红薯去皮，切成块状，用水浸泡去涩味，沥干水分。

3.将高汤和半杯水倒入锅中，依次放入盐、苹果、红薯、酱油、白糖，盖上锅盖煮。

4.待红薯变软后即成。

特点：本菜口味偏甜，可根据宝宝口味选择是否放白糖。

2～3岁

2～3岁宝宝的饮食特点

这一时期的宝宝，身高和体能的增长速度很快，而且随着活动范围和活动量的增加，宝宝对食物的摄入量也相应增加。但对于宝宝来说，饮食不仅仅是为了吃饱肚子，更重要的是要便于宝宝消化吸收，既要体现色香味，又要有营养。因此，这就需要爸爸妈妈做出适合宝宝特点的饮食来。具体应从以下几个方面做起。

注重营养，类比选择

在给宝宝选择食物时，要注意食物的营养价值。一般说来，绿叶蔬菜和豆制品比根茎类蔬菜营养高，杂粮比精粮营养价值高。

种类齐全，合理搭配

宝宝乳牙基本已经长出来了，咀嚼能力大大提高，食物种类及烹调方法逐步接近于成人。但是，宝宝的消化能力仍不太完善，而且由于宝宝生长较快，热量和营养素的需求量较高，因此，在为宝宝安排每天饮食时，要注意食物品种的多样化。要粗细粮搭配、主副食搭配、荤素搭配、干稀搭配、甜咸搭配。只有饮食品种丰富、饮食味道甜咸适度、饭菜形式干稀搭配，宝宝才能胃口大开。

形式多变，色香味美

饮食能不能具有吸引力，宝宝爱不爱吃，一方面取决于饮食的味道，另一方面就是饮食的形式了。因此，在给宝宝做食物时，要充分考虑到这一特点，把食物做成宝宝易于接受的形式。比如，有的宝宝不爱吃熘肝尖，可以给宝宝做成酱肝，切片后让宝宝拿在手里吃；有的宝宝不爱吃蔬菜，可以把菜和肉混合做成馅，包在面食中给宝宝吃。这样一来，既满足了宝宝的口味，又兼顾了宝宝的视觉要求，一举两得。

节制零食，定时定量

一般上幼儿园的宝宝，饮食比较有规律，而在家的宝宝，情况就不同了，吃零食现象比较严重。因此，对于在家生活的宝宝，妈妈爸爸一定要注意，给宝宝的饮食必须定时定量。不能一天到晚让宝宝不停地随意吃零食，这样，不仅影响宝宝的正餐，长期下去还会对宝宝的营养状况和生长发育造成不良影响。

2～3岁宝宝一天的饮食安排参考方案

这一时期的宝宝，活动量大了，体能消耗相对增加，如何给宝宝提供营养均衡的饮食非常重要，妈妈爸爸可以参考下面的一天饮食安排方案。

时间	饮食
08：00	馒头（约30克）半个，牛奶200毫升，鸡蛋1个
10：00	饼干5片，苹果1个
12：00	米饭1碗（约50克），鱼、蔬菜各适量
14：30	半个面包，200毫升牛奶
18：00	面条1碗（约50克），肉、蔬菜各适量
19：30	水果适量

2～3岁宝宝的推荐食谱

香肠豌豆粥

原料： 豌豆、大米、香肠各适量，食用油、盐、葱丝各少许。

做法：

1.锅里放水，将香肠、豌豆、大米同时放入锅内，熬煮至粥黏软，放少量盐调味。

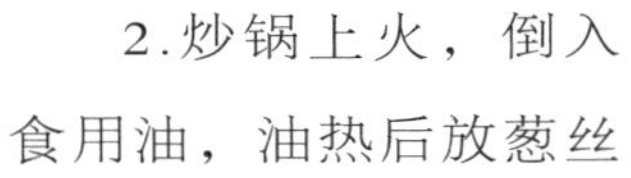

2.炒锅上火，倒入食用油，油热后放葱丝煸香，然后将葱丝捞出，倒入煮好的粥锅里，晾凉后即可给宝宝食用。

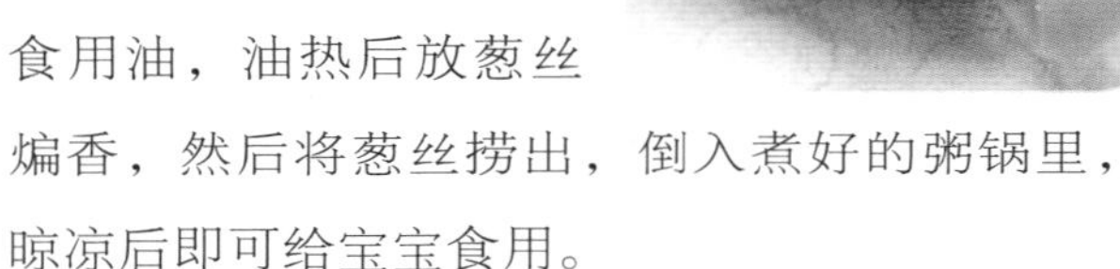

特点： 香肠可开胃助食，增进食欲。豌豆中含有人体所需的各种营养物质，尤其是含有优质蛋白质，可以提高宝宝机体的免疫力。

鸡汤蔬菜小馄饨

原料： 鸡胸肉50克，时令蔬菜适量，馄饨皮10个，鸡汤350毫升，葱末、姜末、香油、盐各适量。

做法：

1.鸡胸肉洗净剁碎，时令蔬菜剁碎后

挤出水分。

2.把鸡肉末、蔬菜末、葱末、姜末、香油、盐搅拌均匀，调成馅料，用馄饨皮包成10个小馄饨。

3.鸡汤倒入锅中烧开，下入小馄饨，煮熟即可。

特点：蔬菜富含维生素和微量元素，为保证身体的生理需要提供物质条件，有助于增强机体免疫能力，蔬菜中含有大量粗纤维，宝宝经常吃蔬菜可预防便秘。

莴笋拌银丝

原料：莴笋1根，龙须粉适量，食用油、醋、盐各少许。

做法：

1.将莴笋去皮、洗净，切细丝，用盐拌匀，放置10分钟，沥去水分，备用。

2.把龙须粉放入锅中煮软，捞出，沥干水分，放在莴笋的上面。

3.锅中放食用油，油热后倒在莴笋丝和粉丝上面，再放醋，拌匀后即可食用。

特点：莴笋含有丰富的氟元素，宝宝食用后可促进牙齿和骨骼的生长。

冬瓜丸子汤

原料：冬瓜200克，瘦猪肉馅100克，鸡蛋清1个，香菜末、料酒、姜末、盐、淀粉、高汤各适量。

做法：

1.将冬瓜去皮，洗净切厚片；瘦猪肉馅中加料酒、盐、姜末、淀粉、鸡蛋清，充分搅拌均匀，待用。

2.锅里放高汤烧开，把调好的肉馅挤成丸子下入汤锅里，汤开丸子上浮后倒入冬瓜片，再加少许盐，盖上锅盖，至冬瓜煮熟后撒上香菜末，勾薄芡即可出锅。

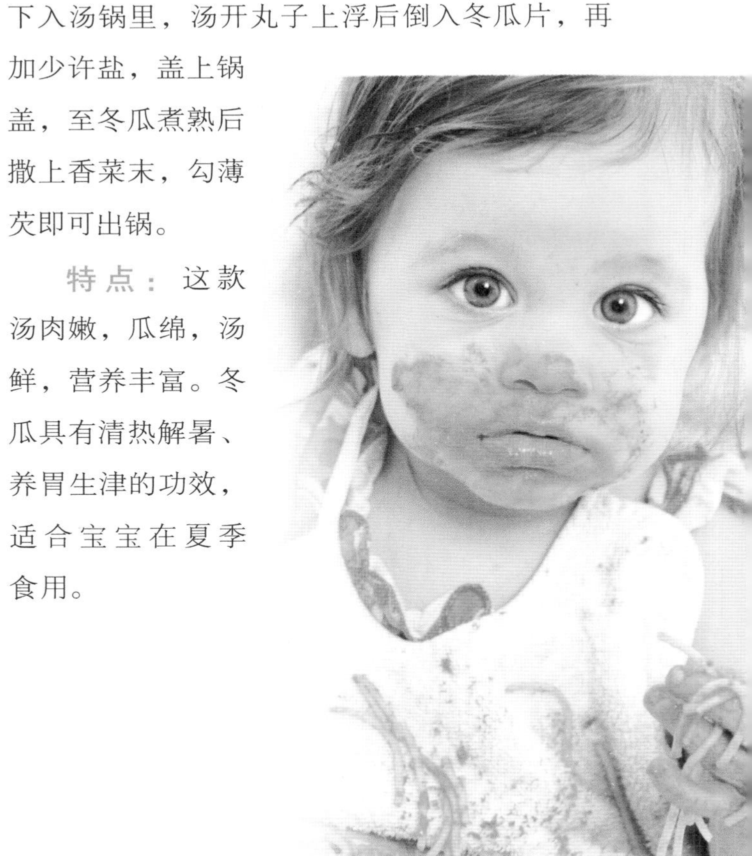

特点：这款汤肉嫩，瓜绵，汤鲜，营养丰富。冬瓜具有清热解暑、养胃生津的功效，适合宝宝在夏季食用。

炒豆腐

原料： 豆腐30克，胡萝卜5克，鲜香菇1/4朵，豌豆荚1片，花食用油1/4小匙，白糖、酱油各少许。

做法：

1.用专用纸巾将豆腐包起来，放入微波炉中加热约30秒，去除水汽。

2.将胡萝卜洗净，切成三角形；鲜香菇洗净，切成薄片；豌豆荚洗净，切成细丝。

3.将食用油倒入锅内烧热，放入胡萝卜和鲜香菇一起炒。

4.将去除水汽后的豆腐用手捏碎，放入锅内翻炒。起锅前再放入白糖、酱油和豌豆荚，翻炒片刻即成。

特点： 色彩鲜艳，能激发宝宝的食欲。

亲子★乐园

小青蛙

我是一只小青蛙，
我有一张大嘴巴，
两只眼睛长得大，
看见害虫我就一口
吃掉它。

藏猫猫

小朋友，藏猫猫，
蹑手蹑脚静悄悄。
你藏好，我藏好，
捉住老鼠就报告。
报告！老鼠被我捉住了。

豆腐蔬菜羹

原料： 豆腐30克，胡萝卜5克，鲜香菇1/2朵，白菜、菠菜各10克，高汤1/2杯，酱油1/2小匙，白糖、香油各少许。

做法：

1.用专用纸巾将豆腐包起来，放入微波炉中加热约30秒，切成入口大小的丁。

2.将胡萝卜、鲜香菇、白菜都洗净切成细丝。

3.菠菜洗净煮熟后，切成2厘米长的段。

4.锅内加入香油来炒胡萝卜、鲜香菇、白菜，然后注入高汤，加入酱油和白糖调味。

5.最后放入菠菜即可。

特点： 本菜营养丰富，咸香适口。在制作时还可添加多种蔬菜来增加其营养成分，比如油麦菜及小油菜。

第5篇

宝宝的快乐成长

宝宝的成长有一定的规律和进程，到了一定的时候，宝宝就会逐渐学会各种本领。不知不觉间，宝宝从只会吮吸逐渐学会了翻身、坐、爬、说话、走路等本领，由一个小不点儿逐渐成长为一个小大人。宝宝成长的点点滴滴，既包含着爸爸妈妈辛勤的汗水，也伴随着爸爸妈妈的幸福和欢笑。

Chapter 1 宝宝的成长变化

宝宝成长的每一步无不倾注着爸爸妈妈的爱。宝宝每一阶段都会有哪些变化，这是爸爸妈妈特别关注的。比如，宝宝应该从什么时候开始逐渐学会各种动作和语言？宝宝什么时候开始学走路？可以说，从新生儿到上幼儿园之前，宝宝每天都在发生着令人欣喜的变化，只有了解了宝宝在各个阶段的成长发育情况，才会及早发现和解决问题，让宝宝健康、快乐地成长。

我的宝宝已经9个月大怎么还不长牙？

A 正常的宝宝平均6个月大开始长牙，每个月增加1颗，大约1岁时有6颗牙。在2岁半左右20颗乳牙都会长全。每一个宝宝长牙的快慢、次序有所不同，一般而言，下面两颗门牙最先萌出，然后是上面两颗门牙，再以后是上面的侧门牙……有的宝宝1岁左右才开始长牙，但是可能一次就长出来4颗或6颗。更有些小宝宝长了两颗门牙之后就很长一段时间不再长了。这些情形都是正常的。

怎样看待宝宝的成长变化

老人们常说：“三翻、六坐、七滚、八爬、周会走。”意思是说，宝宝在3个月的时候就会翻身，6个月的时候会坐了。不过，“三翻六坐”也只是一个大概的时间段，在某些条件限制下，有些宝宝的发育会偏离这个范围。如冬天穿得太厚，有的宝宝过了四五个月才会翻身，而有的宝宝到了8个月才会坐，这都是正常的。

但是，如果宝宝的运动能力明显低于同龄的孩子，经过训练也没有显著的提高，爸爸妈妈就要注意了。如果4个月的宝宝俯卧时还不能抬起头，就说明他的神经系统发育有可能出现了问题，甚至可能是脑瘫，因为绝大部分宝宝在这个时期即便不能翻身，也能做这个动作。

因此，我们将宝宝身体成长变化的平均值和宝宝动作、智力发展的一般状况介绍给爸爸妈妈作参考，如果宝宝出现异常情况，最好及早地求教医生。

如果宝宝出牙慢，爸爸妈妈不用担心，这是正常现象。只要宝宝的营养均衡，保证充足的奶量摄入，多户外活动，再补充适量的维生素D就行了。但是药补不如食补，最好经常给宝宝吃含钙的食物，比如海产品，尤其是虾皮，多吃些有好处。

宝宝的成长发育平均值

宝宝第1个月发育速查表

性别	身高（厘米）	体重（千克）	头围（厘米）	胸围（厘米）
男宝宝	54.1 ± 2.1	4.51 ± 0.54	36.9 ± 1.2	36.0 ± 1.7
女宝宝	53 ± 2.0	4.20 ± 0.50	36.2 ± 1.2	35.3 ± 1.7

宝宝第2个月发育速查表

性别	身高（厘米）	体重（千克）	头围（厘米）	胸围（厘米）
男宝宝	58.0 ± 2.2	5.68 ± 0.67	38.9 ± 1.3	38.7 ± 1.9
女宝宝	56.7 ± 2.2	5.21 ± 0.60	38.0 ± 1.2	37.7 ± 1.8

宝宝第3个月发育速查表

性别	身高（厘米）	体重（千克）	头围（厘米）	胸围（厘米）
男宝宝	61.3 ± 2.3	6.70 ± 0.77	40.3 ± 1.3	40.7 ± 2.0
女宝宝	59.9 ± 2.2	6.13 ± 0.70	39.5 ± 1.2	39.5 ± 1.9

宝宝第4个月发育速查表

性别	身高（厘米）	体重（千克）	头围（厘米）	胸围（厘米）
男宝宝	63.9 ± 2.3	7.45 ± 0.85	41.7 ± 1.3	42.0 ± 2.0
女宝宝	62.4 ± 2.2	7.83 ± 0.77	40.7 ± 1.2	40.8 ± 1.9

宝宝第5个月发育速查表

性别	身高（厘米）	体重（千克）	头围（厘米）	胸围（厘米）
男宝宝	66.0 ± 2.3	8.00 ± 0.90	42.7 ± 1.3	42.8 ± 2.0
女宝宝	64.5 ± 2.2	7.32 ± 0.82	41.6 ± 1.2	41.7 ± 1.9

宝宝第6个月发育速查表

性别	身高（厘米）	体重（千克）	头围（厘米）	胸围（厘米）
男宝宝	67.7±2.4	8.41±0.94	43.4±1.3	43.4±2.0
女宝宝	66.1±2.3	7.77±0.85	42.4±1.3	42.9±2.1

宝宝第8个月发育速查表

性别	身高（厘米）	体重（千克）	头围（厘米）	胸围（厘米）
男宝宝	70.5±2.5	9.05±1.01	44.8±1.3	44.4±2.0
女宝宝	68.9±2.5	8.41±0.92	43.6±1.3	42.3±2.0

宝宝第10个月发育速查表

性别	身高（厘米）	体重（千克）	头围（厘米）	胸围（厘米）
男宝宝	73.3±2.6	9.58±1.06	45.7±1.3	45.3±2.0
女宝宝	71.7±2.6	8.94±0.97	44.5±1.3	43.3±1.9

宝宝第12个月发育速查表

性别	身高（厘米）	体重（千克）	头围（厘米）	胸围（厘米）
男宝宝	75.8±2.7	10.05±1.11	46.4±1.3	46.0±2.0
女宝宝	74.3±2.7	9.40±1.02	45.1±1.3	44.2±1.9

宝宝第18个月发育速查表

性别	身高（厘米）	体重（千克）	头围（厘米）	胸围（厘米）
男宝宝	82.0±3.1	11.29±1.24	47.6±1.3	47.7±2.0
女宝宝	80.8±3.0	10.65±1.15	46.9±1.3	46.5±1.9

宝宝第24个月发育速查表

性别	身高（厘米）	体重（千克）	头围（厘米）	胸围（厘米）
男宝宝	87.8±3.5	12.54±1.38	48.4±1.3	49.0±2.1
女宝宝	86.5±3.5	11.92±1.30	47.3±1.3	47.9±2.0

宝宝第36个月发育速查表

性别	身高（厘米）	体重（千克）	头围（厘米）	胸围（厘米）
男宝宝	96.8±3.8	14.65±1.62	49.6±1.3	51.0±2.2
女宝宝	95.6±3.8	14.13±1.59	48.5±1.3	49.9±2.2

宝宝的智能发展变化

年龄	动作	感觉与认知	社会性反应	语言发展
新生儿	四肢呈现屈曲，会左右转动头部。 颈部无力，支撑不起头部。 有明显的抓握反射及惊跳反射。	眼睛会注视光源。	喜欢看人的面孔。	哭是宝宝的语言。
1个月	双脚会略微伸展。 趴着的时候，头部可以略微抬起。	会稍微追视移动的人或物。	会微笑。	宝宝出现语言的萌芽，并能发出简单的声音。
2个月	颈部稍微能支撑头部。 趴着的时候，颈部可以维持水平。	视线会180度追随移动的物体。	逗弄的时候会笑，会听声音。	会发一些简单的音调，如“噢”、“啊”等，能发出连续的声音。
3个月	会伸展双臂，会伸开手掌拿东西，但拿不久，一会儿就会松开。 趴着时，头抬得比身体高。 颈部支撑头部的力量比以前有力，但偶尔会不稳。	受到不喜欢的碰触后会移动身体逃避。 面对面的时候喜欢注视人脸。	有了喜怒哀乐。	宝宝的语音丰富了，能发出“乌”、“弗”、“丝”等音。
4个月	抱着的时候，头很稳，喜欢被抱着坐起来。	能寻找声音的来源，能够区别爸爸妈妈和别人。	能笑出声音，看到奶瓶会有兴奋的表现。	当发现有趣的事情时会高兴地双手拍打，嘴里“叽里咕噜”地故意发出很大的声音。

5～6个月	开始学翻身。 趴着的时候会用手掌支撑。 可以靠着沙发坐着。 会把玩具在两手之间左右交替着拿。	会主动接近熟悉的人，会左右转头寻找声源。	当妈妈离开时会有不安或生气的表现。	试图通过吹气、"咿咿呀呀"、尖叫、笑等方式"说话"。
7～8个月	躺下的时候会把头抬起来，可以翻身。 趴着的时候会用腹部着地的方式匍匐。 会用手掌拿取较小的玩具。	喜欢看镜子里的自己。	喜欢熟悉的人，看到陌生人会害怕；有了自己的意愿和想法。	会理解一些简单、常说的话的意思，会发出"爸爸"、"妈妈"的音节。
9～10个月	自己可以坐得很稳。 可以腹部离开地面，用膝盖和手掌支撑着爬行。 可以用手扶着家具站立。 会想要捡回掉落的东西。	把宝宝看到的玩具用布盖起来，宝宝会揭开布，找出玩具；喜欢玩藏猫猫的游戏，并表现出期待、寻找和兴奋。	听到熟悉的名字会有反应。	会叫"爸爸"、"妈妈"，语言能力有了很大的提高。
1岁	会自己从躺着到坐起，或者从坐姿站起来。 可以扶着家具，或者被牵引着走路。 会用拇指和食指捏取颗粒状物品。 会把手中的东西松开来交给妈妈。	在脱衣服的时候会配合父母。	能听懂日常生活用语。 会挥手再见。	会说"爸爸"、"妈妈"以外的1～3个字。

1 岁 3 个月	会走，还会用匍匐的姿势爬上楼梯。	会把颗粒状的物品放入容器中，会用笔画出线条。	会指出他想要的东西，会拥抱自己喜欢的人，看到医生会大哭。	会说出熟悉的物品的名字。
1 岁半	可以在大人的牵引下上下楼梯。 喜欢拉抽屉，翻动抽屉里的东西。	表现出对外部世界的好奇，喜欢在熟悉的环境里四处探索。	会自己拿东西吃，喜欢模仿成人的言行，有困难的时候知道找大人来帮忙，被称赞时会有快乐的反应。	会说出5～10个字，同时也会说出1～2个身体部位的名称。
2 岁	会跑步。 会蹲下捡东西，然后站起来。 会一次一个台阶上下楼梯，会自己爬上沙发。 会开门关门。	知道一些日常用品的用途，能区分出大、小及冷、热等反义词。	逐渐显露出自己的个性；和别的小朋友玩时，懂得忍让。	会说短句子。
2 岁半	可以双脚交替上楼梯。	认识冬天和夏天；会帮大人做一些简单的事情，如擦桌子、分碗筷。	会把食物分给小朋友吃。	会用“我”来称呼自己，知道自己的全名。
3岁	会骑三轮脚踏车。 可以短暂地单脚站立，双脚跳起。	能用手指头握笔画出圆形、三角形等。	能按照大人的指示做一些事情，如洗手等。 会按照秩序和其他小朋友轮流玩玩具。 会有男女性别不同的意识。	会看图讲1～2句话，如“小狗跑了”；能正确使用形容词，如“快乐的小朋友”；能背诵几首儿歌。

Chapter 2 让宝宝拥有强壮的身体

宝宝从刚出生到学会说话之前，主要是通过本能的动作来表达自己朦胧的感情和欲望。所以对小宝宝来讲，运动是很重要的。爸爸妈妈经常有意识地对宝宝进行运动训练，不仅能使宝宝的身体更加强壮，还能为宝宝的智能和心理发展打下良好的基础。

我家宝宝现在5个多月，躺下时头部来回蹭枕头，抱在怀里也是头部来回转，怎么回事？

A 可能是下列几个原因之一。

1.洗头太少，或者洗头时洗发水没有冲洗干净造成的宝宝头部瘙痒。

2.宝宝想脱掉胎毛。

3.宝宝在锻炼颈部肌肉群。

4.可能是耳内有湿疹或炎症。

5.宝宝缺钙也会经常摇头。血钙下降引起大脑及植物性神经兴奋性升高，导致宝宝肌肉收缩、手足搐搦、头颈部出汗，湿头在枕上来回摇动，形成枕秃。缺钙的宝宝还容易哭闹。

不要限制宝宝的运动

宝宝的运动能力始于胎儿时期。胎儿在妈妈子宫里的运动，是在向妈妈传递着生命信息。

宝宝出生以后，在新生儿期也表现出很复杂的运动能力，这主要是受到来自身体内生物钟的支配。过去人们习惯把新生儿，甚至两三个月的宝宝包在襁褓中，甚至用带子把宝宝的腿捆起来，认为这样宝宝的腿将来不会形成罗圈腿，而且睡得踏实。其实，这样做会极大地限制宝宝运动能力的正常发育。因此，把宝宝放在襁褓中的做法是不可取的，应该让宝宝有足够的活动空间，使宝宝的呼吸功能得到促进，情绪更加活跃，运动能力更快发展。

新生儿的抬头训练

宝宝只有抬起头，视野才能开阔，智力才能够得到更大发展。不过，由于新生儿没有自己抬头的能力，还需要爸爸妈妈的帮助。

当宝宝做完锻炼后，爸爸妈妈应轻轻抚摸宝宝背部，既是帮助他放松肌肉，又是对他爱的奖励。如果宝宝累了，就应让他仰卧在床上休息片刻。

★ 训练宝宝抬头的方法之一

当宝宝吃完奶后，妈妈可以让宝宝把头靠在自己肩上，然后轻轻移开手，让宝宝的头颈部自己竖直片刻。每天可做四五次，这种训练在宝宝空腹时也可以做。

★ 训练宝宝抬头的方法之二

让宝宝自然俯卧在妈妈的腹部，将宝宝的头扶至正中，两手放在头两侧，逗引他抬头片刻。也可以让宝宝空腹趴在床上，用小铃铛、拨浪鼓或呼唤宝宝乳名逗引他抬头。

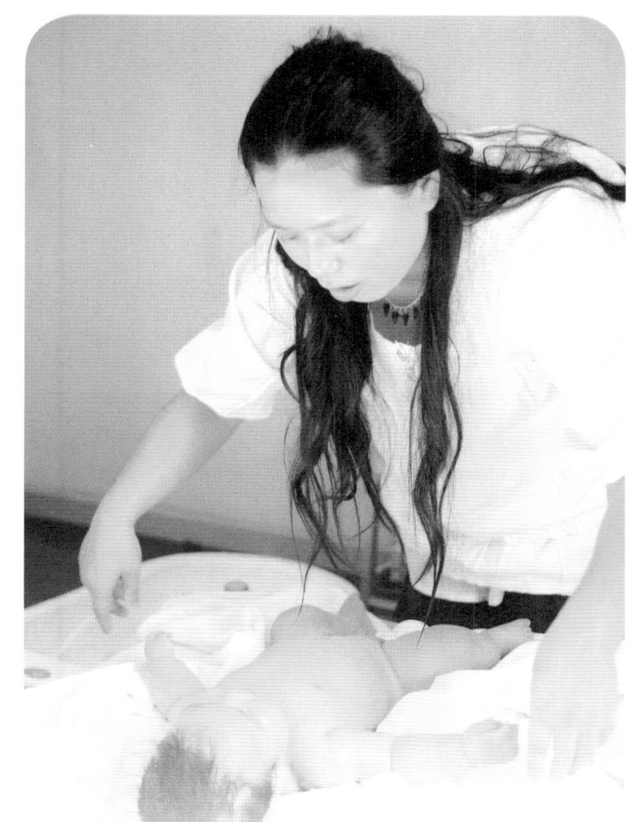

★ 训练宝宝抬头的方法之三

在室内墙上挂一些彩画或色彩鲜艳的玩具，当宝宝醒来时，爸爸妈妈把宝宝竖起来抱着，让宝宝看看墙上的画及玩具。这种方法也可以锻炼宝宝头颈部的肌肉，对抬头的训练也有积极作用。

宝宝会做伸展运动

新生儿的小胳膊和小腿都处于自然弯曲状态，似乎还保持着在妈妈体内的状态。妈妈或爸爸可以利用日常护理的机会，训练宝宝做伸展运动。

在为宝宝洗澡或换尿布的时候，妈妈或爸爸可以帮助宝宝伸展一下身体。帮他伸展身体时，只需将关节稍微弯曲，宝宝就会反射性地伸开他的关节。除了关节外，轻触宝宝的膝盖内侧、身体、手等，宝宝也会反射性地伸展他的身体。

爱心★提示

这个时期的宝宝，由于四肢十分娇嫩，所以不能用力拉他的手和脚，以免弄伤宝宝。

宝宝"走路"

宝宝在新生儿期就有向前迈步的先天条件反射，宝宝如果身体健康，情绪又很好时，就可以进行迈步运动的训练。

做迈步运动训练时，爸爸或妈妈托着宝宝的腋下，并用两个大拇指控制好宝宝的头，然后让宝宝光着小脚丫接触桌面等平整的物体，这时宝宝就会做出相应而协调的迈步动作。尽管宝宝的脚丫还不能平平地踩在物体上，更不能迈出真正

亲子★乐园

小老鼠

小老鼠，上灯台，
偷油吃，下不来，
叫妈妈，妈不在，
叽里咕噜滚下来。

意义上的一步，但这种迈步训练对宝宝的发育和成长无疑是有益的。所以，在进行训练时，妈妈或爸爸要表现得温柔一点儿，次数和时间控制在每天3～4次，每次3分钟较为适宜。如果宝宝不配合，千万不要勉强。

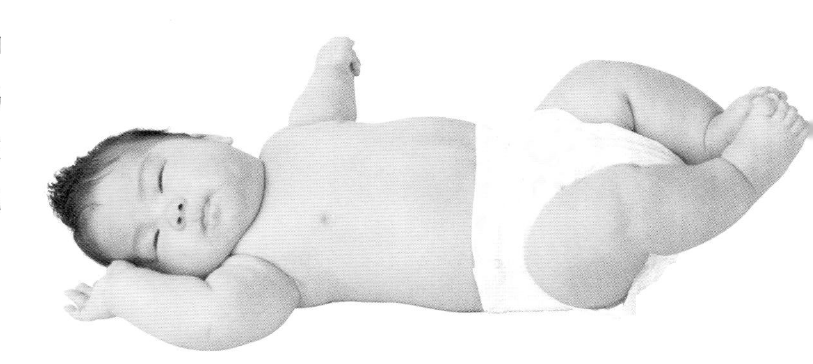

多活动对宝宝的智能发育有好处

当宝宝不会用语言表达自己的情绪和欲望时，他只能通过本能的动作来表达自己单纯和朦胧的心理。所以对幼小的宝宝来讲，体能的训练和培养是最基本的。只有体能发展成熟了，才能为其他方面的发展打下基础。

宝宝的体能发展与其心理和智能的发展是密切联系在一起的，这一点在约2个月大的宝宝身上表现得十分充分。比如说当妈妈走近时，宝宝做出的反应是全身活动，手足不停地挥舞，嘴一张一合的。只有等到月龄增大以后，这种全身性的乱动才能逐渐表现出有目的的活动。

让宝宝尽量多动

过了满月之后，宝宝的手脚动作逐渐增多了。这时，应该尽量为宝宝创造运动条件。比如，如果总是让宝宝躺着而不给他俯卧的机会，宝宝就很难尽早学会抬头和翻身。因此，在日常护理时要多变换宝宝的姿势，为宝宝提供运动身体每一部分的机会。为此，要做到以下几点。

1.逐步建立起吃、玩、睡的规律生活。

2.让宝宝每天俯卧片刻。

3.悬吊鲜艳、能动的玩具，给宝宝看、触摸、抓握。

4.给宝宝做婴儿操，帮助增加宝宝的腹肌收缩力。

5.天气好时带宝宝到户外活动，呼吸新鲜空气，进行适当的空气浴和日光浴，增强宝宝的体质。

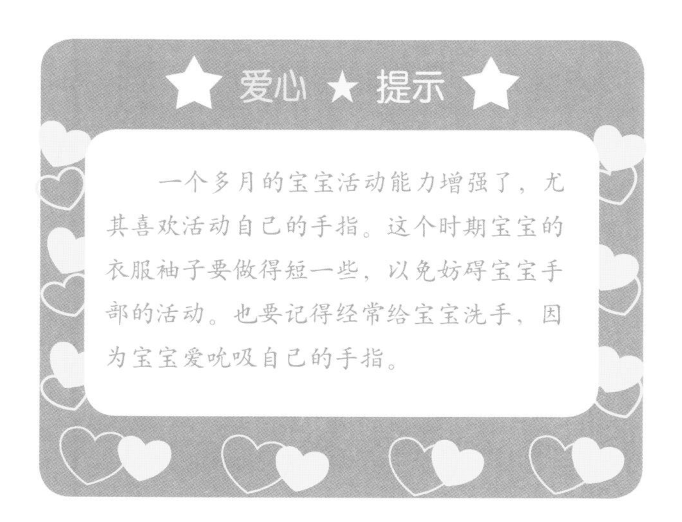

宝宝手指的活动可以促进大脑发育

宝宝满月以后，手指的活动明显增多了。宝宝的手指不但能自己展开合拢，而且还会把自己的手拿到胸前来玩或者吮吸手指。手指的活动是下一步练习抓东西的基础，手指的充分活动与大脑发育有关。通过手握东西的锻炼，可以提高宝宝手和眼的协调能力。

爸爸妈妈可以轻触宝宝的手掌，宝宝随即紧握拳头。爸爸妈妈如果将食指放在宝宝的掌心，宝宝会立刻抓紧手指。

锻炼宝宝颈部的支撑力

爸爸妈妈因为工作很忙，一方面没有过多的时间抱宝宝，另一方面也担心宝宝养成老让爸爸妈妈抱的习惯，所以尽量不去抱宝宝。这种做法也许可以克服宝宝离不开妈妈怀抱的习惯，但会给宝宝的体能锻炼带来一定的影响。

被爸爸妈妈抱起来的宝宝，因为要看周围的东西，就必须努力支起脑袋和脖子，同时上身也总想挺直，这就使宝宝的背部、胸部和腹部的肌肉得到了锻炼。

在宝宝两个月大的时候，爸爸妈妈每天最好抱宝宝累计2个小时，抱的姿势最好是竖抱和斜抱交替。

抱宝宝时，爸爸要用两只手分别托住宝宝的颈部和腰臀部，带宝宝到室内或室外看看周围环境。妈妈可以用手指指点点，引起宝宝对各种事物的关注和兴趣。这样做可以帮助宝宝练习抬头的动作，锻炼宝宝颈部的支撑力，同时，也可以帮助宝宝认识自己周围的环境，训练宝宝的视觉能力和观察事物的能力。

宝宝经过这样的锻炼之后，到了两个月末的时候，被竖抱时，发育较好的宝宝就可以自己支撑一会儿。

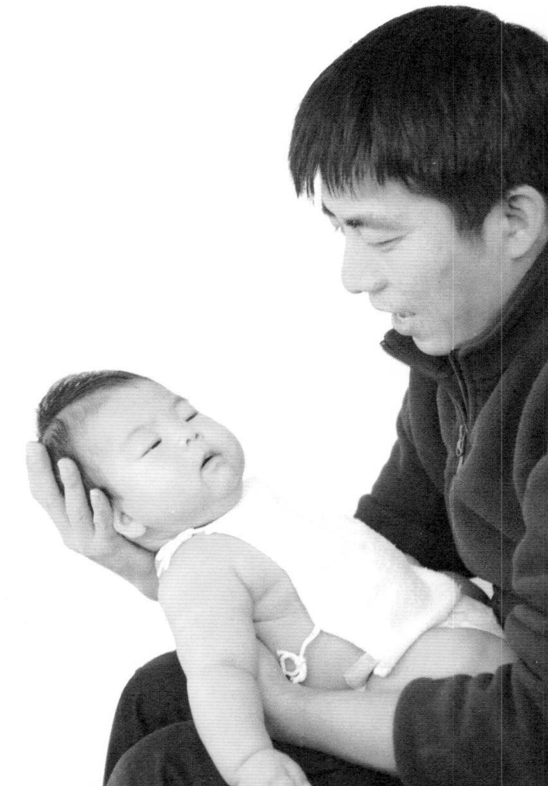

由于不到两个月，宝宝的骨骼发育还比较差，因此持续竖抱的时间不宜过长。每次锻炼后，要让宝宝仰卧在床上休息片刻，还要用手轻轻抚摸宝宝的背部，放松宝宝背部的肌肉。

增强宝宝对环境的适应能力

宝宝喜欢看新鲜的东西，爸爸妈妈可以适当地抱宝宝到户外呼吸新鲜空气，以增强宝宝对户外环境的适应能力。

户外活动开始时，每次2～3分钟，以后逐渐增加到0.5～1个小时，每天可以安排1～2次。夏天可以安排在上午10点前和下午4点以后；冬天可以安排在上午9点以后到下午4点以前。最好时间相对固定，以养成习惯。

帮助宝宝做婴儿体操

最初几个月，宝宝每天大部分时间都是躺在床上度过的，如果运动不足，对生长发育没好处。因此爸爸妈妈帮助宝宝做婴儿体操，对宝宝来说是一个很好的锻炼机会。婴儿体操适合在2个月的后期进行。

屈腿运动

妈妈或爸爸用两手分别握住宝宝的两个脚腕，使宝宝两腿伸直，然后再同时弯曲两腿，使膝关节尽量靠近腹部。连续重复3次。

俯卧运动

俯卧不仅能锻炼宝宝的颈肌、胸背部肌肉，还可增大肺活量，促进血液循环，有利于预防呼吸道疾病，俯卧还能增大宝宝视野范围，使宝宝从不同的角度观察新事物，有利于智力的发育。在操作时，宝宝呈俯卧姿势，两手臂朝前，爸爸或妈妈站在宝宝前面，用玩具逗引宝宝，使其自然抬头。

扩胸运动

首先让宝宝仰卧，妈妈握住宝宝的手腕，大拇指放在宝宝的手心里，让宝宝握住；使宝宝的两臂左右分开，手心向上；然后两臂在胸前交叉；最后还原到开始姿势。连续做3次。

婴儿按摩操的做法

婴儿按摩操的种类有很多种，在第2个月的初期，就可以给宝宝做婴儿按摩操。具体步骤如下。

1.以在婴儿头部打小圆圈开始；然后轻抹额头——两只手在中心，轻轻地往外推，就像抚摸书页一样；在婴儿下巴打小圆圈，然后绕着嘴巴按摩。

2.推拿婴儿的胸膛（像一本翻开的书）。

3.在两手之间转动婴儿每条手臂，打开并按摩每根手指。

4.按摩肚子，一只手接着一只手，按顺时针方向。

5.在两手间转动婴儿每条腿，按摩每只脚趾。

6.推拿婴儿的背部——首先后背，用双手向两侧推拿，然后从肩膀到脚沿着长而连绵的线路按摩；总是保持一只手在婴儿身上。

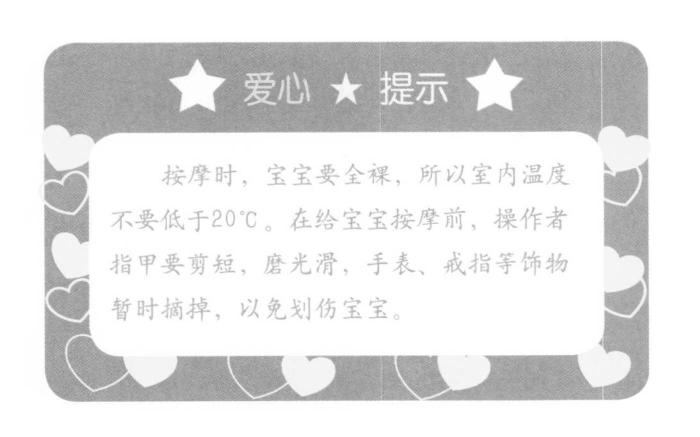

按摩时，宝宝要全裸，所以室内温度不要低于20℃。在给宝宝按摩前，操作者指甲要剪短，磨光滑，手表、戒指等饰物暂时摘掉，以免划伤宝宝。

宝宝转头的训练

宝宝颈部的支撑力和转头动作，是建立在第2个月竖抱的基础上的。当宝宝长到2个月时，就有让妈妈竖抱起来的愿望，但那时的宝宝骨骼发育较差，还不能较长时间地竖抱。经过1个月的竖抱训练之后，宝宝颈部的支撑力增长了很多，已经可以把头支撑较长时间了。这时，妈妈或爸爸可以手持色彩鲜艳的玩具，放在离宝宝眼睛30厘米左右的地方，慢慢地移到右边，再慢慢地移到左边，训练宝宝转头，最终目的是让宝宝完成转头180°。这个方法不仅锻炼了宝宝颈部的支撑力，而且也锻炼了宝宝颈部转动的灵活性。

训练宝宝翻身的方法

宝宝的翻身训练是下一步学坐的基础。虽然3个月前的宝宝主要是仰卧着，那么，到了第3个月的时候，宝宝肯定已经开始了一些全身肌肉的活动，或者可以采用侧卧的姿势睡觉了。如果是这样，训练翻身就会容易很多。训练宝宝翻身应该根据宝宝的实际情况循序渐进。

转身法

训练时，让宝宝仰卧摇篮里，妈妈或爸爸可分别站在宝宝两侧，用色彩鲜艳或有响声的玩具逗引宝宝，训练宝宝从仰卧位翻至侧卧位。如果宝宝自己翻身还有困难，也可以在宝宝平躺的情况下，妈妈用一只手撑着宝宝的肩膀，慢慢将宝宝的肩膀抬高，帮助其做翻身的动作，只是在宝宝的身体转到一半时，就让宝宝恢复平躺的姿势。这样左右交替地训练几次，宝宝就可以进一步练习真正的翻身了。

摇晃法

摇晃法与转身法最大的不同，就是让宝宝在保持身体平衡中锻炼背部和胸部肌肉的力量，为下一步的翻身训练做准备。训练时，先让宝宝躺在摇床里或床垫上，然后妈妈或爸爸再摇晃摇床或床垫。当宝宝被摇到半空身体倾斜时，为了保持身体平衡，自然会努力挺起胸，挺直腰，把身体往后仰。采用摇晃法时，一定要慢慢加大摇动的角度，摇晃的频率不要太快，随时注意宝宝的反应。如宝宝有惊恐的表情就马上停止，不要急于求成，以免发生危险。

转脚法

转脚法必须建立在宝宝会以侧卧姿势睡眠的基础上。训练时，先让宝宝侧卧，在宝宝的左侧和右侧放一个色彩鲜艳或有响声的玩具或镜子，然后爸爸或妈妈抓住宝宝的脚踝，让右脚横越过左脚，并碰触到床面。搬动宝宝脚的时候，动作一定要轻柔，并注意宝宝的身体是不是也跟着脚翻转。如果不跟着转，可以轻轻地在宝宝背后推一把。如果宝宝的身体跟着脚翻转，就会自己翻过去，变成趴着的姿势。只要宝宝在爸爸或妈妈的帮助下完成这个动作，就可以提前翻身了。转脚法的训练一般每天可以训练2～3次，每次训练2～3分钟。

大小肌肉运动能力训练

到了第4个月，宝宝的体能有了进一步的发展，这时就可以对宝宝进行肌肉训练了。大小肌肉训练主要包括四肢运动和头颈部运动。在训练时，除了继续坚持每日数次做婴儿体操外，还要重点做以下训练。

够取玩具训练

训练时，妈妈和爸爸可用一条小绳系上一个宝宝能够够得着、抓得住而且对宝宝具有吸引力的玩具。妈妈可以先在宝宝面前晃动几次，逗引宝宝伸手去够取或把着他的手让他够取玩具。左右两手都要练习，以训练宝宝手部肌肉紧张和放松能力。

蹬脚训练

先用一个能够一碰就响的玩具触动宝宝的脚底，引起宝宝的注意和刺激脚部的感觉。当宝宝的脚碰到玩具时，玩具的响声将会引起宝宝的兴趣，然后会主动蹬脚。这时，妈妈或爸爸配合宝宝移动玩具的位置，让宝宝每次蹬脚都能碰到玩具，每次成功后可以用亲吻或抱一抱的方式表示鼓励。

俯卧支撑训练

当宝宝俯卧时，妈妈或爸爸站在距离宝宝1米左右的地方，手拿摇铃逗引宝宝，训练宝宝用前臂和胳膊肘，支撑起头部和上半身的体重，使宝宝的脸正视前方，胸部尽可能抬起。每日训练数次。

让宝宝的肌肉更有劲

尽管从第4个月就开始对宝宝进行大小肌肉运动能力的训练，但这种训练到了第5个月还应该继续，以使宝宝全身肌肉的运动能力逐渐加强。

匍匐前行训练

5个月的宝宝趴着的时候，已经能神气十足地挺胸抬头，有时还会胸部离床，将上身的重量落在手上；有时甚至双腿也离开床铺，身体以腹部为支点在床上打转。这时，妈妈或爸爸可以用手抵住宝宝的足底，并用色彩鲜艳的玩具在前面逗引，宝宝就会以足底为基点，用上肢和腹部的力量开始向前匍匐前行。

靠坐训练

妈妈或爸爸将宝宝放在有扶手的沙发上或椅子上，让宝宝练习靠坐。如果宝宝自己靠坐有困难，妈妈或爸爸可用手扶住宝宝，等宝宝坐得比较稳了再把手拿开。这样的靠坐练习，每日可练习数次，每次10分钟左右。

脚部训练

由于宝宝的下肢较短而且腿部柔软，所以一抬腿可触到脸部，有时甚至把大脚趾抱起来吸吮。

这时妈妈或爸爸可以让宝宝练习仰卧抬腿的动作，在宝宝脚部的上方放些玩具让他踢。妈妈或爸爸也可以用两手扶着宝宝的腋下，让宝宝站在自己的大腿上，使宝宝保持直立的姿势，逗引宝宝双腿跳动，每日反复练习几次。

亲子★乐园

梦姥姥

梦姥姥，
进窗了。
教宝宝，
笑一笑。
宝宝学会了，
咯咯笑醒了。

自己睡

宝宝睡觉，
谁来陪？
爸爸陪？
不用陪。
妈妈陪？
不用陪。
不陪不陪不用陪，
盖好被子自己睡。

在游戏中训练宝宝的体能

对于第5个月的宝宝来说，游戏既是培养宝宝良好情绪的方法，又是锻炼宝宝体能的好方法，所以说，游戏对宝宝的身体健康、运动能力及记忆能力的发展都有相当大的帮助。下面的游戏可供妈妈爸爸参考。

玩具引导游戏

这个月的宝宝已经渐渐能够分清颜色，并会对色彩鲜明的物体表现出极大的兴趣。当妈妈或爸爸把玩具放在宝宝的旁边时，他就会伸手去抓，抓到后还可能把玩具放在嘴里，尝一尝玩具的味道。

在此基础上，妈妈或爸爸还可以让宝宝坐着，在离开宝宝一段距离的地方开动小汽车等会动的玩具。宝宝看到会动的玩具时，一定会产生伸手去拿的欲望。虽然此时的宝宝爬行还有些困难，但面前玩具的诱惑促使宝宝往前探出身体，小手努力地够取。这样宝宝会在不知不觉的情况下完成爬行动作，进而学会爬行。

平衡游戏

第5个月时，宝宝的脖子稳固后可以进行这种平衡游戏。妈妈或爸爸扶住宝宝手肘及肩膀，将卧躺的宝宝扶起来，一边哼唱“摇啊摇，摇到外婆桥……”的歌谣，一边把宝宝拉起来，这时宝宝的身体就会有悬空的感觉。通过这种游戏，可以训练宝宝的平衡感。

滚球游戏

做滚球游戏时，可以让宝宝趴着，先让宝宝触摸一下球，然后把球放在宝宝的手边滚动。接着，再从稍远的地方将球滚向宝宝，甚至从宝宝身边滚过。滚动的球就会引导宝宝移动整个身体追寻球的去向。妈妈还可以先抓住宝宝的脚，让宝宝的脚被动踢球。刚开始时，宝宝肯定不会踢，不是用脚从上面蹬踩球，就是用脚踝笨拙地碰球。等宝宝把球碰出去后，爸爸再把球用手挡回来。当宝宝看到自己的脚把球碰出去然后又弹回来的时候，一定会表现出很兴奋的样子。经过这样多次练习，如果妈妈再把球放在宝宝的脚边时，宝宝就会自动踢球了。

让宝宝的手更灵活

第6个月，宝宝手部肌肉能力训练主要包括够取比较小的物体、扔掉再拿和倒手等内容。训练时，所选择物体要逐渐从大到小，距离要逐渐从近到远。让宝宝努力够取小的物体，最好从满手抓逐步过渡到用拇指和食指捏取，以锻炼手指灵活性和手指肌肉的力量。同时，给宝宝一些能抓住的如小积木、小塑料玩具等小玩具之后，然后继续给宝宝手里递另外的玩具，训练宝宝放下一件，再接过另一件的能力。或者训练宝宝有意识地将玩具从一只手传到另一只手。

坐起来再躺下

在锻炼宝宝的颈背肌和腹肌力量时，妈妈或爸爸可以经常与宝宝玩坐起和躺下的游戏。只有宝宝的颈背部和腹部肌肉的力量增强以后，宝宝才能尽快自己坐起来，并且不用任何依靠就可坐稳。

训练时，可以参考以下方法：先让宝宝仰卧，妈妈或爸爸握住宝宝的两只手腕，慢慢把宝宝从仰卧位拉起成坐位，然后再轻轻把宝宝放下恢复成仰卧位。如此反复做坐起和躺下的游戏，就可使宝宝的颈背肌和腹肌得到锻炼。

如果宝宝的手已经有很好的握力，妈妈或爸爸也可把大拇指放在宝宝的手心里，让宝宝紧握进行上述坐起和躺下的游戏。用这种方法训练时要注意宝宝的握力是不是足以完成整个游戏，如果宝宝手部的握力不够，就需要妈妈或爸爸中的一人在宝宝身后进行必要的保护，以免宝宝半途松手而发生意外。

宝宝会爬行了

爬行是宝宝在婴儿期体能发育的一个重要过程。宝宝爬行的标准动作，首先是头颈仰起，然后利用双手支撑的力量使胸部抬高，最后由四肢支撑着体重向前爬行。由于宝宝在7个月时全身的肌肉还在逐步发育阶段，爬行的动作也不协调，所以大多是匍匐爬行，也就是利用腹部的力量在进行身体的蠕动，在四肢不规则划动的作用下，宝宝往往不是向前进，而是向后退，或者在原地转动。但是，这个阶段过去之后，接下来的就是标准的爬行动作了。

不管宝宝的爬行动作标准与否，都会使宝宝的手、脚、胸、腹、背、手臂和腿的肌肉得到锻炼并逐步发达起来，四肢的协调能力也得到很大的发展，为以后站立和行走打下基础。

爬行是宝宝婴儿期比较剧烈的全身运动，爬行时能量消耗较大。据有关实验表明，爬行运动与坐着相比能量消耗要多出1倍，比躺着要多出2倍。由于能量的较大消耗，大大提高了宝宝的新陈代谢水平，所以爬行可使宝宝食欲旺盛，食量增加。宝宝吃得多，睡得香，身体就会长得既快又结实。

宝宝学会爬行以后，由于扩大了视野和接触范围，通过视觉、听觉和触觉等感官刺激大脑，可以促进宝宝的大脑发育，并使宝宝眼、手、脚的运动更加协调。因此，宝宝爬得越早、越多，对增进宝宝的智力发展，提高智商水平越有积极意义。而且能增强宝宝小脑的平衡与反应能力，这种能力对宝宝日后提高学习言语和阅读能力也会起到良好的作用和影响。

训练宝宝爬行的方法

宝宝出生以后，运动系统逐渐发育完善，所以总是静静地躺着睡觉。等出生2～3个月后，宝宝就可以仰头了。随着月龄的增加，到7个月左右时，就开始学习爬行了，到了8～9个月的时候，经过一个时期的训练就可以用手和膝盖爬行，最后发展为两臂和两腿都伸直，用手和脚爬行。所以说，宝宝的手臂和双腿必须协调才能完成这一动作。为了让宝宝尽快缩短学习爬行的过程，妈妈和爸爸就要有意识地教宝宝练习爬行。

要有一个适合爬行的场地，训练时妈妈或爸爸要给予适当的协助。如果宝宝的腹部还离不开床面，妈妈或爸爸可用一条毛巾兜在宝宝的腹部，然后提起腹部让宝宝练习利用双手和膝盖爬行。经过这样的协助之后，宝宝的上下肢就会渐渐地协调起来，等到妈妈或爸爸把毛巾撤去之后，宝宝就可以自己用双手及双膝协调、灵活地向前爬行了。

爱心 ★ 提示

宝宝爬行的场地要平整且软硬适当。如果场地太软，宝宝爬起来就比较费力；如果场地太硬，不仅爬起来不舒服，而且还可能使宝宝娇嫩的手和膝盖受到损伤。同时，爬行场地要保证干净卫生，以免宝宝受到细菌感染。

宝宝会站立了

9个月的宝宝能够扶着栏杆站立起来了，此时爸爸妈妈可以训练宝宝先扶着栏杆或者家具站立。每天训练几次，但每次训练的时间不要过长，控制在5～10分钟为宜。

同时，为了锻炼宝宝腿和膝盖的力量，妈妈可以把双手放在宝宝腋下，帮助宝宝站直且有节奏地蹦跳。常做这种运动可以使宝宝尽快站起来。只有当宝宝腿部的肌肉和骨骼系统逐渐强壮时，才能让宝宝经常站立，直到逐渐站稳。

迈出艰难的第一步

当宝宝的腿部有了力量之后，就可以进行提脚移步训练了。所谓提脚移步训练，就是训练宝宝从双脚无意识地乱蹦，发展成将脚有目的地提起，并向前、向后或向左、向右移步，为学习走做准备。

第一步，让宝宝学会被动移步。训练时，妈妈或爸爸站在床前，两手扶在宝宝的腋下，先让宝宝站稳，然后再教宝宝把一只脚提起并向前移步，另一脚随后跟上。在妈妈帮助下学习移步时，爸爸可在宝宝前面用玩具或其他东西吸引宝宝。学会向前移步后再学向左边或右边移步。

第二步，让宝宝学会主动迈步。当宝宝的被

动移步训练顺利过关，已经学会一步、一步地向前移动脚步后，还要进行一段时间的巩固训练。巩固训练与被动移步的方法基本一样，即让宝宝站在地上，妈妈或爸爸从宝宝背后用手扶在腋下，慢慢引导宝宝向前迈步。等到宝宝的双腿基本可以支撑身体的重量之后，妈妈或爸爸就可面对宝宝站立，两手握住宝宝的前臂或手腕，帮助宝宝左右脚轮流向前迈步了。

宝宝用学步车的时间不宜太长

宝宝学会扶站后，就要开始学习迈步了，这时学步车就成了宝宝练习迈步、锻炼双下肢肌肉力量的好工具。一般情况下，在宝宝到了10个月左右时，学会独坐及扶站后，就可尝试使用学步车了。

学步车上面有一个圆形框架，宝宝站立时正好使双臂支在上面，与妈妈爸爸扶着宝宝双腋学步的效果相类似。学步车下面有几个活动自如的小轮子，中间有一个用带子吊成的小坐椅，宝宝跨在坐椅上，随时可坐下来休息，站立时也不妨碍迈步。所以，使用学步车不仅可以减轻妈妈爸爸的不少负担，而且可使宝宝自由随意地活动，扩大宝宝的视野和活动范围，并能促进宝宝对外界事物认识能力的发展。

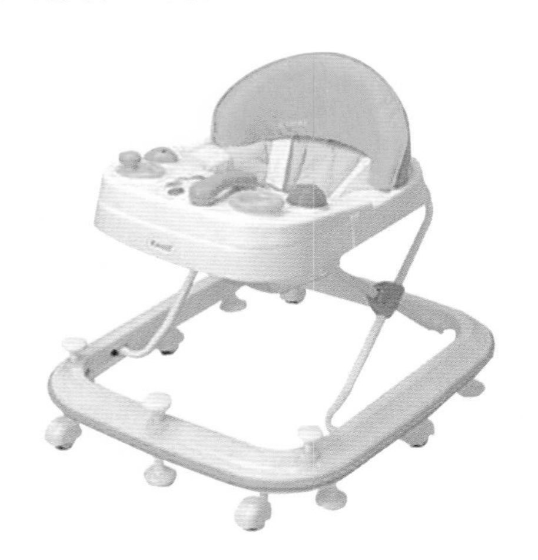

宝宝开始坐在学步车上的时间不宜太长，以免引起疲劳，以每天1～2次，每次10～15分钟为宜。随着宝宝身体发育状况的进展，也可逐渐延长每天使用学步车的次数和时间。在使用学步车期间，因为宝宝的活动范围明显扩大了，一定要注意宝宝的安全。

要想迈步先学站稳

人是从动物进化而来的，在从动物的爬行到人的直立行走这一过程不知经过了多少万年。同样的道理，行走对还不到1周岁的宝宝来说也要有一个循序渐进的过程。宝宝的腿和脚不仅要承受全身的重量，而且在前进的过程中，还要学会如何调整臀部、膝盖和脚踝的协调性，以免摔倒。所以，宝宝在初次走路时摇摇晃晃，还要伸出双臂来保持平衡。

在训练宝宝行走的时候，首先要使宝宝能够站稳，这是走向成功的第一步。训练时，妈妈或爸爸可以先让宝宝靠在床等家具上，然后取一个宝宝喜爱的玩具给宝宝。当宝宝伸出手来拿的时候，妈妈或爸爸就把玩具拿得远一些，使宝宝不得不离开靠着的家具，来取妈妈或爸爸递过来的玩具。

其实，当宝宝学会单手扶物，蹲下捡东西之后，就意味着已经具备独自站稳的能力。一些宝宝之所以站不稳，主要是没有足够的自信和勇气罢了。所以，妈妈和爸爸在训练宝宝学习站稳的时候，或者牵着宝宝的手学习迈步的时候，要趁宝宝的两脚一前一后分开时轻轻放手，让宝宝自己站一会儿。如果宝宝站不稳甚至会往前扑倒，妈妈或爸爸可以伸手保护。只要有了爸爸妈妈的保护，宝宝就会很安全，而且也很喜欢这种有惊无险的游戏。

让宝宝迈好人生第一步

人在走路的时候，是用两条腿交替向前迈步的，每迈一步，就要交换一次重心。所以，妈妈或爸爸要先让宝宝迈好人生的第一步，首先就要教宝宝学习如何变换身体的重心。

在培养宝宝掌握变换身体重心的基本能力时，妈妈或爸爸可以拉着宝宝的双手或单手让宝宝向前迈小步，或让宝宝扶着墙或栏杆走。当宝宝开始尝试着第一次迈步时，妈妈和爸爸可以先退后一步，伸开双手鼓励宝宝走过来。如果宝宝步履踉跄，妈妈和爸爸就要向前迎一下，以防宝宝第一次尝试就摔倒，产生害怕心理。随着尝试次数的增加，应逐渐延长距离。

有些胆小的宝宝，其实自己已经会走了，但总想让妈妈和爸爸扶着才敢向前迈步。为了帮助宝宝克服胆小的毛病，妈妈或爸爸可以找一块小手绢，妈妈或爸爸拉着一头，让宝宝拉着另一头。开始时可以让手绢绷紧些，让宝宝感到妈妈或爸爸的帮助，然后逐渐放松手绢，虽然宝宝还拉着手绢的一角，但实际上妈妈或爸爸已经起不到任何帮助作用了。当宝宝由于心理作用，依然敢于向前迈步，慢慢地就不用手绢牵引，宝宝也敢自己走了。对宝宝的每一个小小的进步，妈妈和爸爸都要进行鼓励。这样经过多次训练，宝宝就会较快地学会走路了。

锻炼宝宝手眼协调能力

宝宝到3岁时，可以通过投掷运动，锻炼上臂的力量和手眼协调能力。具体训练时可以参考以下办法。

滚球

在前面1～2米远处放两把椅子，椅子之间间隔为40厘米。然后让宝宝在地板上滚球，让球从椅子中间滚过去。

抛球

在离宝宝1～1.5米处放一个高40～50厘米的小筐，让宝宝往里面抛球。也可以在地上画一个圆圈或放一个脸盆，让宝宝站在1米远的地方把沙袋扔到圆圈或脸盆里。训练时要引导宝宝右手、左手轮流着抛。

投球

在离宝宝1～2米处，挂一个与宝宝视线平齐的球网，让宝宝向网里投球。

以上方法不仅使宝宝上身的肌肉，特别是上臂的肌肉得到锻炼，同时也锻炼了宝宝的手眼及全身动作的协调性。

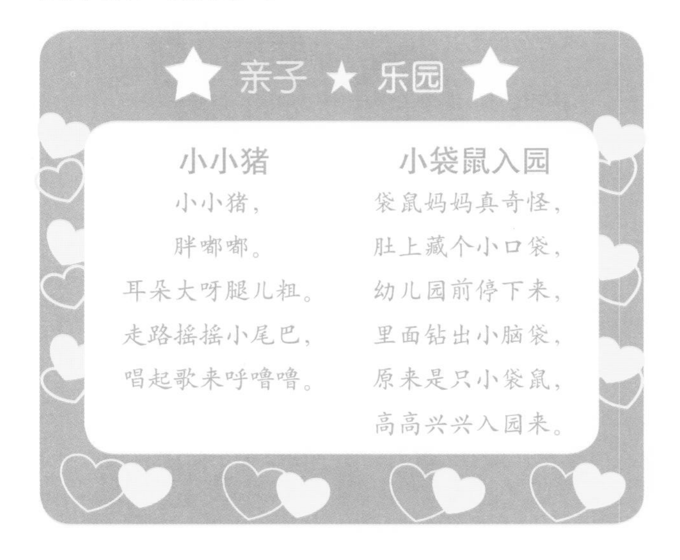

亲子★乐园

小小猪

小小猪，
胖嘟嘟。
耳朵大呀腿儿粗。
走路摇摇小尾巴，
唱起歌来呼噜噜。

小袋鼠入园

袋鼠妈妈真奇怪，
肚上藏个小口袋，
幼儿园前停下来，
里面钻出小脑袋，
原来是只小袋鼠，
高高兴兴入园来。

Chapter 3

宝宝聪明，妈妈骄傲

爸爸妈妈都希望自己的宝宝聪明伶俐、招人喜爱。其实每个宝宝都有潜力，只要对宝宝多进行科学合理的培养，宝宝一定会越来越聪明。开发宝宝智力的方法有很多种，每一种方法，都着重培养宝宝某一方面的能力。只要循序渐进地对宝宝进行系统训练，宝宝一定会有出色的表现。

我家宝宝18个月了，特别爱翻抽屉，每天都要翻很多次，东西扔得到处都是，气死人了。这种行为应该制止吗？

A 1岁以上的宝宝好像对抽屉、小柜子的门之类的能活动的家具非常着迷。其实这是宝宝在锻炼手的灵活性，也是他对探索世界充满好奇心的表现。有些妈妈会想办法把抽屉锁起来，其实这样对宝宝的智力发展不利。宝宝喜欢翻，就让他翻好了，只要把抽屉里的剪刀、药片之类可能会对宝宝造成伤害的东西拿走就可以了。

抓住宝宝智力开发的黄金期

0～3岁是宝宝大脑形成的最重要时期。科学家经过研究发现，孩子出生时脑重350克，3岁时已达1080克。一个人脑神经细胞的70%～80%是在3岁之前形成的。3岁前也是儿童智力发展的最佳、最迅速的时期。如果把17岁时人所达到的智力水平定为100%，那么孩子从出生到三四岁就已获得50%的智力。所以0～3岁期间对宝宝进行智能训练，就显得尤为重要。

新生儿是与外界交流的天才

宝宝一出生，就表现出与外界交流的天赋。新生儿与妈妈对视就是彼此交流的开始。这种交流，对宝宝行为能力的健康发展具有重大而深远的意义。

宝宝虽然不会说话，但可以通过运动与爸爸妈妈进行交流。当妈妈和新生儿柔声说话时，宝宝会出现不同的面部表情和躯体动作，就像表演舞蹈一样，扬眉、伸脚、举臂，表情愉悦，动作优美、欢快；当妈妈停止说话时，宝宝就会停止运动，两眼凝视着妈妈；当妈妈再次说话时，宝宝又变得活跃起来，动作随之增多。宝宝用躯体语言和爸爸妈妈说话，对大脑发育和心理发育都有很大的帮助。

当宝宝哭闹时，爸爸妈妈把他抱在怀里，用亲切的语言和宝宝说话，用疼爱的眼神和他对视，宝宝就会安静下来，而且还会对爸爸妈妈报以微笑，使爸爸妈妈更加疼爱宝宝。

要把新生儿当成懂事的大孩子

有不少新爸爸妈妈，总以为新生儿期的宝宝除了吃喝拉撒睡之外什么也不懂，其实这种认识是很错误的。为使开发新生儿的智力工作卓有成效，首先的一条就是要把新生儿当成懂事的大孩子。

当妈妈说话时，正在吃奶的宝宝会暂时停止吸吮，或减慢吸吮的速度。当爸爸逗宝宝时，他会报以喜悦的表情，甚至微笑。这是宝宝与爸爸妈妈建立感情的本领。宝宝对爸爸妈妈及周围亲人的抚摸、拥抱、亲吻，都有积极的反应。但当宝宝听到妈妈说话时，别人再和他说话，宝宝也不会理会其他人了。

在对新生儿的护理中，爸爸妈妈无论做什么，都要边做边对宝宝讲话，语调轻缓，充满感情。比如当宝宝哭了的时候，可以把宝宝抱起来，问他是不是饿了，是不是尿了，或者是哪里不舒服了。然后根据判断，一边喂奶、换尿布或者按摩，一边对宝宝讲妈妈在为宝宝所做的事。就是在平常，也要夸赞宝宝真是妈妈爸爸的好孩子，或用拥抱、亲吻、抚摸、对视等动作不断表示出对宝宝的喜爱。慢慢地就会发现宝宝似乎能听懂爸爸妈妈的话，他会用更加热切的动作和表情回应爸爸妈妈。而爸爸妈妈所做的这一切，都能够促进新生儿的智力发育。

新生儿也需要玩具

玩具并不是大孩子的专利，新生儿也同样需要玩具。因为新生儿一生下来，就具有很好的视觉、听觉、触觉和模仿能力。出生几天的宝宝即能注视或跟踪移动的物体或光点，对物体作出反应，并能和妈妈进行对视。

新生儿喜欢看红颜色，也喜欢看人的脸，而且喜欢注视图形复杂的区域，如曲线或靶心圆等图案。新生儿不仅能听到声音，而且对声音频率很敏感。他们喜欢听和谐的音乐，并以特有的动作和表情表示愉快。新生儿还有惊人的模仿能力，当宝宝注视你时，你伸出舌头，他也会伸出舌头。

训练宝宝的听觉能力

现代科学已经证明，胎儿在妈妈体内就具有听的能力，并能感受声音的强弱，音调的高低和分辨声音的类型。因此，新生儿不仅具有听力，还具有声音的定向能力，能够分辨发出声音的方向。所以，在新生儿期对宝宝进行听觉能力训练是切实可行的。训练时可参考以下方法。

音响玩具法

可供宝宝进行听觉能力训练的音响玩具品种很多，如各种音乐盒、摇铃、拨浪鼓，各种形状的吹塑捏响玩具以及能拉响的手风琴等。在宝宝醒时，爸爸或妈妈可在宝宝耳边轻轻摇动玩具，发出响声，引导宝宝转头寻找声源。进行听觉训练时，要注意声音要柔和、动听，且不要连续很长，否则宝宝会失去兴趣而不予配合。

音乐欣赏

人的左脑负责语言和抽象思维，而感受音乐的魅力要靠右脑。在宝宝学会说话之前，优美健康的音乐能不失时机地为宝宝右脑的发育增加特殊的“营养”。选择音乐的标准有三条：优美、轻柔、明快。中外古典音乐、现代轻音乐和描写儿童生活的音乐，都是训练宝宝听觉能力的好教材。最好每天固定一个时间，播放一首乐曲，每次5～10分钟为宜。播放时先将音量调到最小，然后逐渐增大音量，直到比正常说话的音量稍大点儿即可。

与宝宝“交流”

宝宝过了满月之后，在高兴的时候会发出“咿咿呀呀”的声音。虽然这还不能算是说话，

但宝宝想和大人交流的愿望却是非常强烈的。这时，爸爸妈妈就应该多跟宝宝说话。虽然宝宝还不懂每一个字的确切含义，更不能作出正确的回应，但宝宝听到大人的声音时，就会安静下来，专注地看着你嘴唇的动作，有时还会兴奋地扭动身体。这种有意识的语言“交流”，不仅会加强宝宝与爸爸妈妈之间亲密的感情联系，还可以满足宝宝与人交往，甚至身体接触的需求，为宝宝今后发展语言能力及社会交往能力奠定基础。

培养宝宝的认知能力

从第3个月开始应当全面地培养宝宝的认知能力。

★ 视线转移能力

随着宝宝的月龄增加，宝宝的眼睛不仅会越来越明亮，而且还可以一下子就注视到面前的玩具，并能灵敏地追随。此时，爸爸和妈妈可用两个玩具来逗引宝宝，让宝宝先注视一个玩具，然后再拿出另一个玩具，训练宝宝的视线从一个物体转移到另一个物体。也可以在宝宝正集中注视某一玩具时，迅速移开玩具或将玩具转向另一边，以训练宝宝在注视目标消失之后用视线寻找新的目标。

快乐反应

宝宝对未知事物的好奇心是先天的，并且对美好的事物会做出快乐反应。在第3个月初时，宝宝会明显地对照顾他的人尤其是妈妈和爸爸表现出天真的快乐反应。所以妈妈和爸爸要因势利导，经常用亲切友善的语气和宝宝多说话，并伴以多种表情，使宝宝的情绪得到充分的激发。

此外，还可以给宝宝准备一个镜子，让宝宝通过镜子认识镜子中的“小伙伴”，对这个小伙伴的亲昵友爱的反应，也是对他人、对周围环境的信任感和安全感的体现。这种快乐反应就是宝宝与他人的最初交往，所以进行快乐反应的培养，让宝宝多与亲善他的人接触，这对培养宝宝社会的亲和性和丰富视觉体验都有好处。

音响感受能力

第3个月是宝宝大脑发育与智力发展的重要时期，因此，爸爸妈妈要尽量让宝宝多看、多听、多摸、多玩，不仅要多与宝宝进行语言交流，而且可以不失时机地录下宝宝的“咿呀”声并放给他听，或选择优美、轻柔、明快的乐曲放给宝宝听。如果宝宝能自己制造一种声音，就会更加高兴，会更起劲地反复制造这种声音。所以可以发出响声的玩具总是受到宝宝的欢迎。音响感受能力可给宝宝的大脑添加营养，同时也可促进宝宝的听觉和音乐才能的发展。

培养宝宝的观察能力

第3个月宝宝的视线可随物体转动，视野范围由原来的45° 扩大到180° 。视力也有了一定的发展，能看4～7米远的物体，对颜色有了初步的分辨能力。宝宝尤其对发声的、色彩鲜艳的或活动着的东西最感兴趣，并开始尝试触觉、听觉、视觉或味觉的相互配合运用。

到了第3个月时，由于神经系统的发育，宝宝双手的抓握也出现了随意性的变化，并主动去抓自己想要的东西。所有的这一切发育成果，都为进一步培养宝宝的观察力奠定了基础。

为培养宝宝的观察力，妈妈和爸爸可在风和日丽的天气里，把宝宝抱出屋外，看一看外面的大千世界，让宝宝在看的过程中感知世界，这对宝宝的智力、心理发育具有重要意义。

多与宝宝做感官刺激游戏

在培养训练宝宝对感官刺激的反应时，可以做许多种游戏，下面几种游戏可供参考。

给宝宝唱歌

给宝宝哺乳时，可以放些音乐，在哺乳结束后，妈妈可以把宝宝抱起来，拍拍摇摇哼哼歌。平时，妈妈或爸爸也应经常给宝宝念儿歌或唱歌，如果针对实景编唱一些儿歌效果会更好。比如抱宝宝到户外活动时看到小燕子，就给宝宝唱："小燕子穿花衣，年年春天来到这里……"看到小猫、小狗、美丽的鲜花等都可以即兴编唱。这样做不仅在听觉上能给宝宝以良好的刺激，同时还能促进宝宝的认知能力，而且还可以使宝宝产生良好的情绪反应，尽早建立对世界的信赖感。

给宝宝变戏法

游戏时可用两种特点鲜明，容易区分的玩具和宝宝做这个游戏。先藏起一个，再藏另一个，然后两个同时藏起来，每次藏玩具时都应注意观察宝宝的反应和表现。也可以拿一个色彩艳丽的玩具，先在宝宝眼前放一会儿，等宝宝对这个玩具产生兴趣时，再突然把玩具藏起来，并观察宝宝有没有惊奇的表情，然后再把玩具拿出来在宝宝眼前晃晃。

这个游戏只要反复几次，宝宝就会做出寻找的表现。但应该注意的是，在做游戏时，妈妈和爸爸应用轻柔而愉快的语言相配合，吸引宝宝的注意力，调动宝宝的情绪。这样就会使宝宝很兴奋，手脚也跟着动起来，从而增强游戏的效果。

和宝宝跳舞

平时，妈妈或爸爸可以选择一些如华尔兹或民谣等轻柔而节奏舒缓的音乐，放录音也行，最好是自己哼唱；同时把宝宝抱在怀里，踏着音乐的节拍，轻轻地一边摇摆，一边迈着舞步；或是合着音乐的节拍轻柔地转身或旋转。和宝宝共舞，可以激发宝宝愉快的情绪，进而刺激宝宝的感觉器官和小脑，培养宝宝的动感和节奏感。

宝宝开始有 6 种情绪反应

对婴儿期的宝宝，妈妈或爸爸如果还以为宝宝只会哭喊、睡觉和吃奶，别的什么也不懂的话，那就大错特错了。其实，据心理学家对500多名宝宝进行观察后发现，宝宝出生后的最初情绪反应有两种，一种是愉快，即反映生理需要的满足；另一种就是因生理需要未获得满足或其他不适表现出来的不愉快，其中最主要的反应形式就是哭叫。从第3个月开始，宝宝的情绪反应逐渐丰富；到了第4个月时，就开始有了欲望、喜悦、厌恶、愤怒、惊骇和烦闷等6种情绪反应。

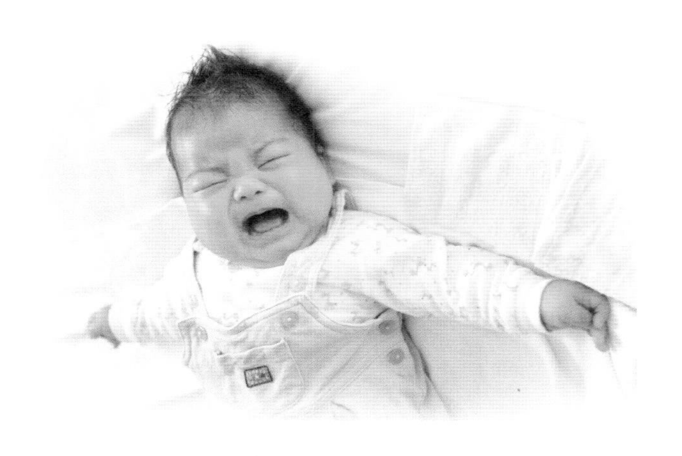

随着月龄的增加，宝宝的情绪会逐渐复杂起来。其中，表现最突出的就是微笑。微笑既是宝宝身体处于舒适状态的生理反应，也是表示宝宝的一种心理需求。从第4个月开始，宝宝对妈妈或爸爸情感的需要，甚至超过了饮食。如果宝宝不是饿得厉害，妈妈的乳头已经不是灵丹妙药了。如果妈妈或爸爸对宝宝以哼唱歌曲等形式加以爱抚，宝宝或许会破涕为笑。所以，妈妈或爸爸应时刻从环境、衣被、生活习惯、玩具、轻音乐等方面加以调节，注意改善宝宝的情绪。

宝宝学说话

训练宝宝语言能力的首要一点，就是要创造良好的语言氛围，妈妈或爸爸要养成与宝宝说话的习惯，让宝宝有自言自语或与妈妈和爸爸“咿咿呀呀”“交谈”的机会。

起初，宝宝喉咙里的“咯咯”声或嘴里发出的“咿咿呀呀”声完全是无意识的，并对元音做出更多的尝试。这时，宝宝的词汇包括简单单音节的或短或长的尖叫。随着月龄的增加，宝宝就可能发出拖长的单元音，或连续的两个音，如“啊咕”、“啊呜”等，并能逐渐模仿妈妈或爸爸的口形发出声音。所以，在宝宝情绪好的时候，妈妈或爸爸平时可用愉快的口气和表情，你一言，我一语地和宝宝说话，逗引宝宝主动发声，逐渐诱导宝宝出声搭话，使宝宝学会怎样通过嗓子、舌头和嘴的合作发出声音。

和宝宝说话时，要见到什么说什么，干什么讲什么，而且语言要规范简洁。虽然宝宝不会重复爸爸妈妈所说的任何话语，但宝宝会注意倾听，并会把爸爸妈妈的话储存在大脑里。生活中你会发现，宝宝越来越善于表达自己了，甚至会用高兴的尖叫声或咯咯的笑声来表达自己的快乐。

善于让宝宝在游戏中学习

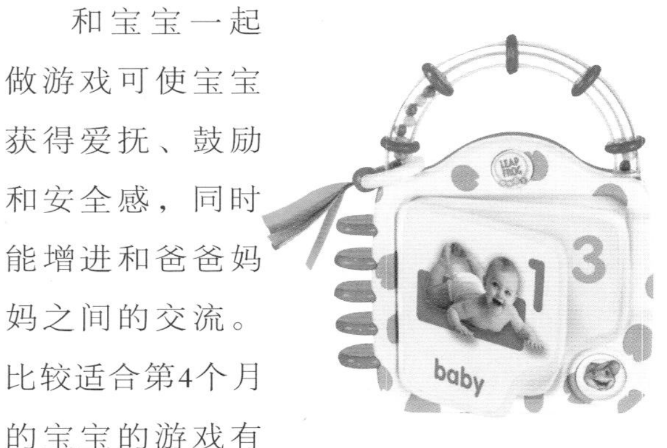

和宝宝一起做游戏可使宝宝获得爱抚、鼓励和安全感，同时能增进和爸爸妈妈之间的交流。比较适合第4个月的宝宝的游戏有很多种，爸爸妈妈不妨试着同宝宝做以下游戏。

声感游戏

爸爸或妈妈可以轻轻地把宝宝抱在怀里，给宝宝念儿歌，唱歌。唱歌时如果在宝宝的身上或手上轻轻地打着节拍，肯定会让宝宝更加快乐。在宝宝困了的时候，也可以为宝宝唱支摇篮曲，让宝宝在歌声中入睡。

动感游戏

爸爸或妈妈可以带上和蔼或高兴表情的面具，也可以选择有友好面孔的手指玩偶，运用身体或手指的动作，让面具或玩偶“活”起来，而且还可以配上歌曲或故事讲给宝宝听。

智能游戏

智能游戏的种类很多，其中“藏猫猫”游戏就是宝宝比较喜欢的。游戏时，妈妈先用布蒙住脸。就在宝宝看不到妈妈的脸时，妈妈突然把布拿开，当宝宝看到妈妈的脸重新出现时会非常兴奋。经过一个时期的训练之后，宝宝也会模仿爸爸妈妈的做法，拿布蒙在自己脸上，然后再自己掀掉逗爸爸妈妈。“藏猫猫”游戏可以训练宝宝寻找消失的东西。

有计划地教宝宝认识外界事物

外面的世界是丰富多彩的，爸爸妈妈要帮助宝宝认识周围的事物，就需要倾注更多的时间和爱。过去的几个月，爸爸妈妈在与宝宝说话的时候，基本上是随机的，看到什么就说什么，或者干什么就说什么，只是为了吸引宝宝的注意力。而在宝宝到了第5个月的时候，爸爸妈妈就要有计划地教宝宝认识周围的日常事物了。

教宝宝认识周围的日常事物时，爸爸妈妈应该给宝宝准备一些色彩鲜艳、图幅较大的卡通画报，一边给宝宝看，一边讲画报上的卡通形象，如一只猫、一个香蕉等。经过多次练习后，宝宝对小狗、小猫、香蕉、灯、花、鸡等名字有了记忆之后，再教宝宝听到物名后用手指出来。一般来讲，宝宝最先学会指认的是在眼前变化的东西，如能发光的灯、音调高的电视机或会动的机动玩具等。

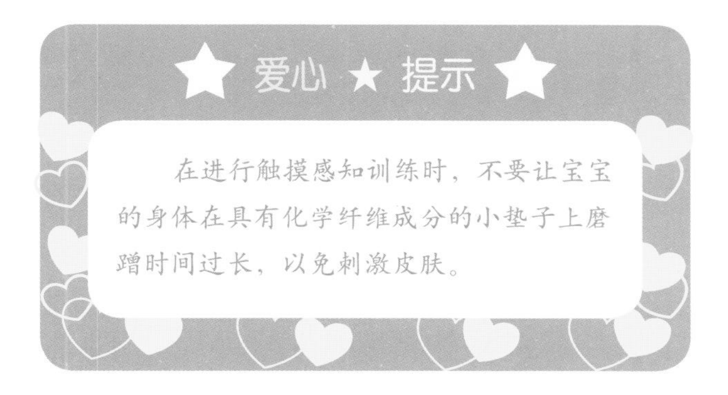

宝宝语言能力的发育，一般规律是先听懂之后才会说，所以指认物名是第5个月宝宝的训练重点。进行这种训练时，爸爸妈妈一定要有极大的耐心和热情。训练时，要让宝宝一件一件地认，一点一点地学，一次不要同时认好几件东西。只有经过逐件物品的反复温习才能使宝宝记得牢，认得准。

感知能力训练

第5个月的宝宝不仅头已竖得很稳，而且视野也更加宽阔，对周围环境的事物开始表示出浓厚的兴趣。根据宝宝的这个发育特性，就可以对宝宝进行感知能力的训练。

★ 触摸感知训练

在训练前，细心的爸爸妈妈一定要注意观察宝宝平时最爱看什么，对什么东西最感兴趣，从中找出宝宝最喜欢的东西让宝宝触摸。比如木制的玩具、铁制的玩具或绒毛玩具等。在对上述各种玩具练习触摸的手感基础上，再找出平绒、粗棉布、劳动布、针织品等各种材质的织物，缝成一个个垫子，垫在宝宝身下。不仅让宝宝用小手在这些物品上摸来摸去，还要让宝宝的身体在上面蹭来蹭去，体会和感觉各种布料的不同质感。

在触摸感知训练时，宝宝可能会不厌其烦地重复某一动作，经常故意把手中的东西扔在地上，然后捡起来再扔，有时能反复好多次。宝宝有时还把一件物体拉到身边，推开后再拉回。对此，妈妈和爸爸不要担心，宝宝的这种反复动作是5个月宝宝的一个正常发育特点，他是在利用这种反反复复的动作显示自己对外界物体的控制能力。

视觉感知训练

对宝宝的视觉感知训练随时随地都可进行。在日常生活中，爸爸妈妈要经常把宝宝所看到的物体，尽量用语言来强调指出，以便宝宝把能够听到的、看到的与感觉到、认识到的东西联系起来。比如宝宝喜欢看灯，爸爸妈妈就可把台灯拧亮又拧灭，逗引宝宝的视线落在台灯上，然后告诉宝宝说这叫“灯”。说“灯”字时口型要明显，发音要准确、清晰，使宝宝把声音和发亮的物件联系起来。以后爸爸妈妈再说到灯时，宝宝就会自己抬头看灯了。

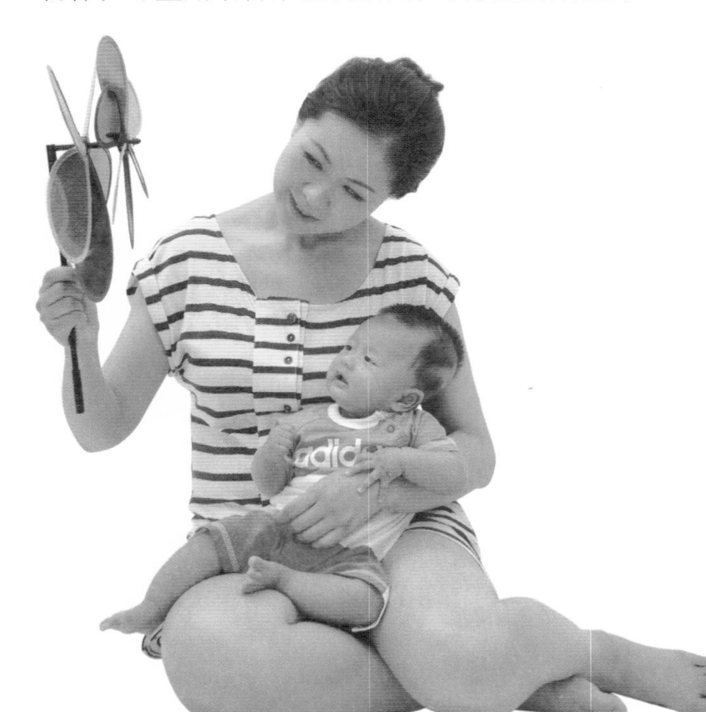

听觉感知训练

训练时，爸爸妈妈可以先拿一些可以发出响声的玩具，弄出响声让宝宝注意倾听。等宝宝有了反应之后，妈妈从宝宝身边走到另一个房间或躲在宝宝卧室的窗帘后面，叫着宝宝的名字让宝宝寻找。如果宝宝找不到，妈妈可以露出头来吸引宝宝，直到宝宝注意为止。进行这种听觉感知训练，声音要由弱到强，距离要由近到远，循序渐进地锻炼宝宝的听觉感知能力。

不要冷落了宝宝

6个月左右的宝宝已经有了比较复杂的情绪，高兴时眉开眼笑，甚至手舞足蹈；不高兴时哼哼唧唧，甚至大哭小闹。所以，妈妈和爸爸千万不要认为这时的宝宝什么也不懂而冷落了宝宝。

宝宝喜欢自己熟悉的亲人，见到亲人就笑，并伸出双手要你抱一抱。宝宝还能听懂严厉或亲切的声音，当听到爸爸妈妈亲切的声音时，就会表现出兴奋和愉快的情绪。所以爸爸妈妈平时要多和宝宝说话，呼唤他的名字，教他认识事物，尽量把日常行为都用语言向宝宝表述出来。第6个月的宝宝虽然不会说话，但已初步能够听懂妈妈和爸爸的话。经常和宝宝说话，不仅不会使宝宝感到寂寞，而且可以为宝宝正式开口说话打下很好的基础，促进宝宝的早期智力开发。

这个月的宝宝害怕陌生的环境和陌生的客人。一旦妈妈和爸爸等亲人突然离开时，他就会产生惧怕、悲伤等情绪。所以，在陌生客人刚来家时，家人或者抱起宝宝，或者安抚宝宝，而不要突然离开宝宝。

总之，任何时候都不要冷落宝宝，要让宝宝时刻得到妈妈和爸爸的悉心照料。看到妈妈和爸爸愉快的音容笑貌，让宝宝在日常活动和游戏的过程中产生欢快的情绪，为宝宝的心理健康奠定基础。

教宝宝认识自己

培养和训练宝宝的认知能力，不仅要让宝宝认识身边的事物，还要让他认识自己。等宝宝长到7个月左右时，就可以教他认识自己了。教宝宝认识自己的方法有好多种，下面两种方法比较简便易行。

用照片教宝宝认识自己

虽说宝宝刚刚6个月，但肯定照了不少相。这时，这些照片就成了教宝宝认识自己的好教材。爸爸妈妈可以对着照片教宝宝认识他的整体形象，也可以教宝宝分别认识他的手、脚或其他部位。

用穿衣镜教宝宝认识自己

一般家庭都有穿衣镜，爸爸妈妈可以把宝宝抱到穿衣镜前，用手指着宝宝的脸，并反复地叫宝宝的名字；或者指着宝宝的五官以及头发、手、脚等部位让宝宝认识。宝宝通过镜子看到你所指的部位，听到你的声音，慢慢就会懂得头发、手、脚、眼睛、耳朵、鼻子和嘴等词汇的含义。再过几个月，就可以进一步和宝宝玩你说什么，宝宝自己指什么的游戏了。如你说“嘴”字时，宝宝就会很快地把手指指向自己的嘴巴。

培养宝宝的自理能力

目前，在子女教育问题上，出现了很多问题，其中自理能力差的问题就比较突出。为了从小培养宝宝的自理能力，就要从日常生活的点点滴滴开始。

在给宝宝穿鞋袜之前，可以先把小鞋子、小袜子放到宝宝手里，让宝宝玩一会儿，看宝宝能不能找对地方。如果宝宝知道是脚上穿的东西，就会笨拙地往脚上套。如果不知道也不要紧，在正式给宝宝穿时，要一边穿一边告诉宝宝，经过几次训练宝宝就知道了。即使宝宝还不会自己穿上，但只要爸爸妈妈要给他穿鞋袜时，宝宝就会在爸爸妈妈的指导下把小鞋子或小袜子拿过来。时间一久，宝宝就很快学会自己穿鞋袜了。

教宝宝学用小勺或用杯子喝水，不仅是宝宝生理上的需要，而且也是一种自理能力的培养。吃饭时，有的宝宝可能来夺爸爸妈妈手中的勺子，这时你完全可以放心地把勺子交给宝宝。尽管刚开始的时候，宝宝分不清勺子的凹凸面，但这正是教宝宝学用勺子吃饭的大好时机。

当然，宝宝不可能一下子便学会用勺子或用杯子等餐具，爸爸妈妈要有充分的耐心，可以先给宝宝玩些塑料杯子等，爸爸妈妈给宝宝做用杯子喝水的示范动作，然后在杯子里倒入牛奶，鼓励宝宝学着爸爸妈妈的样子喝。只要坚持训练，当宝宝快到1岁时就会自己用勺子和杯子了。

让宝宝获得珍贵的直接经验

通过亲身实践和亲身体验所得到的直接经验，与别人告知而得到的机械记忆的间接经验相比，直接经验使人记得更牢，并可成为个人能力的一部分。虽然，在理论上所有的妈妈和爸爸都会认同这一观点，但在具体的育儿实践当中，却有着不同的做法。

比如在两个家庭进行的“吃生苦瓜”试验，就是一个较为经典的范例。在第一个家庭，当什么都不懂的宝宝，抓起桌子上的生苦瓜要往嘴里送时，爸爸妈妈明明看到了，却没有丝毫要阻止他的意思，而是“眼睁睁”地看着宝宝把生苦瓜送进了嘴里，然后又看着宝宝把苦瓜吐出来。而另一个家庭的做法恰恰相反，在宝宝要拿苦瓜时，爸爸妈妈马上给予制止，并告诉宝宝生苦瓜不能吃，等煮熟了才能吃。

这个试验结果表明，在第一个家庭，宝宝吃过一次知道不好吃就不吃了。而第二个家庭的宝宝，父母说了多少次也难以制止他要吃生苦瓜。所以，直接经验往往会让宝宝记忆深刻。

能力的培养依靠经验的累积，体验越早、经验越多、能力也越强。所以，应让宝宝尽早地通过亲身尝试来获得直接经验，发展和完善宝宝对事物的认知能力。同时，如果每当宝宝一遇到问题，妈妈爸爸就上前干涉，帮宝宝克服，替宝宝解决，久而久之就会使宝宝养成依赖爸爸妈妈的习惯。

别扼杀了宝宝的好奇心

在婴儿时期，宝宝的学习能力和兴趣是很强的，对什么事物都特别好奇，这种探索外界事物

的好奇心就是最突出的行为表现。这个时期的宝宝总喜欢东摸摸、西摸摸，什么都往嘴里塞。再稍微大一点儿的时候，就开始撕坏东西，弄坏玩具。如果宝宝会说话了，肯定还总会问“为什么”。

宝宝每次要探索的东西，都是宝宝当时最感兴趣的东西，每次“亲身尝试”，都会有所收获。即使遇到一些困难，宝宝不仅不会在意，而且还会自己想办法去克服。在这种好奇的探索过程中，宝宝的自信心和认知能力都会得到加强。而那些时时事事都由妈妈或爸爸代劳的宝宝，或

是爸爸妈妈对宝宝“不合规矩”的行为过分加以限制，一遇情况就过分施加保护，很难使宝宝获得成就感，自信心也无从建立。所以，妈妈爸爸要鼓励宝宝的好奇心，为宝宝提供一个探索和认识世界的环境，并加以适当地看护和引导，让宝宝自己在好奇中获得经验，在探索中积累能力。

多夸奖宝宝

9个月的宝宝已能听懂妈妈爸爸常说的赞扬话，并且喜欢得到表扬。在宝宝为家人表演某个动作或游戏做得好时，如果听到妈妈爸爸的喝彩和称赞，宝宝就会表现出兴奋的样子，并会重复原来的语言和动作，这就是宝宝初次体验成功和欢乐的一种外在表现。所以，当宝宝取得每一个小小的成就时，妈妈爸爸都要随时给予鼓励，以求不断地激活宝宝的探索兴趣和动机，维持最优的大脑活动状态和智力发展。对于宝宝成长来说，还有利于宝宝形成从事智慧活动的最佳心理背景。

让宝宝知道还有不该做的事

10个月的宝宝能自由活动手脚后，为了展现自己的本领，什么都想做，也什么事都敢做。不少爸爸妈妈认为，自己的宝宝刚10个月，根本不懂得什么叫好，什么叫坏，所以不管宝宝干什么，都认为是宝宝学到的本事，从来不加责备或制止，甚至是明显的错事也要夸上几句。比如宝宝胡乱扔东西、用小手打人等。

其实，10个月的宝宝通过学习，对日常用语有了一定的理解能力。宝宝不仅在听到有人叫他的名字时，会把脸转向声源方向，而且会看爸爸妈妈的脸色了。特别是妈妈的感情变化，宝宝从小就很敏感。尽管10个月的宝宝还不能判断好和坏，但能感到妈妈是高兴还是生气。所以，从这时开始，完全可以教给宝宝什么该做，什么不该做。应该尽早让宝宝懂得做什么可让妈妈爸爸高兴，做什么会让妈妈爸爸不高兴。

在制止宝宝做不该做的事时，也有一定的技巧。如果妈妈制止的表情不严厉，就可能让宝宝

觉得妈妈不是对自己发脾气，或者会认为妈妈的斥责只不过是一种游戏，从而失去斥责应有的作用。不过，对宝宝的责备要适当，如果总是严厉会使宝宝疏远妈妈。

运用对比法强化宝宝的认知能力

11个月的宝宝已经有了一定的认知能力，但是对事物的认知概念还是含混不清的。在宝宝的头脑中还没有形成牢固的记忆和联想，因此，运用对比法可以强化和确认某些事物的概念和性质，以及相关概念之间的关系。尽管这些概念是成人们耳熟能详的事，但对于宝宝来说却是完全崭新的。生活中可以先让宝宝理解对比性的概念。

站与坐的概念

这个月的宝宝已经学会了坐和站立，在训练宝宝学坐和站立时，就可以采用对比法强化站与坐的概念。妈妈爸爸分别抓着宝宝的双手，与宝宝一起站起来，再一起坐下去，同时告诉宝宝什么是站，什么是坐。

上与下的概念

在日常生活和游戏中，妈妈和爸爸可以拿一块积木放到桌子上，然后再放到地板上；或者和宝宝一同玩跷跷板，同时告诉宝宝上与下的概念，以便让宝宝体会一上一下的感觉。

热与冷的概念

妈妈或爸爸在给宝宝喂奶时，可以有意让宝宝去碰触较热的奶瓶，再让宝宝试着去触摸刚从冰箱里拿出来的饮料瓶，让宝宝在对比强烈的直接体验中强化对热与冷概念的认知水平。

大与小的概念

妈妈抱着宝宝站在镜子前面，让宝宝看到镜子里的妈妈和宝宝，然后告诉宝宝：“妈妈大，宝宝小。”

★ 里面与外面的概念

可以给宝宝准备一个较大的玩具箱，让宝宝把玩具装到箱子里去，然后再一件一件拿出来。通过自己的动作和结果的对比，让宝宝逐渐理解里面和外面的概念。

当然，通过以上训练不少宝宝并不能完全理解这些概念，但起码能够增强这方面的意识，为将来更加清晰地辨识这些概念打下基础。

玩沙土也是一种启发性的游戏

目前，沙雕已经成为一种非常普遍的艺术形式。所以，让1岁以后的宝宝玩玩沙子，捏捏胶泥，也是一种很有启发性的游戏，对宝宝的智力发展有很多益处。妈妈爸爸可以教宝宝玩各种沙土游戏，如挖洞、用沙堆成各种形状等，还可以示范性地用胶泥捏一些简单而可爱的形象，引发宝宝兴趣。当然，在教宝宝玩沙子或捏胶泥时，不仅要选择干净无污染的沙子和胶泥，而且玩完后一定要让宝宝及时洗手。

鼓励宝宝模仿

好模仿是幼儿的天性，尤其是一两岁的宝宝，当妈妈或爸爸做一些家务时，宝宝总喜欢跟着学。宝宝在这一时期的模仿，主要是在动作和语言方面。妈妈和爸爸应多给宝宝一些机会，让宝宝一旁看着然后也试试，这对宝宝的身心健康发展都有促进作用。

有时候，宝宝的模仿是不以妈妈或爸爸的意志为转移的，因为宝宝对看到或听到的一切，都可能自发地进行模仿。对这样一个有积极模仿心理，但又不明是非的宝宝，无论是妈妈还是爸爸，在平常生活中，都应清楚什么样的事物可以让宝宝模仿，什么样的事物不可以让宝宝模仿，避免给宝宝造成不良的影响。宝宝在模仿中，如果取得进步要及时鼓励，遇到挫折时要耐心帮助和安慰，以免挫伤宝宝模仿的积极性。

教宝宝学习背数、点数和写数

背数就是从1往大念，达到背诵的结果，但不一定明白数字的概念；点数是从1开始，一个一个的数字往大念，同时可用手指计数。背数是点数的前提和基础，在背数与点数的基础上，宝宝才能进一步真正识数。一般宝宝在2～3岁时，可背数1～10，点数1～4。

宝宝背数不会像念儿歌或诗那般押韵，但还是有些技巧的，比如“一二三四五六七，七六五四三二一”以及“一二三四五，上山打老虎”、“一二三四五六七，宝宝不要太着急”、“一二三四五六七八九，宝宝练习好辛苦”等。如果宝宝能背数1～10之后，就会很容易地背到20。而点数就困难一点了，宝宝常常数数得快，但手跟不上，而且会随意乱点。所以妈妈爸爸一定要有耐心，可先让宝宝练习按数取东西，给妈妈1个、2个、3个等，当宝宝拿的正确时应及时表扬。

此外，吃饭时摆碗筷，分水果时，或者在串珠子、搭积木时也可让宝宝练习点数。点数要慢，要等手拿到东西后，再数下一个数。宝宝的点数能力也存在个体差异，个别手巧的宝宝能点到10或12，但手慢的宝宝才能点数到3。只要通过慢慢练习，一般宝宝到3岁时能点数到5以上。

宝宝学习数字知识还包括写数字。学写数字应从简单的开始，如“0”、“1”，也可通过比较，把相似的数放在一起来学写。如1和7，3和5。一般学写的数字应从写1和7开始，然后再学写4，这 3 个数字的笔画以直线为主，易写易认。

妈妈爸爸在教宝宝写数字时要有耐心，要反复纠正。如一开始宝宝总会在写8时，写成两个0上下相接，经过反复纠正后，宝宝才会在写时转弯。以上办法有效但不一定是最好的方法，妈妈爸爸在教宝宝学写数字的时候，应就具体的方式方法进行即兴的创造，这样更有利于宝宝学习。

亲子★乐园

小鸟打电话

小鸟小鸟乐哈哈，
抓起树藤打电话：
叽叽叽，喳喳喳，
快快来，过家家！

小狗羞羞

小狗小狗，
躲在树后，
随地小便，
见人就溜。
小小朋友，
伸出指头，
做个鬼脸，
连说“羞羞”。

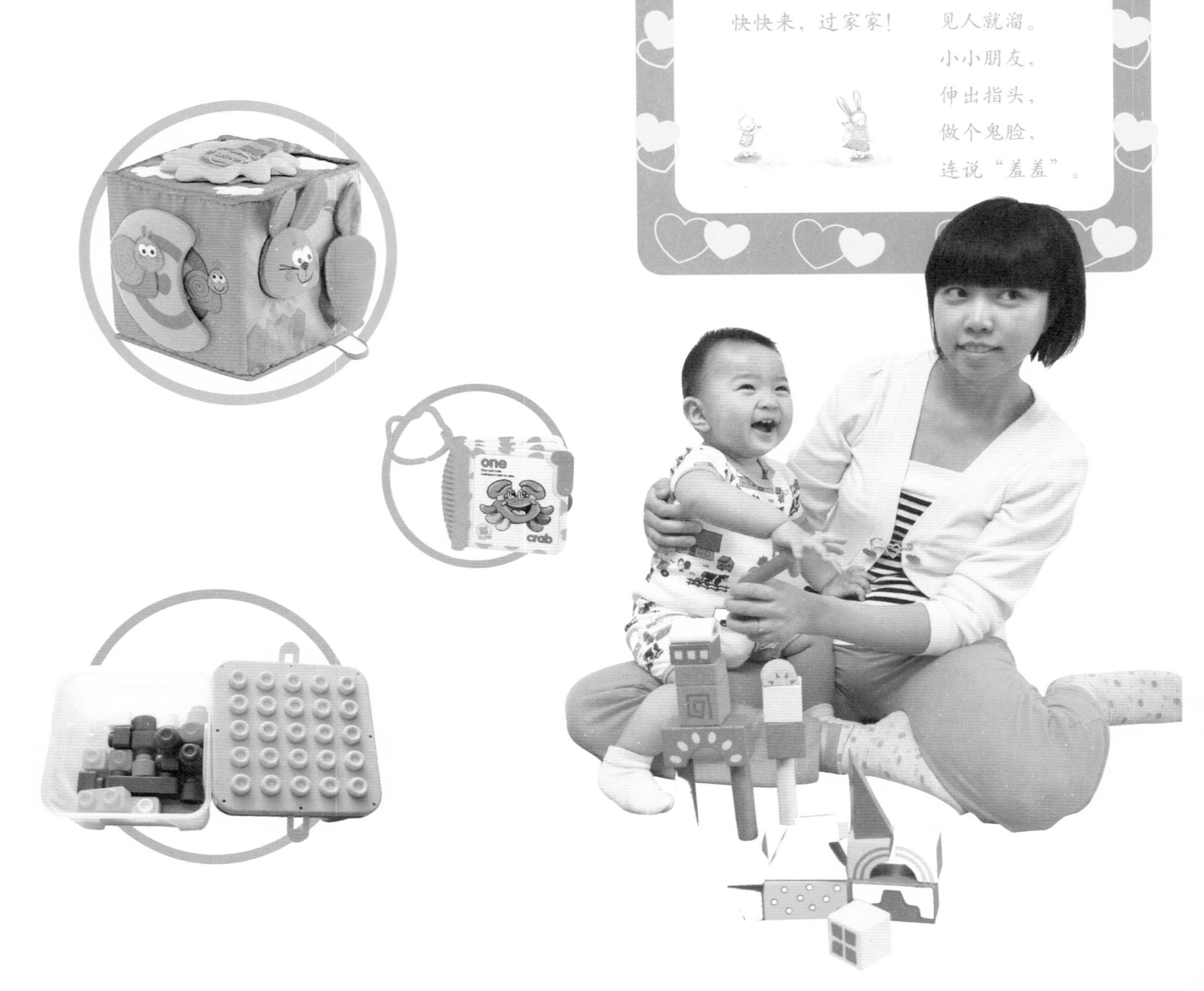

Chapter 4

让宝宝拥有健康的性格

现在很多家庭都是一个孩子，独生子女成了整个家庭的中心。父母把所有的爱都倾注到了孩子的身上，有时难免溺爱他。这种溺爱使得宝宝逐渐显现出蛮横霸道、自私自利、娇气任性等性格缺点。如何使宝宝拥有健康的性格呢？爸爸妈妈应该怎样培养宝宝的性格呢？

宝宝很小气怎么办？

A 宝宝在明白了你我的分别之后都会很自私。这时候爸爸妈妈也不要着急，有时太急会适得其反。如果宝宝不愿意与其他小朋友分享玩具，就告诉他，与别的小朋友一起玩是件快乐的事，并鼓励他试着和别人玩一玩。他一看，真的很有意思，下次就会愿意和别人一起玩了。不过一开始的时候，最好不要让宝宝和霸道的孩子一起玩，宝宝的玩具一下子被抢走了，下次他说什么也不会把自己的玩具分给别的小朋友了。

培养宝宝的社会行为能力

在实际生活中，经常有这样的现象，那就是有的宝宝一见生人就哭，更不用说让爸爸妈妈以外的人抱了。之所以出现这种情况，很多原因就是宝宝在很小的时候缺乏社会行为能力的培养和训练。

宝宝出生后要从生物的人变为社会的人，首先就要与他人交往，这种最初的交往会影响宝宝成人后的社会交往。宝宝交往的第一个对象是妈妈，这也是宝宝与人交往的基础。再次就应该是爸爸了。现在基本上是独生子女，而且大都住的是楼房，别说是宝宝，就是成人与邻居的交

往也不多。所以，爸爸妈妈要从长远着想，尽量为宝宝创造与他人交往的机会。多让宝宝见见陌生人，或者让邻居抱一抱，让宝宝对更多的人微笑，使他愿意与更多的人交往。

为宝宝提供与他人交往的环境和机会

已经过了6个月的宝宝还没有形成心理学上所谓的“害羞情结”，所以大多数宝宝的性格都很外向。这个月龄的宝宝喜欢接近熟悉的人，并能分出家里人和陌生人，但对妈妈爸爸之外的其他人，也会以微笑或张开胳膊等各种不同的方式表示友好。所以，妈妈爸爸要抓住这个大好时机，经常抱宝宝到邻居家去串门或到街上去散步，让宝宝多接触其他人。尤其让宝宝多与其他小朋友玩，为宝宝提供与他人交往的环境，并利用与他人交往的时机教宝宝一些社交礼仪，如挥手道别、道谢等。

但是，也有一些宝宝怕生，见到陌生人时就会把脸藏入妈妈怀中，表现出害怕的情绪甚至哭闹。这部分宝宝也害怕去陌生的地方，害怕接触陌生的事物，所以妈妈爸爸要利用工作的闲余时间，多带宝宝到外面去逐渐熟悉新的环境和事物，逐步消除宝宝的恐惧心理。

克服宝宝怯生的方法

怯生是儿童心理发展的一个自然过程。宝宝到8个月左右的时候就已经能够敏锐地辨认熟人和陌生人，这种怕与妈妈分离的怯生现象，说明了宝宝对妈妈依恋的开始；同时也说明从这个时候起，宝宝就需要建立更为复杂的社会性情感、性格和能力了。

有关研究表明，怯生的程度和持续时间与教养方式有关。在这以前的几个月里，陌生人的突然到来，用眼睛盯着宝宝看，走到近前要从妈妈怀里抱走宝宝，宝宝就会感到不安和恐惧。因此，不要随便让陌生人突然靠近、抱走自己的宝宝，也不要在陌生人到来时马上离开自己的宝宝。

在日常生活中，妈妈爸爸应多让宝宝和自己的洋娃娃玩，听收音机里的人讲话，经常在他面前摆弄新奇的玩具；还要经常带宝宝上公园或到亲朋好友家做客。如果有陌生的客人来访时，不要让宝宝急于接近客人，而要用你与客人之间的热情友好气氛去感染宝宝，让宝宝学会“信任”客人，然后让客人逐渐接近宝宝。如果客人也带着自己的小宝宝，就可以让两个小宝宝互相接触，两个小宝宝的亲昵也会让客人受到宝宝的欢迎。宝宝熟悉的大人越多，体验的新奇视听刺激越多，怯生的程度就越轻，时间也就越短；这种怯生的过程，就会在短期内自然消失。

总之，在这个阶段，妈妈或爸爸不要长期离开自己的宝宝，并要让宝宝及早步入“同龄小社会”，鼓励宝宝与年龄相仿的孩子接触、玩耍，努力培养宝宝的勇敢、自信、豁达、友爱、善于与人相处等现代素质。

增强宝宝的社交能力

1岁左右的宝宝，已经有一定的活动能力，对周围世界有了更广泛的兴趣，有与人交往的社会需求和强烈的好奇心。因此，爸爸妈妈每天也应当抽出一定时间和宝宝一起做游戏，进行情感交

流。爸爸妈妈还可以找机会邀请同年龄的孩子到家里来，或带宝宝到有小孩的朋友家做客。在与其他小朋友相处时，要教会宝宝“拍手、再见”等手势。就算宝宝跟别的小朋友玩不到一起，这种体验也与宝宝自己一个人玩时截然不同。

培养宝宝对他人的亲和力和爱心

现在的宝宝大多数是独生子女，很难有机会和其他孩子相接触，为了培养宝宝对他人的亲和力和爱心，妈妈或爸爸可以参考以下办法。

办法一

带宝宝到外面活动时，可以有意识地让宝宝看比他大一点的哥哥、姐姐玩耍的情景，宝宝一定会很感兴趣地看。对宝宝来说，这种高兴的观

看也是一种积极的感受。如果条件允许，可以让宝宝和他们一起玩一会儿。

对宝宝来说，把自己的玩具或其他东西交给别人，就好像东西被别人抢走一般，实在办不到。这时，爸爸妈妈可以先向别人要玩具或东西给宝宝，然后再让宝宝拿玩具或其他东西给别人。经过这种训练，宝宝会知道别人接到他的东西会很高兴，而交出来的玩具或其他东西还会回到自己手中。

办法二

一开始，妈妈先当着宝宝的面，爱抚布娃娃等玩具，然后说："宝宝，你也抱抱。"宝宝就会模仿妈妈的动作。经过这种训练，可以让宝宝知道疼爱别人，培养宝宝关心别人。

运用玩具培养宝宝的亲情和友谊

游戏有多种功能，妈妈或爸爸可以和宝宝玩给予和索取的游戏。游戏时，可以让宝宝把他最喜欢的玩具拿给妈妈，如果宝宝按照妈妈的话，顺利地交到妈妈的手里，妈妈就再把玩具还给宝宝。妈妈也可以拿给宝宝一个新的玩具，要宝宝看完以后再还给妈妈。如果宝宝照着做了，妈妈要表扬宝宝的"慷慨"和"无私"；如果宝宝不愿照着妈妈所说的做，妈妈也不要灰心，还要继续这样的训练，直到宝宝照着做为止。

妈妈还可以给宝宝准备一些像玩具熊、布娃娃和小丑之类的玩具，鼓励宝宝照顾心爱的玩具，并利用这些玩具帮助宝宝学习社交礼仪。比如晚上睡觉之前和玩具说晚安；在妈妈带宝宝外出时，教宝宝和玩具说再见等。

培养宝宝自己动手做事的好习惯

1岁多的宝宝是非常爱自己动手做事的，对什么都好奇，喜欢模仿。所以，妈妈和爸爸基于宝宝这一心理特征，让宝宝参与一些简单易行的事情，以发挥宝宝的积极性，从小培养宝宝爱劳动的好习惯。比如，可以让宝宝帮妈妈拿肥皂；在叠衣服时，让宝宝帮忙叠一叠小手帕、袜子等。

有的妈妈和爸爸认为，这些看上去微不足道的小事，不会让宝宝学会什么本领，还可能越帮越忙，不如让宝宝在一边玩呢。其实，这种想法是很不正确的。当然，对一些不适合宝宝做的事情还是不让宝宝去做为妙，如果宝宝坚持一定要做时，可以用转移注意力的方法让宝宝放弃，这样既不会打击宝宝的积极性，又可以保障宝宝的安全。

怎样培养宝宝的耐性

1～2岁的宝宝，一般都是属于感觉型或冲动型的，当有什么要求时，还不善于用语言表达，大多数是用哭声表达的。由于妈妈爸爸与这个年龄的宝宝几乎随时都在一起，所以对于宝宝生理的需求，以及渴望妈妈或爸爸关注和爱抚的心理需求，随时都能满足。也正是因为如此，随着宝宝各种欲望和需求的增加，当自己的愿望或需求不能及时得到满足时，就会缺乏耐心或者不愿意等待，甚至稍不如意就大发脾气。其实，这并不是宝宝天生的性格，而是妈妈和爸爸长期娇惯“培养”出来的。

对于这种缺乏耐心的宝宝，那种二话不说，立即满足的做法，虽然充满爱心但并不科学，对宝宝的性格培养是不利的。这时，妈妈或爸爸可以尝试用延迟满足的方式帮助宝宝矫正。比如当宝宝用哭声召唤妈妈，想要奶吃的时候，如果不想马上满足宝宝，就可以在远远的地方应答：“妈妈就来了。”但妈妈却从从容容地走过来。来到宝宝身边之后，也不马上给宝宝奶瓶，而是拿着奶瓶和宝宝说几句话，尽量拖延几秒钟，以培养宝宝的耐性。

对爱发脾气的宝宝要讲究方法

1岁多的宝宝，开始有了自己的要求和想法了。当宝宝的要求和想法得不到满足时，就会感到愤怒，常常通过发脾气来发泄自己内心的不满。特别是一些感情外露的宝宝，稍有不如意，就会发脾气。有时爸爸妈妈还不知是怎么回事，宝宝就跺脚，或在地上打滚，或手脚乱动地嚎啕大哭起来。在这种情况下，爸爸妈妈要分析一下宝宝发脾气的原因，宝宝是不是太疲倦了？身体不舒服？宝宝是偶尔发发脾气呢，还是自己的要求得不到满足而发脾气？一般来说，对于感情冲动、性格外向的宝宝来说，这是极其自然的表现方法。问题是爸爸妈妈在宝宝发脾气时如何对待。

如果爸爸妈妈把宝宝的这种表现，看成是对自己提出的要求，而加以满足，没等宝宝发作，便满足了他的要求；或是在很多人面前宝宝这样闹，爸爸妈妈因怕丢面子，便轻易地满足了宝宝的要求，宝宝就会觉得只要自己大发脾气，什么事就都能如愿以偿。所以，遇上一件小事，宝宝就要躺倒打滚。长此以往，助长了宝宝的脾气，对宝宝将来的心理发育极为不利。

正确的做法是在宝宝因某个不合理的要求未得到满足而发脾气的时候，爸爸妈妈可以采取一概不理睬的态度，只当没看见，不要跟宝宝说话，这时候跟宝宝讲道理也是没有用的。因为宝宝这时候正沉浸在一个“疯狂”的感情旋涡里，什么道理都听不进去。尤其不要对宝宝吼：“不许哭！再哭，当心打你的屁股！”那就等于是火上浇油。

总而言之，要让宝宝明白，想通过发脾气来达到什么目的，是不可能的。如果爸爸妈妈这样做，宝宝在发泄一阵之后，看到没有人理睬他，也会自觉没趣，脾气也就自然渐渐地平息下来了，这时再讲道理可能容易一些。但当宝宝因生病、身体不舒服而发脾气时，妈妈应对宝宝多关心、体贴一些，但也不能毫无原则地百依百顺。

宝宝产生反抗心理的原因

随着宝宝智力和思维能力的提高，宝宝开始产生自主意识，并试图在了解周围环境的基础上，建立自己的好恶观念，表达自己的需求。同时，宝宝身体和动作的发育，也使宝宝可以通过自己的动作来表示反抗，或者抵制自己不喜欢的东西。

在日常生活中，宝宝的某些反抗表现是“正常”的。比如常常遇到以下种种情况：拒绝妈妈或爸爸的要求，不理睬妈妈或爸爸，不要妈妈或爸爸搂抱，不与妈妈或爸爸亲热，故意从妈妈或爸爸身边跑开。

宝宝在1岁左右时，上述情况会时有发生，在2岁左右时可能就会更加频繁和激烈。宝宝之所以出现这种心态和做法，一方面是因为这个时期的宝宝，由于语言功能没有发育完善，没有足够的词汇来表达自己的感情和需要；另一方面是宝宝对语言还缺乏准确的理解能力，不能完全理解妈妈或爸爸的意思，因此也不能完全执行妈妈或爸爸的指令和要求。所以，对于这个时期宝宝的反抗和抵制行为，妈妈或爸爸要正确理解，以免形成宝宝故意与妈妈或爸爸对着干的错觉，而对宝宝采取不恰当的做法。

培养宝宝乐于与他人交往的习惯

宝宝到了2～3岁时，由于语言和动作发育都日趋成熟，认识范围逐步扩大，好奇心和求知欲都很强，已经有了与其他小朋友交往的愿望。但是在现实生活中，有的妈妈或爸爸怕自己的宝宝吃亏受气，或者怕宝宝出去玩影响学习，于是就整天把宝宝关在家中认字、写字、数数等，不让宝宝出去与小朋友玩。这种错误的做法会造成宝宝心理上的孤独和不安，甚至渐渐形成孤僻古怪的内向型性格，从而影响心理的健康发展。妈妈和爸爸应该有意识地让宝宝与邻居家的小朋友一起玩，培养宝宝乐于与他人交往的习惯。

宝宝与其他小朋友一起玩，可以互相学习，互相模仿，从中获得各种知识和技能，并可以学会解决困难和问题的方法，促进认知能力的发展。同时，通过愉快的情感共鸣培养宝宝的友谊感、同情感，增加小朋友之间的相互理解和信任。小朋友们在一起玩时，难免发生口角甚至打架，这时妈妈和爸爸不能为自己的宝宝护短，而要根据实际情况向宝宝讲清道理，引导宝宝自己去解决矛盾并恢复友谊。使宝宝逐步懂得一些初步的行为准则，掌握一些简单的是非观念，从而使宝宝在与其他小朋友的交往中，逐渐学会理解别人，认识自己，培养独立解决问题的能力，为将来的社会交往打下基础。

宝宝过度依恋妈妈有碍个性的全面发展

宝宝对妈妈的依赖是分阶段的。在0至1岁半这个阶段，宝宝多半会对妈妈产生依恋感。这种依恋感有助于宝宝建立信赖和自我信任感，有利于将来宝宝的心理健康发展。如果这个阶段这种依恋关系没有形成，反而会给宝宝未来的生活蒙上阴影。当宝宝到了 2 岁时，仍可以把妈妈当作“安全的港湾”。但是，宝宝到了3岁以后，如果除了妈妈之外，仍然不愿或拒绝与其他人亲近，那就属于过度依恋，要引起注意了。

3岁以后的宝宝应具备一定的自理能力，虽然对其他家人的亲近感比不上妈妈，但还是应该能接受，至少不应拒绝。如果宝宝这时还对妈妈过多依恋，最主要的原因还应是妈妈对宝宝的过度溺爱和保护造成的。尤其是从新生儿时期开始，如果妈妈对其他人照顾宝宝都不放心，时时事事都要自己亲自去做，并与宝宝时刻形影相随，从而使宝宝很少有机会和爸爸以及其他亲人亲密接触。这样一来，宝宝肯定就只会认妈妈了。

由于宝宝对妈妈的过度依恋，3岁之后也没有得到及时的控制和扭转，就会因缺少与爸爸等男性在一起的接触机会，从而使宝宝过多地养成温柔、娇弱、细腻等女性的性格特征。这不仅会影响宝宝独立生活意识的形成和发展，而且还会有碍宝宝个性的全面发展，特别是对男宝宝来说，甚至会导致性别观念的扭曲。

改变宝宝对妈妈过度依恋的方法

要想尽快克服宝宝对妈妈的过度依恋，可以参考以下方法。

让爸爸参与育儿。宝宝对妈妈过度依恋的原因，主要是由于妈妈过分溺爱，剥夺了爸爸以及其他亲人照顾宝宝的权利和时间。所以要改变

宝宝过度依恋妈妈的最好办法就是相对减少妈妈照顾宝宝的时间，而让爸爸或其他亲人尽可能地照顾宝宝，特别是让爸爸积极参与育儿。平时，爸爸要尽可能地和宝宝在一起做一些比较“惊险”、“刺激”的游戏，让宝宝感受到与爸爸一起做游戏的乐趣。特别是对男宝宝来说，甚至比和妈妈一起做游戏更有趣。

送宝宝去幼儿园。宝宝3岁时已经可以上幼儿园了。对于那些对妈妈过度依恋的宝宝，如果一时难以扭转，最好的办法是送宝宝去幼儿园。这样既可以有效地减少宝宝与妈妈在一起的时间，也可以借助幼儿园的集体生活冲淡宝宝对新环境的不适应，而且还会在与其他小朋友共同生活中逐渐克服对妈妈的过度依恋。如果条件不允许，也可以尽量带宝宝接触更多的人，引导宝宝与其他小朋友一起玩。

在改变宝宝对妈妈过度依恋时，最重要的是妈妈的决心，绝不能因为宝宝的哭闹而放弃。

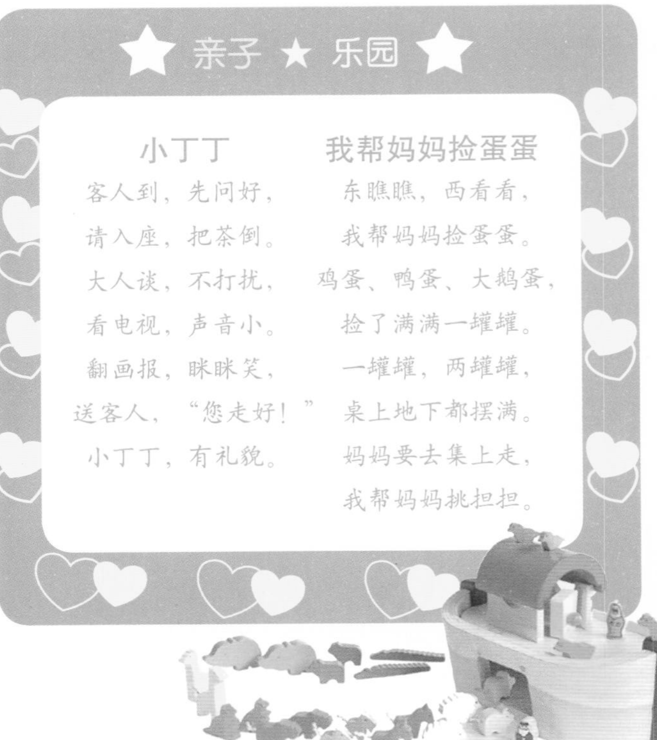

亲子★乐园

小丁丁

客人到，先问好，
请入座，把茶倒。
大人谈，不打扰，
看电视，声音小。
翻画报，眯眯笑，
送客人，“您走好！”
小丁丁，有礼貌。

我帮妈妈捡蛋蛋

东瞧瞧，西看看，
我帮妈妈捡蛋蛋。
鸡蛋、鸭蛋、大鹅蛋，
捡了满满一罐罐。
一罐罐，两罐罐，
桌上地下都摆满。
妈妈要去集上走，
我帮妈妈挑担担。

第6篇

宝宝常见疾病和意外事故急救

活泼可爱的宝宝一旦病了，爸爸妈妈肯定非常着急。小宝宝不太懂事，难免会发生一些意外。当出现一些意想不到的紧急情况时，爸爸妈妈除了要保持镇定之外，还应掌握一定的应对紧急情况的护理知识。除此之外，平时对疾病的预防和对可能会出现的意外的避免也是非常重要的。

Chapter 1

宝宝常见疾病的症状和护理

宝宝因为身体的各项机能发育得不完全，免疫力比较低，容易遭受疾病的侵袭。谁都希望自己的宝宝能够健康、快乐地成长。但是，宝宝偶尔也会生病，而且小宝宝不会表达，一些不适症状容易被忽视。因此，爸爸妈妈就应该具备一些辨别儿童疾病的表现症状以及简单的预防护理知识，以帮助宝宝及早就诊，尽快康复。

宝宝为什么会流口水？

A 宝宝一般在3个月以内口水比较少，3～4个月唾液腺发育逐渐成熟，所以开始流口水。至5～6个月时，唾液腺已发育成熟，唾液分泌明显增多，但宝宝口腔比较浅，吞咽调节功能发育还不完善，还不能及时吞咽所分泌的唾液，因此会流口水。随着年龄的增长，宝宝口腔肌肉的协调能力和吞咽功能逐渐完善，会及时吞咽所分泌的唾液，就不会流口水了。大部分宝宝在两岁之前就不会再流口水了。

新生儿肺炎

肺炎是新生儿时期的常见病之一，早产儿更容易得此病。新生儿肺部感染可发生在产前、产时或产后。产前，如果胎儿在宫内缺氧，吸入羊水，一般出生后1～2天内发病。产时，如果早期羊水破裂、产程延长，或在分娩过程中，胎儿吸入受污染的羊水或产道分泌物，亦可使胎儿感染肺炎。婴儿出生后，如果婴儿接触的人中有带菌者，很容易受到传染。另外，也可能由败血病、脐炎或肠炎通过血液循环感染肺部。

新生儿肺炎一年四季均可发生，夏天略少。新生儿肺炎与大孩子的肺炎在症状上不完全一样，一般不咳嗽，肺部湿啰音不明显，体温可不升高。由于临床表现不典型，早期患儿只出现吃奶减少或不吃奶，哭闹不安或体温不升，随后出现呼吸急促、口吐泡沫、口周发青等较为典型的症状，此时应立即治疗。此病虽发病率高，但如果及时到医院就诊，治愈率较高，预后良好。

新生儿肺炎如果不及时治疗，会引起呼吸窘迫甚至窒息，严重者会因为缺氧引起大脑损伤，留下永久的后遗症（如癫痫）。

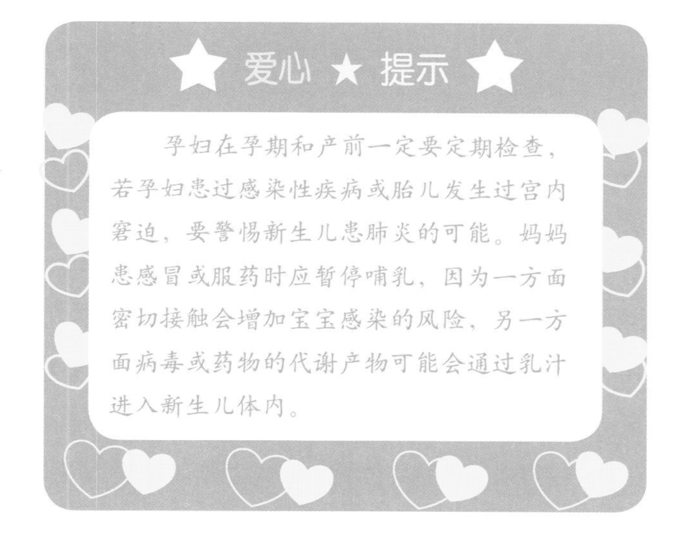

爱心★提示

孕妇在孕期和产前一定要定期检查，若孕妇患过感染性疾病或胎儿发生过宫内窘迫，要警惕新生儿患肺炎的可能。妈妈患感冒或服药时应暂停哺乳，因为一方面密切接触会增加宝宝感染的风险，另一方面病毒或药物的代谢产物可能会通过乳汁进入新生儿体内。

什么是生理性黄疸

生理性黄疸是指新生儿出生后2～3天出现皮肤、眼球黄染，4～6天达高峰，足月新生儿在两周内消退，早产儿在3～4周内消退。轻者黄疸可局限在面部、颈部和躯干，颜色呈浅黄色，重者可波及全身。除黄疸外，新生儿一般情况良好，吃奶、睡觉、大小便均正常。

生理性黄疸是新生儿的正常生理现象，是由于血清未结合胆红素增多所致。新生儿出生后，开始自主呼吸，肺循环建立，有充分的氧气供应后，体内过多的红细胞开始被破坏，血红蛋白被分解后产生大量未结合胆红素，因新生儿的肝酶尚未成熟，未结合胆红素不能经肝脏代谢而排出体外，在体内越积越多，从而使皮肤、黏膜等组织黄染。随着红细胞破坏的减少和肝酶的成熟，未结合胆红素逐渐被代谢并通过肠道和泌尿道排出体外，黄疸也逐渐减轻并消失。

生理性黄疸不需特殊处理。早产儿生理性黄疸消退较慢，感染和缺氧也可使黄疸延迟消退，必要时可照蓝光。

新生儿眼屎过多怎么护理

新生儿的鼻泪管较短，发育不全，使眼泪无法顺利排出，导致眼屎累积。所以新生儿的眼屎一般较多，可以用温毛巾擦除。

如果宝宝一出生，眼角上就有一层灰白色

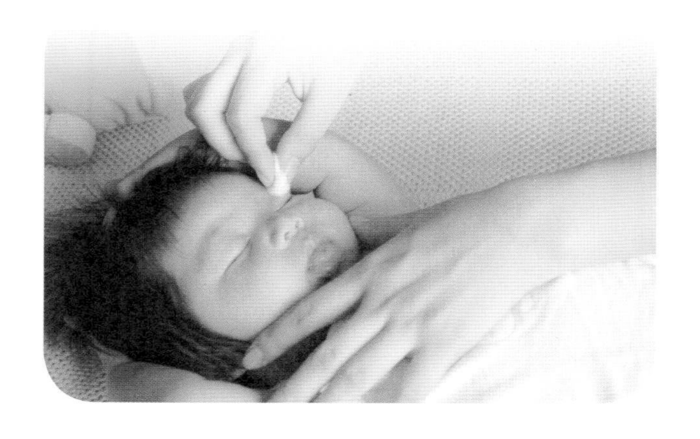

东西，这可不是眼屎，这层灰白色的东西医学上称为“胎脂”。胎脂有保护皮肤和防止散热的作用，可以自行吸收，所以不能随便擦除。

正常宝宝2～3个月大时，早上醒来眼睛上可能有些眼屎，这是因为这个时期眼睫毛容易向内生长，眼球受到摩擦刺激就产生了眼屎。一般1岁左右，睫毛自然会向外生长，眼屎便渐渐少了，所以用不着治疗，可以用温毛巾擦干净。

眼屎多还有一个原因是宝宝内有积热，即通常所说的“上火”。所以不要给宝宝穿得太多，或被子盖得太厚，适当给宝宝透气散热。

如果宝宝突然有很多眼屎，同时还伴有眼睛刺痒、发红，就要去医院检查，看是否得了结膜炎。

常见的湿疹

湿疹是小儿常见的一种过敏性皮肤病，多见于两岁以下的肥胖儿，在儿童期也有发病的可能。婴儿湿疹大多在出生后1～3个月起病，皮疹多见于头面部，以后逐渐蔓延到颈、肩、背、臀和四肢，甚至可以波及全身。初起时为散发或群集的小红色丘疹或红斑，看上去像一堆堆小红疙瘩，继之破溃、糜烂、渗液和继发感染，最后结痂脱屑，反复发生，经久不愈，并有严重瘙痒。由于剧烈瘙痒，患儿常烦躁不安，夜间哭闹，影响睡眠。到处搔抓，常可致皮肤细菌感染而使病情进一步加重。

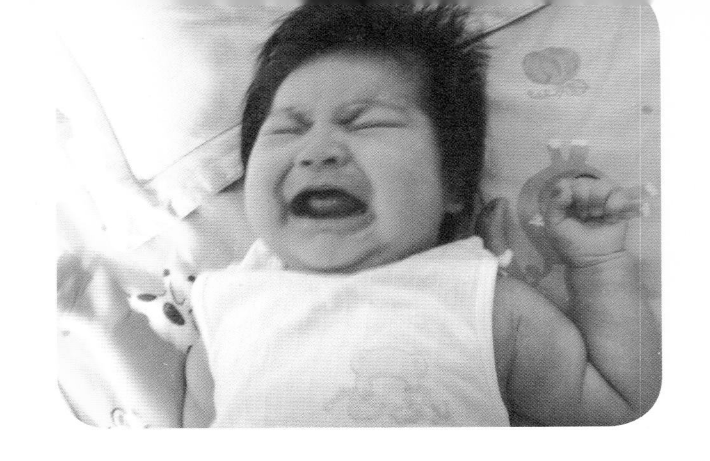

湿疹是一种过敏性皮肤炎症，病因较复杂，有时病因很难明确，生活中多种因素均可诱发湿疹。饮食方面，如食入牛羊肉、鱼、虾、蛋、奶等动物蛋白食物；气候变化，如日光、紫外线、寒冷、湿热等物理因素刺激；日常接触，如不当使用碱性肥皂或药物、接触丝毛织物等；机械性摩擦，如唾液和溢奶经常刺激皮肤；喂养方面，如营养过剩，添加辅食种类偏多致使胃肠道功能紊乱等；此外，患儿家族中有过敏性鼻炎、鱼鳞病或哮喘等疾病史，湿疹发病率较高。幸运的是大部分宝宝，尤其母乳喂养的宝宝发生的湿疹没那么严重，对于只是面部散发的少量湿疹，可以暂时不予用药，待添加辅食后常有缓解的趋势。对于较严重者，应该看医生。

宝宝发热了该怎么办

发热是一种“警报”，它表示身体出现了问题，需要及时就医。宝宝的正常腋下体温应为36℃～37℃，只要超过37.4℃就是发热了。

但是，宝宝的体温在某些因素的影响下也常常会出现一些波动。如在下午时，宝宝的体温往往比清晨时要高一些；宝宝进食、哭闹、运动后，体温也会暂时升高；如果衣被过厚、室温过高等，宝宝的体温也会升高一些。如果宝宝有这种暂时的、幅度不大的体温波动，只要他的一般情况良好，精神活泼，没有其他症状和体征，通常没有什么问题。

宝宝发热，临床上常用的降温方法主要有两种，即物理降温和药物降温。采用何种方法帮助宝宝降温，要根据宝宝的年龄、体质和发热程度来决定。

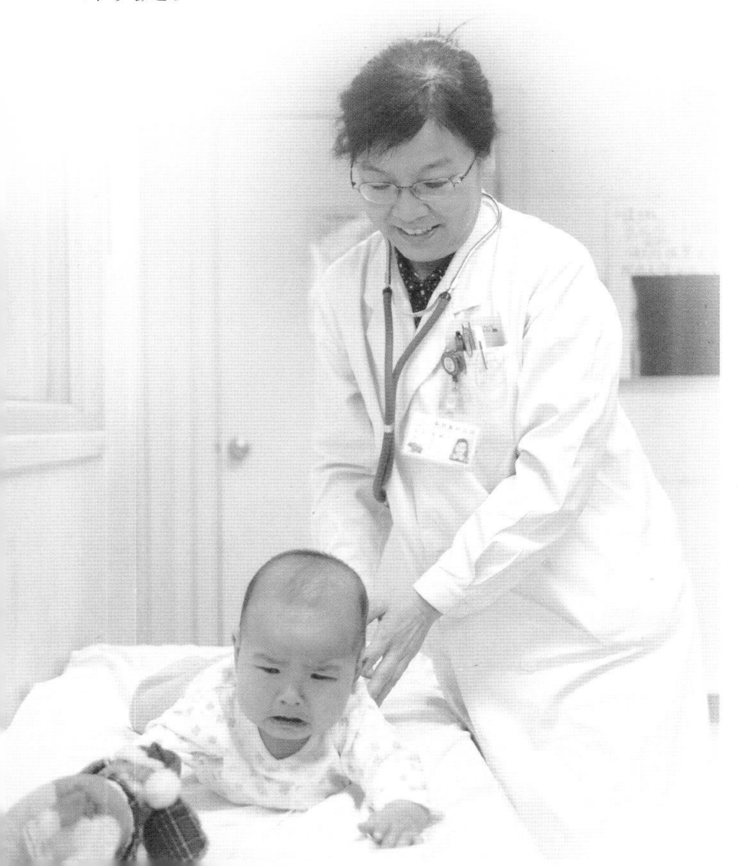

新生儿期宝宝发热一般不宜采用药物降温，多解开包被散热，体温即可有一定的下降；一般感染所致的发热最好先采用适当的物理降温措施。若仍无效或达到38.5℃以上时要考虑加用退热药物。如果使用药物降温，要注意剂量不要太大，以免使宝宝出汗过多而引起虚脱或电解质紊乱。儿科常用的退热药物种类很多，不管使用哪种退热剂，都要在医师的指导下进行。

正常体温参考值

位置	正常温度范围
口腔	36.7℃～37.7℃
腋窝	36.0℃～37.4℃
直肠	36.9℃～37.9℃

宝宝感冒时都有什么样的症状

宝宝爱得感冒的原因之一，就是其免疫系统还没有发育成熟，所以容易得病。另外，宝宝每次只能对一种病毒产生免疫，而可能导致普通感冒的病毒多达200种以上。

随着宝宝的成长，他会开始探索周围的世界，用手摸，甚至用舌头舔各种东西，因此宝宝手上很容易沾上感冒病毒。如果宝宝把手指头伸进嘴里、鼻孔里，或者用手揉眼睛，感冒病毒就有机会在宝宝体内“安营扎寨”了。

宝宝在秋冬季节更容易得感冒，因为冷空气和室内的暖气都会使宝宝的鼻黏膜发干，让感冒病毒更容易入侵。而且在寒冷的天气里，宝宝在室内待的时间更长，而在室内感冒病毒更容易在人群中传播。

宝宝感冒的临床症状轻重不一，轻者低热、鼻塞、流涕、打喷嚏、轻咳、轻度呕吐或腹泻等，精神状态良好，咽部稍红，鼻黏膜充血水肿，分泌物增多，颌下或颈部淋巴结可轻度肿大。重者体温高热，常在39℃以上，有精神弱、阵咳、头痛、呕吐、咽痛、畏寒、乏力、食欲下降等表现。

支气管肺炎

支气管肺炎是小儿时期最常见的肺炎，多见于3岁以下的婴幼儿，一年四季均可发病，以冬、春季节多见。不同年龄的小儿肺炎特点也不尽相同，婴幼儿表现为发热、咳嗽、喘息、喉间痰鸣、呛奶、吐沫、呼吸困难等特点，偏大儿童表现为阵咳明显、咯痰、喘息、胸痛、发热等特点。除呼吸道症状外，还可有呕吐、腹泻或腹胀等消化系统的症状。患肺炎时宝宝会发高热，多为39℃～40℃，而且呼吸增快更明显，可达80次/分钟，甚至更多。

小儿肺炎起病可急可缓，短至2～3天，稍长可达1～2周。发病前体温和咳嗽不太严重，很快体温迅速升高，出现阵发性咳嗽、喘息、鼻翼扇动和口周发青等表现，重症肺炎可出现精神萎靡、烦躁不安、呻吟、憋气、呼吸困难或呼吸暂停等表现，极易并发呼吸衰竭和心力衰竭。

小儿肺炎是威胁我国儿童健康的严重疾病，发病率居首位，因此，宝宝得了肺炎应马上就医。

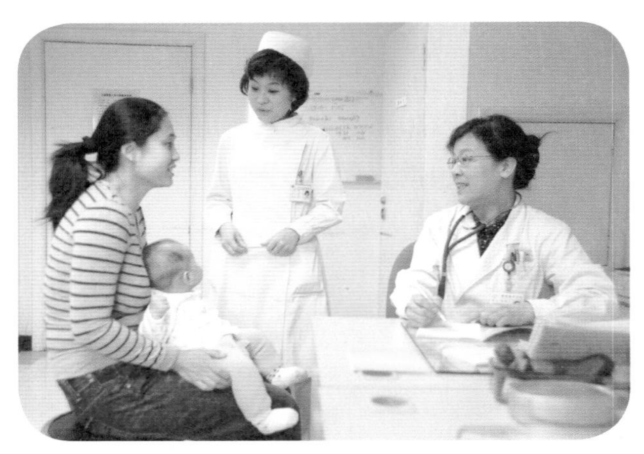

爱心★提示

急性支气管炎如不及时治疗，可发展成支气管肺炎，还可引起中耳炎、呼吸衰竭、心力衰竭、脑膜炎等疾病。

容易感染的中耳炎

中耳炎是小儿常见的耳鼻喉科疾病，发病率明显高于成人，临床分为以下3种类型。

渗出性中耳炎

中耳腔内的非化脓性炎症，好发于婴幼儿，常有感冒史，其症状有听力下降、耳鸣、耳闷或轻度耳痛，擤鼻时耳内有水声。小儿大部分中耳炎都是渗出性中耳炎。

急性化脓性中耳炎

化脓菌侵入中耳引起的急性化脓性炎症，多出现在体弱、免疫缺陷、贫血或糖尿病儿童感冒以后。表现为高热、耳痛、耳流脓，伴有神疲、纳差、呕吐、腹泻等症状。小婴儿因不会表达，多哭闹不安，用手抓耳。耳痛多见于年长儿，疼痛较明显，成脓后鼓膜穿孔，疼痛可减轻。炎症可波及咽鼓管和乳突等周围器官。

慢性化脓性中耳炎

因急性中耳炎未彻底治愈或者耳内进水引起，临床有患耳流脓、反复发作的特点。脓液呈黏液性、脓性或奶酪样，伴听力下降或耳聋，一般无耳痛。

爱心★提示

教会宝宝掌握正确的擤鼻方法：要先擤一侧鼻孔，再擤另一侧鼻孔，不要捏住双侧鼻孔一起擤，以免鼻涕和细菌经咽鼓管进入中耳，引起感染。如果洗澡时耳内进了水，可用棉签吸出。不要用发卡、火柴梗等给宝宝掏耳朵，以免划破皮肤引起感染。也要防止宝宝将异物塞入外耳道。

危及生命的哮喘

哮喘的主要症状是咳嗽、气急、喘息、呼吸困难，常在夜间与清晨发作，两岁以下的小儿往往同时患有湿疹或有其他过敏史。

哮喘的发病可缓可急，缓者轻咳、打喷嚏和鼻塞，逐渐出现呼吸困难；严重时可出现“三凹征”，表现为胸骨上窝、肋骨间隙及剑突下在吸气时凹陷。如不及时处理，可出现缺氧、口唇紫

绀。哮喘持续不缓解时，严重的缺氧使小儿有烦躁不安、出汗、精神萎靡、面色苍白、青紫等严重症状。病情到这种程度就非常危险了，需要特殊治疗与护理才能挽救小儿生命。

小儿哮喘的诱因是多方面的，大致可分为以下几种：①过敏源，包括呼吸道病毒、尘螨、花粉、霉菌、屋尘、牛奶、鸡蛋、鱼虾等；②刺激性物质，如灰尘、烟雾、油漆、冷空气等；③情绪波动，如大哭、大笑、生气等；④遗传因素，有湿疹、过敏性鼻炎或哮喘家族史的患病率高；⑤剧烈运动时过度通气可诱发哮喘；⑥药物因素，如阿司匹林、消炎痛、心得安等药物。

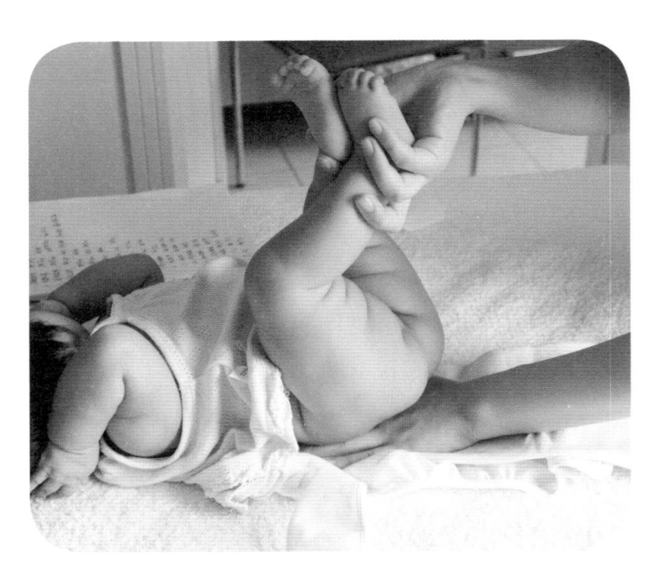

不能忽视腹泻

小儿腹泻病过去称为小儿肠炎，与肺炎、佝偻病及营养不良一起，称为儿科四大常见病之一。目前小儿腹泻发病率仍较高，农村发病率要高于城市，严重影响小儿的健康和生长发育。主要表现为腹泻、恶心、呕吐、食少、发热、烦躁、尿少等，并可伴有不同程度的脱水表现。时间长了宝宝就会出现营养不良、贫血和生长发育迟缓等不良后果。病因方面可以有多种，其中在

小婴儿中病毒性肠炎尤其轮状病毒引起的秋季腹泻较为常见。

如果宝宝出现下列症状，可考虑为腹泻：①每天大便次数比平时增多；②大便性状改变，呈稀便、水样便、黏脓便或脓血便。

脱水可分为轻、中、重三度。

轻度脱水：宝宝的精神较好，皮肤稍干但弹性尚好，眼窝稍凹，小便略少。

中度脱水：宝宝精神萎靡或烦躁，眼窝凹陷，嘴唇和舌头唾液少，啼哭时眼泪少，皮肤干燥松弛，弹性下降，捏起后不易展平，小便明显减少。

重度脱水：宝宝精神淡漠，反应差，皮肤苍白发灰，弹性极差，捏起后不易平复，眼窝深陷，眼睑闭不全，啼哭无泪，舌苔干厚，四肢发凉，尿极少或无尿。

在配合医生治疗的同时，爸爸妈妈也可以做一些补救措施。

如果宝宝轻度脱水，可以给宝宝喝些糖盐水，以补充身体丢失的电解质和液体。

对于母乳喂养的宝宝，可以继续喂养。对于人工喂养的宝宝，应该把奶粉冲稀一些，总量不变，暂时停止添加维生素D和新的辅食。幼儿可喂面片、米粥等半流质食物。

宝宝对牛奶过敏或对某些营养成分（如乳糖）不耐受时，可改喝豆浆、豆奶粉或去乳糖奶粉。多数宝宝经口补充液体，调整饮食，必要时加用收敛止泻药物，可在一周之内缓解，如果宝宝脱水严重要考虑输液治疗。

宝宝呕吐了

呕吐也是小儿常见症状之一。呕吐为消化道疾病，其他原因也可以引发呕吐，如喂养不当、情绪紧张、各种中毒和药物反应。

不同年龄、不同疾病的呕吐特点各不相同。

在宝宝出生后的前几个月里，出现呕吐症状有时可能是由于不是很严重的喂食问题造成，例如喂食过量、不消化，或对母乳或配方奶里的蛋

白质过敏。另外有些可能是由于疾病造成的。先天性肥厚性幽门狭窄时，呕吐多在出生后半个月出现，表现为喂奶后不久即吐奶，但无胆汁，右上腹有栗子大小的包块；胃扭转也表现为喂奶后不久吐奶，右侧卧时可缓解；急性胃肠炎多是因为吃了不卫生的食物，表现为呕吐伴有腹痛、腹泻；小儿腹泻病以腹泻为主，呕吐可轻可重；急性阑尾炎、肠套叠、胰腺炎或肠穿孔等外科急腹症，除呕吐外，腹部常有压痛、反跳痛、包块和肌紧张等腹膜刺激征；颅内感染或颅内肿物的呕吐多呈喷射性，表现为吐前多不恶心，大量胃内容物经口鼻喷出；胃肠型感冒、化脓性扁桃体炎则有呕吐、咳嗽、发热、咽痛和扁桃体充血等表现。红霉素、阿奇霉素等药物均有呕吐等不良反应。

通过分析呕吐和呕吐物的特点可以初步判断病因，并采取相应措施。

爱心★提示

呕吐是小儿的常见症状，家长需掌握一些医疗常识和护理知识。如果小儿出现前囟凹陷、唇干尿少、啼哭无泪、皮肤松弛、弹性下降等情况，则说明已经脱水，应及时就诊补液。

惊跳与惊厥

一些细心的家长会发现，小宝宝出生不久，当打开小宝宝的被子，或不远处有人说话或关门时，他会全身快速地抖动几下。这是宝宝出现什么问题了吗？

其实这是正常现象。因为新生儿神经系统发育不完善，受刺激引起的兴奋容易“泛化”，凡是大声、强光、震动以及改变他的体位都会使他惊跳起来。

新生儿受到强刺激而惊跳表现为双手向上张开，又很快缩回，有时还会啼哭，手的动作与哭声又会加重惊吓程度而哭得更凶。有时声响和震动都不大，但距离较近时，也会发生惊跳现象。这种现象到三四个月时才会慢慢消失。

当宝宝出现惊跳时，不需任何特殊处理，只要用手轻轻安抚他身体任何一个部位，就可以使

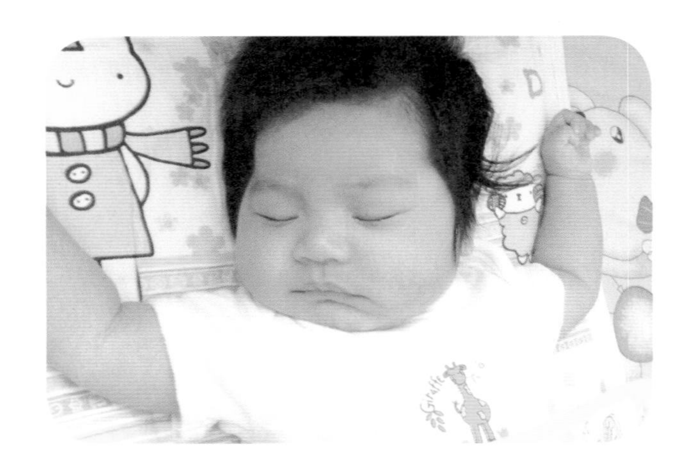

他安静。

但是，如果发现新生儿有两眼凝视、震颤，或不断眨眼、口部反复地做咀嚼、吸吮动作，呼吸不规则并伴皮肤青紫、面部肌肉抽动，这些则是新生儿惊厥的表现。

惊厥是小儿常见的急诊，尤其多见于婴幼儿。由于多种原因使脑神经功能紊乱所致，表现为突然的全身或局部肌群呈强直性和阵挛性抽搐，常伴有意识障碍。小儿惊厥的发病率很高，5%～6%的小儿曾有过一次或多次惊厥。

惊厥可分为有热惊厥和无热惊厥两类。小儿因为高热引起的惊厥比较多见，常常发生在体温骤然升高的第一天。

看到宝宝抽搐，家长往往惊恐万分、束手无策，其实可以做一些紧急处理。

先把发生惊厥的宝宝放到平坦、较宽敞的地方，如大床上或地板上，使其头偏向一侧，同时解开衣领，以使其呼吸道通畅。

取温湿毛巾大面积敷于额头，5～10分钟换1次。用温湿毛巾擦额部、腋下、大腿内侧等大血管处，以利迅速散热降温。

及时清除患儿口腔内分泌物，防止分泌物堵塞气管引起窒息。

经上述处理后，惊厥多会很快停止。当然，这些措施只是权宜之计，经过紧急处理之后，家长应立即把患儿送到医院，做进一步检查，针对病因进行治疗。

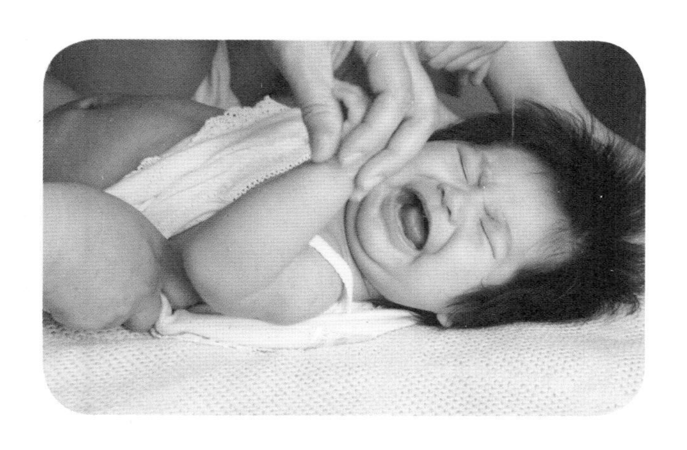

鹅口疮的治疗

鹅口疮是新生儿时期经常见到的疾病，尤其是免疫功能不成熟的早产儿。鹅口疮俗称“白口糊”，中医叫“雪口症”，是由白色念珠菌感染引起的。一般认为是由于新生儿免疫机能低下，如虚弱、营养不良、腹泻，或因感染而长期应用各种抗生素或激素如强的松等所造成的。

有了鹅口疮的宝宝常表现为宝宝嘴巴里有很多像奶斑一样的东西粘在口腔壁上，与新生儿吃奶留下的奶很难区别。如果用棉签能擦掉则为奶斑，擦不掉则为鹅口疮了。

宝宝患了鹅口疮时，在感染轻微时除非仔细检查口腔，否则不易发现，也没有明显痛感或仅有进食时表情痛苦。严重时宝宝会因疼痛而烦躁不安、胃口不佳、啼哭、哺乳困难，有时伴有轻度发热。

受损的黏膜治疗不及时可不断扩大蔓延到咽部、扁桃体、牙龈等，更为严重者病变可蔓延至食管、支气管，引起念珠菌性食道炎或肺念珠菌病。患儿会出现呼吸、吞咽困难，少数患儿会影响终身免疫功能，甚至可继发其他细菌感染，造成败血症。

鹅口疮的发病原因有多种。

1.妈妈阴道有霉菌感染，宝宝出生时通过产道，接触母体的分泌物而感染。

2.奶瓶奶嘴消毒不彻底，母乳喂养时，妈妈的奶头不清洁都可以是感染的来源。

3.接触感染念珠菌的食物、衣物和玩具。另外，婴幼儿在6～7个月时开始长牙，此时牙床可能有轻度胀痛感，婴幼儿便爱咬手指，咬玩具，这样就易把细菌、霉菌带入口腔，引起感染。

4.在幼儿园过集体生活有时因交叉感染可患鹅口疮。

5.长期服用抗生素或不适当应用激素治疗，造成体内菌群失调，霉菌乘虚而入并大量繁殖，引起鹅口疮。

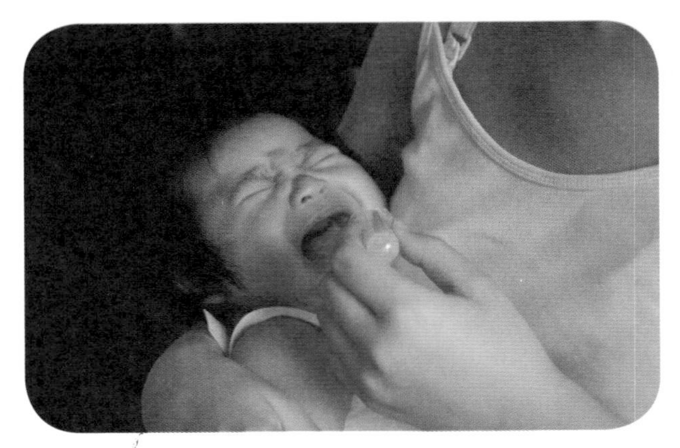

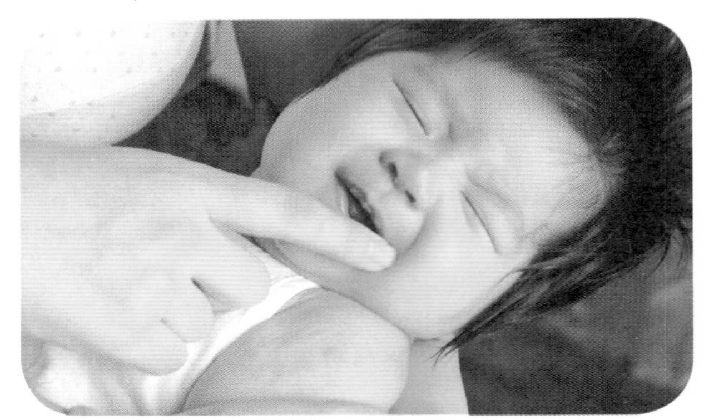

厌食症的原因

厌食症是小儿常见症状，以较长时间的食欲减退或消失为主要特征。厌食症多见于1～6岁的儿童，轻者仅表现为精神弱、疲乏无力；重者表现为营养不良和免疫力下降，如面色欠佳、体重下降、皮下脂肪减少、毛发干枯、贫血和容易感染等。小儿厌食有两种病理生理因素，一种是因消化道或全身性疾病影响消化功能，另一种是中枢神经系统对消化功能的调节失去平衡。

引起厌食的原因很多，主要有以下几种。

1.不良饮食习惯是主要原因，如吃零食和甜食太多、偏食、挑食、吃饭不定时、边吃边玩等。

2.饮食因素，如常吃高蛋白和高糖食品，夏季贪吃冷饮，长期低盐饮食。

3.消化道或全身性疾病影响，如消化性溃疡病、急慢性肝炎、慢性腹泻、结核病、甲状腺功能低下或肠道寄生虫等疾病。

4.微量元素锌缺乏时，可使舌乳头萎缩，造成味觉敏感度下降，引起厌食。

5.药物不良反应，如红霉素、阿奇霉素、磺胺药或氨茶碱等药物。

6.心理因素，如吃饭时受到家长的絮叨和训斥、精神心理压力大等。

爱心 ★ 提示

小儿厌食症临床上较为常见，长期营养素摄入不足，可造成营养不良和免疫功能下降，不仅影响宝宝的生长发育，还会给病邪以可乘之机，因此应及早治疗。

肠痉挛（腹痛）

肠痉挛是小儿时期的常见症状之一，也就是人们常说的腹痛。肠痉挛是由于肠壁平滑肌强烈收缩而引起的阵发性腹痛，属小儿功能性腹痛，而无器质性疾病。本病可见于小婴儿至学龄儿

童，以5～6岁儿童最多见。其特点是腹痛突然发作，有时在夜间睡眠时突然哭醒，每次发作持续时间不长，数分钟至数十分钟，时发时止，反复发作，个别患儿可延长至数日。

疼痛程度轻重不一，轻者数分钟后自行缓解，重者面色苍白、手足发凉、哭闹不安、翻滚出汗。肠痉挛多发生在小肠，腹痛以脐周为主，可伴有呕吐。

肠痉挛可时发时止，有的会延续好几年，有的会随着年龄的增长而自愈。

肠痉挛的发病原因还不完全清楚，比较公认的是部分患儿对牛奶过敏。常见有上呼吸道感染、腹部受凉、贪凉饮冷、进食过多或食物含糖量高等诱因，在上述因素影响下肠壁肌肉出现痉挛。

肠痉挛发作时，家长可用温热的手揉按患儿腹部或将温水袋放在患儿腹部，数分钟后症状可缓解。

在发作期间，应给患儿吃面条或粥等易消化的食物，不要喝冷饮或喝含糖量高的碳酸饮料。

疼痛剧烈者可在医师的指导下用药。

营养不良

营养不良是指缺乏蛋白质和热能的一种营养性疾病，多见于3岁以下的婴幼儿。营养不良最初表现为体重不增或略有下降，皮下脂肪变薄；随着病情进展，出现消瘦、皮肤干燥、弹性下降、肌肉松弛等表现，精神萎靡或烦躁，运动发育落后，生长停滞；最后皮下脂肪完全消失，患儿呈皮包骨状，体重下降明显，体温偏低，心跳缓慢，反应迟钝，对周围事物不感兴趣，食欲差，不思饮食等。

营养不良（指初生儿至3岁的幼儿）分为三度：

Ⅰ度营养不良

体重低于正常平均体重的15%～25%，腹部脂肪厚度0.8～0.4厘米，肌肉轻微松弛，皮肤颜色正常，体温、身长和一般状态尚可。

Ⅱ度营养不良

体重低于正常平均体重的25%～40%，腹部脂肪厚度小于0.4厘米，消瘦明显，皮肤苍白松弛而失去弹性，精神反应下降，烦躁或呆滞，运动发育迟缓，睡眠不安等。

Ⅲ度营养不良

体重低于正常平均体重的40%，身长也低于正常均值；腹部、臀部和面部皮下脂肪接近或完

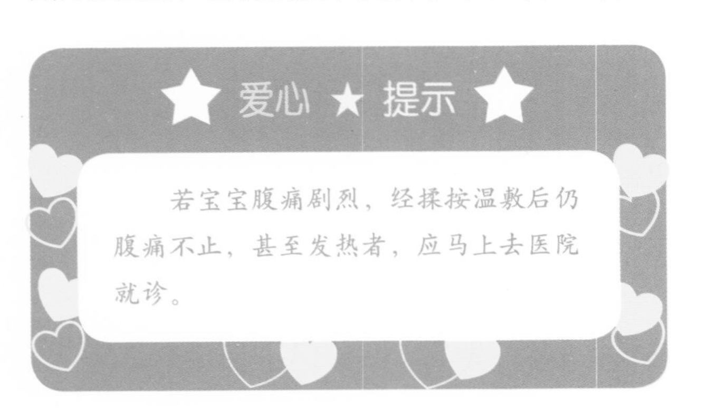

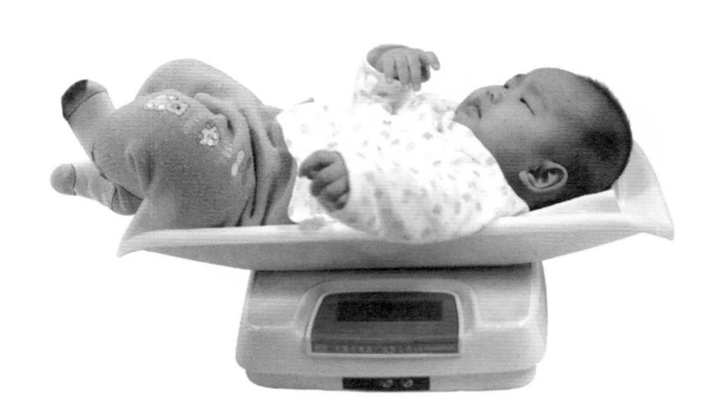

全消失，呈皮包骨状；体温低于正常或不稳定；精神萎靡或易激动；对食物耐受性差，进食后呕吐或腹泻等。

营养不良的患儿因全身各系统功能紊乱，免疫力明显下降，很容易并发感染及其他营养缺乏性疾病，如上呼吸道感染、鹅口疮、腹泻、肺炎、缺铁性贫血、低蛋白水肿、维生素或微量元素缺乏症等，进一步加重病情。

营养不良多因疾病所致，还有一部分由喂养不当引起，单纯因食物供给不足的很少见。此外，早产儿、低出生体重儿和某些先天遗传代谢病也可发生营养不良。

消化系统疾病，常见的如肥厚性幽门狭窄、食道裂孔疝、慢性腹泻、溃疡性结肠炎、肠道寄生虫病等疾病，因反复呕吐、腹泻、腹痛，使得食物不能很好地消化吸收而导致营养不良。

慢性消耗性疾病，如反复发作的肺炎、结核病、脓胸、婴儿肝炎综合征等疾病，因长期发热，食欲不振，摄入减少而消耗增加，导致营养不良。

喂养不当的因素，如母乳不足又未及时添加辅食，小儿有挑食、偏食的不良饮食习惯等，都可导致长期营养和热量摄入不足，造成营养不良。

维生素 D 缺乏性佝偻病

维生素D缺乏性佝偻病简称佝偻病，是小儿常见的一种营养缺乏病，见于3岁以下的婴幼儿，好发于冬春季节。该病一般症状有多汗、易兴奋、夜间睡眠不安、夜间哭闹，因后枕部常与枕头摩擦，出现半圈脱发，医学上称为“枕秃”。以上不是佝偻病的特异性表现。

佝偻病的主要表现是骨骼畸形，在不同年龄段发生畸形的部位有所不同，在2～3个月时表现为前囟大和颅骨软化，后者是指用手指轻按顶骨枕骨有凹陷，好像按在乒乓球上似的。在7～8

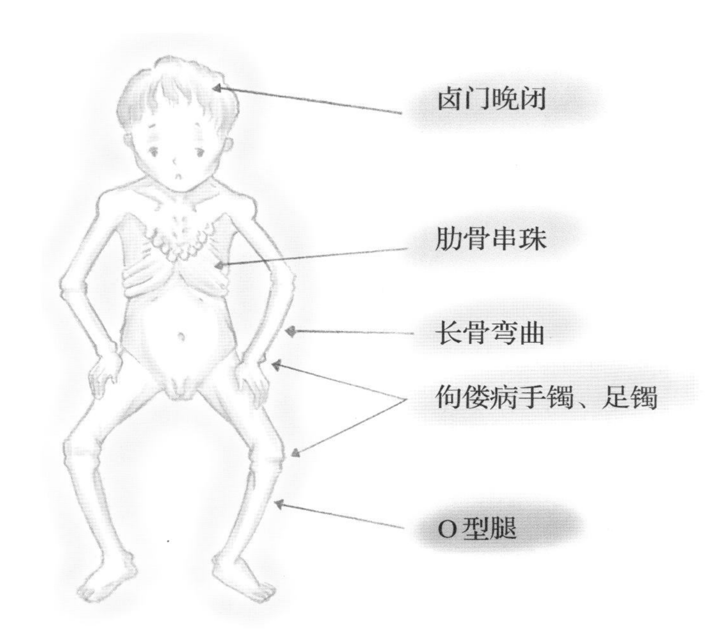

个月时患儿可出现方颅，即以额骨、顶骨为中心向外隆起，手腕、脚踝周围出现膨大，称为“手镯”、“脚镯”。在婴儿期可出现胸廓畸形，如“鸡胸”或“漏斗胸”。1岁左右开始走路时，由于下肢骨质较软，在重力作用下，可出现O型腿或X型腿，脊柱、骨盆也会发生侧弯或变形。此外，还可有肌张力低、运动发育迟缓、贫血、肝脾肿大等表现，这些症状和体征都会严重影响宝宝的生长发育和身心健康。

佝偻病主要是由于体内维生素D缺乏，引起全身钙、磷代谢异常，导致钙、磷不能正常沉积在骨骼的生长部位而发生骨骼畸形。维生素D缺乏可见于日光照射不足、维生素D摄入不足、生长过速或肝胆疾病影响等几种情况。

我们人体所需的维生素D有两个途径获得。其一是自我合成，皮肤中含有一种称之为7-脱氢胆固醇的物质，它经日光中的紫外线照射，可转化为维生素D_3。正常晒太阳2个小时左右就可满足维生素D的需要，如果婴幼儿日照时间少，体内维生素D_3的合成减少，就可能患佝偻病。其二是从食物或药物中摄取，如海鱼、动物肝脏、瘦肉。维生素D主要来源于动物性食物。一些胃肠道、肝胆疾病，如慢性腹泻、乳肝都会影响维生素D的吸收。

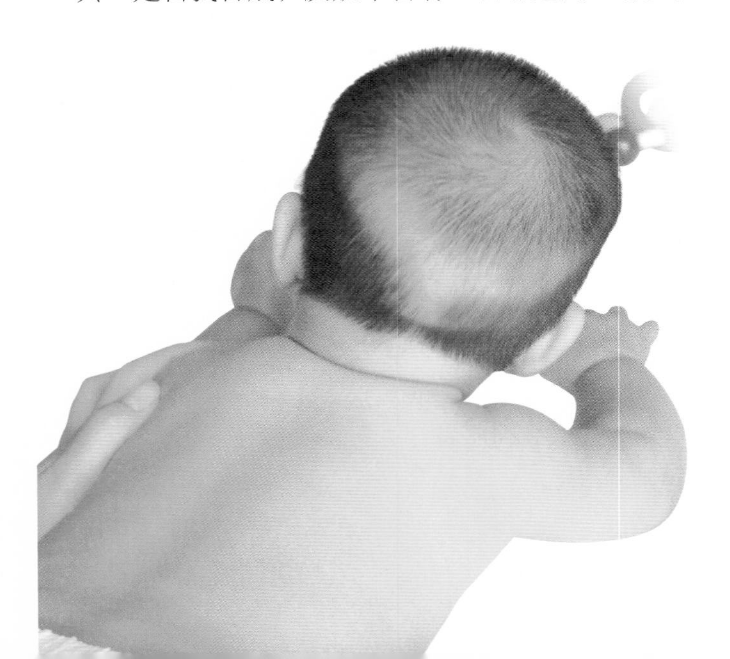

若发现宝宝有多汗、夜啼、枕秃等表现时，应及时到医院就诊。确诊为佝偻病后，维生素D按每天1000～2000国际单位口服。若出现骨骼畸形等中重度表现时，要加大维生素D剂量，按每天3000～6000国际单位治疗，均需同时补充钙剂。若因某些原因不能每天服药时，可予大剂量维生素D突击疗法，即一次性肌内注射维生素D10万～15万国际单位，1个月后改为预防量。

多到户外晒太阳，不要让太阳直射眼睛，可用手帕或眼罩遮住眼睛。切忌太阳暴晒，以防紫外线引起皮炎或灼伤皮肤。在室内晒太阳时，注意不要隔着玻璃，玻璃会遮挡紫外线。

患佝偻病的宝宝一般免疫力低，易感冒，患肺炎或腹泻，因此平时注意预防各种感染。

加强皮肤护理，出汗多要及时擦汗，注意洗澡，使用婴儿专用护肤品。

有严重骨骼畸形的，可在3岁以后通过手术矫正。

营养性锌缺乏症

锌是人体必需的微量元素之一，尽管它在体内含量很低，却起着非常重要的生理作用，如参与体内多种酶的合成、基因表达、稳定细胞膜、改善食欲、维持免疫功能、调节激素代谢等。因此，如果缺锌，人体就会出现许多问题，如食欲下降或厌食，这是由于味蕾功能减退、味觉下降所致。如生长发育迟缓，锌缺乏会导致核酸和蛋白质合成减少，加之食欲下降，从而影响小儿的生长发育。人体缺锌时智力也会受到一定影响，如理解能力、记忆力下降等，补锌后症状可明显改善。缺锌会使机体免疫力下降，发生感染的概率增加。据多数发展中国家病例资料统计，缺锌儿童补充锌可降低腹泻和肺炎的发病率。

缺锌的小儿喜欢吃墙皮、泥土、纸张等异物，临床称之为异食癖，补锌后此症会消失。此外，还可造成皮疹、口腔溃疡、白内障、性发育迟缓等问题。缺锌多发生在6岁以下的儿童。

人初乳中含锌量较高，锌利用率也较高，因此，母乳喂养对预防缺锌有利。人工喂养的宝宝可给予强化了适量锌的配方奶，并按阶段添加蛋黄、菜泥、瘦肉、鱼泥、猪肝等辅食。坚果类食品含锌量也比较高，也可作为补充。

Chapter 2 给宝宝创造一个安全的环境

宝宝学会了爬，家里的所有地方他都有兴趣光顾。这时家里的安全隐患，就成了爸爸妈妈应该注意的问题。家具的棱角、尖锐的物品、易碎的玻璃都成了威胁宝宝安全的隐患。爸爸妈妈应该排查家里的每一个角落，给宝宝创造一个安全的环境，让宝宝安全探索对他来说还比较陌生的世界。

Q 给宝宝买玩具越多越好吗？

A 给宝宝买玩具不能买得太多。美国一项关于学龄前儿童教育计划的研究结果显示，给宝宝过多的玩具或不适当的玩具会损害他的认知能力。因为他会在如此多的玩具面前显得无所适从，无法集中精力玩一件。而那些玩具较少的宝宝，由于和父母一起阅读、唱歌和游戏的时间相对更多，要比那些玩具成山的同龄小朋友智力水平高。

宝宝可以与宠物一起玩吗

如今，家庭中豢养宠物已不再被看作时尚，而更多的是被视为生活中情感的寄托。有了宝宝到底还养不养宠物，这是很多爸爸妈妈的烦恼。

宝宝刚出生时，尽量让宠物远离宝宝，等宝宝对细菌有一定抵抗力，对宠物的尖牙利爪有一定的防御能力后再养比较好。因为宠物对宝宝的健康存在着很多威胁。

宠物身上的细菌威胁宝宝的健康

宠物身上会携带多种细菌，它们可是“看不见的杀手”哦，如今很多妈妈还没有意识到这些“隐形杀手”的危害。

新生儿抵抗能力低，就算不让宠物接近宝宝，但它们身上的细菌会通过间接接触从宝宝的皮肤、呼吸道、肚脐三个途径进入宝宝的体内。特别是宝宝的肚脐，新生儿脐带还没有完全脱落，一般的感染影响就会很大，轻者会得菌血症，一旦严重便会导致败血症，危及宝宝生命。

比较大的宝宝虽然抵抗力增强，但3个月左右的宝宝爱啃手指，一些看不见的细菌便从小猫小狗的身上进入宝宝口中，严重的容易引起肠炎等疾病。

利爪尖牙的危险

小狗、小猫虽然温顺可爱，但它们尖利的牙齿和爪子对宝宝来说也是不安全因素。小狗、小猫的叫声，会吓着宝宝。宝宝被猫狗的爪子抓伤也是常有的事。小宝宝不知道轻重，有时候会拽猫狗的尾巴，猫狗被拽疼后会猛回头咬宝宝一口，宝宝不但会被咬伤，还会受到惊吓。

寄生虫更危险

几乎所有宠物身上都会有寄生虫。不仅有体表寄生虫，还有肠道寄生虫。体表寄生虫一般在宠物毛茸茸的毛发下面藏着，如跳蚤、虱子。经常给宠物洗澡，也不能完全清除寄生虫。肠道寄生虫寄宿在宠物身体内，这些寄生虫有蛔虫、蛲虫、绦虫等。它们在宠物体外能适应各种环境和

温度，生命力很强。如没有把宠物的排泄物及时地清理干净，让宠物乱吃不干净食物及生食，家长的生活习惯不好，不洗手就直接喂小宝宝吃东西等，都容易把寄生虫传染给宝宝。

及时排查居家的安全隐患

爸爸妈妈经常把更多的注意力放在了宝宝的饮食、疾病和发育上，却不知道意外伤害对于宝宝来说，已经超过了疾病，成为宝宝健康的头号“杀手”。

对于宝宝来说，家应该是最安全的地方。然而如果父母淡漠了安全意识，家往往也隐藏了危害宝宝最大的危机。

随着小宝宝活动范围不断扩大，给宝宝营造一个安全的环境尤为重要。为了减少危险因素，家长应细心审视家中物品的摆放位置，爸爸妈妈应站在宝宝的视觉高度观察环境，给宝宝一个安全的生活空间。

★ 防滑

如果家里地面铺的是地板砖，就要注意防滑。地板砖本身就滑，如果地面洒有水或油就更滑了。为防止打滑，可给地面铺上几块小地毯，并及时清除洒到地面的液体。

★ 防磕碰

家具的棱角以及尖锐的东西容易碰伤宝宝。应该把这些棱角用泡沫或布条包起来，把尖锐的东西移开。

★ 防坠落

不要让宝宝从窗户、阳台往下探身，以防不慎掉下去。

★ 防扎伤

家长使用刀、剪、锥子、改锥等工具后，要及时收起来，不要放在宝宝容易拿到的地方。掉在地上的图钉要随手捡起，以免扎脚。

★ 防夹手

房门、柜门、窗户、抽屉等开关时，容易夹手。木质的夹一下都很疼，何况铁、钢制的。所以不要猛然开关，宝宝在拉抽屉的时候家长也要在一边保护。

★ 防烫伤

暖瓶、开水壶要放妥当，以免宝宝乱动而烫伤宝宝。

★ 防噎、防呛

家里的一些小物品如纽扣、玩具小零件、坚果等要收纳好，要避免宝宝放入口中品尝，以免噎住或呛入气管中发生危险。

帮助宝宝选购安全的玩具

婴幼用品质量的好坏直接关系到宝宝的健康与否。一些家长在选购玩具时，大多注重玩具的外形与色彩，很少考虑产品的安全性问题。殊不知，玩具中隐藏着很多容易被忽视的隐患。

玩具中隐藏的凶手之一——铅

铅是目前公认的影响中枢神经系统发育的环境毒素之一。现在许多玩具基本都要喷漆，如金属玩具、涂有油漆等彩色颜料的积木、注塑玩具、带图案的餐具……铅中毒后影响宝宝的思维判断能力、反应速度、阅读能力和注意力等，使宝宝学习成绩不好。爸爸妈妈在为宝宝买玩具的时候务必要选正规厂家生产的具有安全认证的产品。

玩具中隐藏的凶手之一——重金属

有些玩具的表面会涂有金属材料，这些材料中会含有砷、镉等活性金属，对宝宝身体的危害很大。宝宝喜欢舔、咬玩具，这些金属就会进入宝宝体内。

砷进入机体后易与氧化酶结合，造成宝宝营养不良，易冲动，也可引起胃溃疡、指甲断裂、脱发；镉进入人体后会产生慢性中毒，宝宝会发生贫血、心血管疾病和骨质软化；汞会对人体的脑组织有一定危害。

玩具种类		危害
弹射玩具	玩具手枪、弹弓、弓箭、飞镖	杀伤力很大。
带绳的玩具和饰品	溜溜球	绳子容易缠在宝宝的手指或脖子上，时间长了轻则造成指端缺血坏死，重则能让宝宝窒息。
面具玩具	面具	有的是用有毒的塑料制作的；有些面具玩具密不透风，在口和鼻子处没有留下呼吸的地方，容易使宝宝窒息。
气球玩具	气球	气球爆炸容易给宝宝造成伤害，氢气球如果遇到火焰，还能引起剧烈的燃烧；气球碎片容易进入宝宝的呼吸道，也非常危险。
金属制玩具	车模	很多金属玩具比较尖锐锋利，容易割伤宝宝的皮肤，造成外伤。
不光滑的玩具	菱形玩具	表面颗粒较大、比较尖锐的玩具能挫伤或者割伤宝宝。
毛绒玩具	动物玩具	填充物不合格是一个很大的隐患，很有可能导致诸如呼吸道感染等疾病，严重的还会引起支气管痉挛、咳嗽甚至哮喘等，部分宝宝会出现湿疹等皮肤过敏现象。

除了给宝宝的身体健康带来危害之外，有些玩具也会给宝宝或者成人带来危险。

近年发现，随着新奇玩具的大量出现，尤其是噪音大的玩具，对婴幼儿的听力危害非常大。许多玩具都会发出各种声音，噪音高达120分贝以上。80分贝的声音会使宝宝感到吵闹难受，如果噪音经常达到80分贝，宝宝会产生头痛、头晕、耳鸣、情绪紧张、记忆力减退等症状。

户外的安全隐患

带宝宝到户外活动，对他的身体发育和心理发育都有好处。不过，爸爸妈妈要小心一些潜在的危险，这样才能保证宝宝玩得既愉快又安全。

宝宝爬高时要保护

小宝宝总是活泼好动的，可他自己并不清楚爬高的危险，所以爸爸妈妈一定要时刻跟随宝宝，以免他爬高后摔下来。

让孩子远离水池

如果家里附近有水池或喷泉，一定要让宝宝远离这些地方。即使到了水池边，家长也要时刻警惕。很浅很浅的水，都会给宝宝带来生命危险。

小心公园里的植物

宝宝喜欢探索世界，对任何事物都很好奇。带宝宝去公园的时候一定不要让宝宝摘花朵或者植物的叶子。有的植物会使宝宝皮肤过敏，有的植物有毒，如果宝宝误食，会给他的健康带来危害。

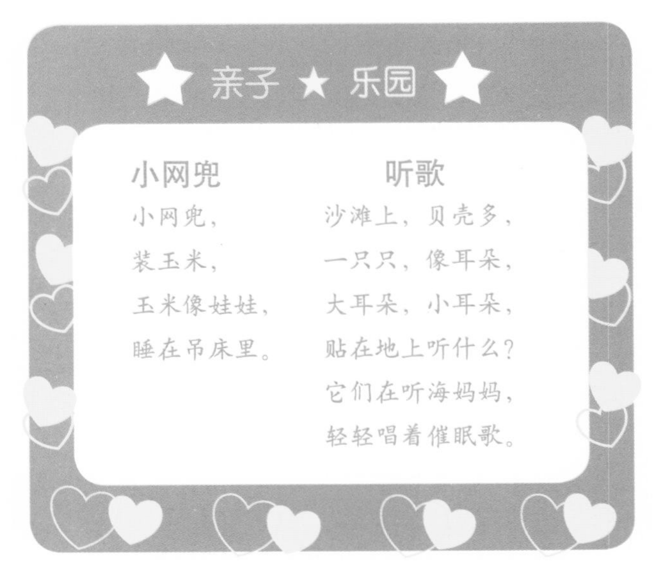

亲子★乐园

小网兜

小网兜，
装玉米，
玉米像娃娃，
睡在吊床里。

听歌

沙滩上，贝壳多，
一只只，像耳朵，
大耳朵，小耳朵，
贴在地上听什么？
它们在听海妈妈，
轻轻唱着催眠歌。

Chapter 3

宝宝容易发生哪些意外

宝宝对周围环境缺乏足够的认识，控制自己行为的能力差，加上动作协调差，所以意外是很容易发生的。那么发生意外后，就要求家长必须在现场作出应急处理，有些时候，应急处理也是救命的措施。由于意外的发生是不可预见的，宝宝病情的发展也比想象的更危险，所以，掌握一些家庭急救的基本方法是非常有必要的。

怎样做人工呼吸？

A 患儿取仰卧位，即胸腹朝天，颈后部（不是头后部）垫一软枕，使其头部稍向后仰。救护人站在其头部的一侧，自己深吸一口气，对着患儿的口（两嘴要对紧不要漏气）将气吹入，造成患儿吸气。为使空气不从鼻孔漏出，此时可用一手将其鼻孔捏住，在患儿胸壁扩张后，即停止吹气，让患儿胸壁自行回缩，呼出空气。

一般需要和胸外按压配合进行，按压和人工呼吸的比例按照30：1（单人）或15：2（双人）进行。

家长必须知道的急救知识

幼儿的意外事故，就其轻重可分以下两类：一是迅速危及生命的，如触电、雷击、溺水、中毒、车祸、气管异物、外伤大出血等，这些意外事故家长必须在现场争分夺秒地急救，以避免因为抢救不及时而造成死亡；还有一类虽然不会马上致死，如各种骨折、烧烫伤等，如果迟迟不做处理或处理不当，也可能会造成死亡或终生残疾。因此无论哪一类意外事故，都需要做出一些应急处理。那么，在幼儿发生意外事故后，我们该怎么样来急救呢？

要想方设法保住性命

家长一定要学会两种救命的方法，即人工呼吸和胸外按压。在常温下，呼吸、心跳若完全停止4分钟以上，生命就危在旦夕；超过10分钟，就很难复苏。无论出现什么严重的情况，如果患儿呼吸、心跳都很不规则，快要停止或刚刚停止时，当务之急就是要设法用人为的力量来帮助患儿呼吸，以维持其血液循环。因此，当患儿的呼吸、心跳发生严重障碍时，只眼巴巴地等着送到医院再救，往往会造成不可挽回的后果。即使是高明的医生和先进的医疗器械，如果失去了挽救患儿的有利时机，也都是无能为力的。所以家长一定要学会这两种方法！

要防止残疾的发生

如儿童发生撞伤时，常致脊椎骨折，当怀疑是骨折时，运送时一定要用门板之类的平板抬送。如果在急救时处置不当，会遗留下残疾，造成终生不幸。有的家长往往因为缺乏这方面的常识或者疏忽大意，仍让患儿走动，或用绳索、帆布等软担架抬送患儿；有的家长对患儿采用或背或抱的办法送医院，使得患儿的脊椎骨折，疼痛剧烈，甚至会造成休克，加重病情。所以发生意外事故后先做什么，后做什么都必须要掌握。

要尽量减轻患儿的痛苦

宝宝出现意外后，家长要冷静，注意语言温和，动作轻柔，不要惊慌失措。有些幼儿病危时神志清醒，如果家长只认为救命要紧，对其他方面不管不顾，也会对幼儿的身体和心理造成一定的伤害。

发生意外事故时，首先要采取正确的急救方法，同时拨打120急救电话，及时送医院进行救治。

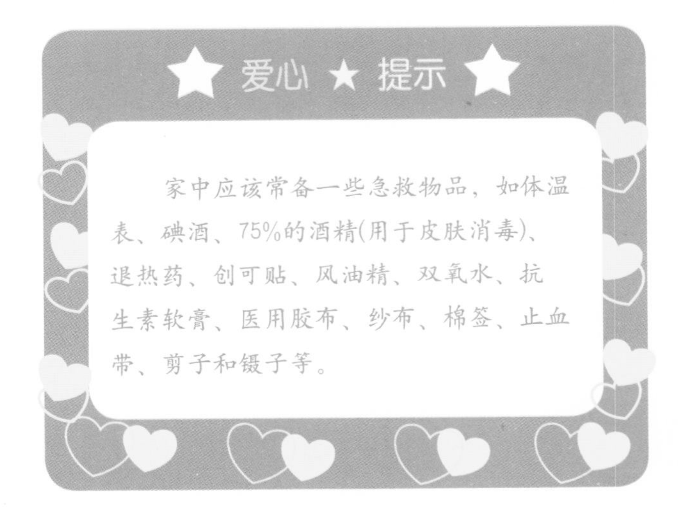

触电后的急救

电击是由于电流通过人体所致的损伤。大多数是因人体直接接触电源所致，也有被数千伏以上的高压电或雷电击伤的。

人体触电后有头晕、脸色苍白、心悸、四

肢无力，甚至昏倒等情况，此时患儿神志清楚、呼吸心跳均有规律，家长应让患儿平躺休息，并留心观察，如以上症状消失，就不需要做特殊处理。严重者昏迷、心跳加快、呼吸中枢麻痹以致呼吸停止，皮肤有烧伤或焦化、坏死等情况。如果接触数千伏以上的高压电或雷电就有可能致死，致死的原因是由于电流引起脑（延髓的呼吸中枢）的高度抑制、心肌的抑制、心室纤维性颤动。电压高、电流强、体表潮湿、电阻小，容易致死。体表燥、电阻大，或电流仅从一侧肢体或体表导入地可能引起烧伤而未必死亡。

急救措施

用不导电物体，如干燥的木棍、木棒等尽快使患儿脱离电源。同时，急救者一定要注意救护的方式方法，防止自身触电。

当患儿脱离电源后，根据患儿的症状，马上采取相应措施进行急救。

轻症：让患儿就地平躺，仔细检查身体，暂时不要让患儿起身走动，防止继发休克或心衰。

重症：如呼吸停止、心跳存在，应将患儿就地放平，解松衣扣，并做人工呼吸。也可以掐人中穴、十宣穴(即十个手指指尖)、涌泉穴等穴。

心搏停止，呼吸存在者，应立即做胸外按压。

呼吸心跳均停止者，则应在人工呼吸的同时施行胸外按压。人工呼吸需要和胸外按压配合进行，按压和人工呼吸的比例按照30：1（单人）或15：2（双人）进行。抢救一定要坚持到底。

在处理电击伤时，一定要注意观察是否有其他损伤。

在急救的过程中，不宜移动患儿，如果确实需要移动，除了让患儿平躺在平板担架上以外，还应该继续抢救，中断时间不能超过30秒，直至送到医院。

爱心 ★ 提示

掌握家电知识，未断电前不要用湿手或湿布接触电器。教育宝宝不要玩弄灯头、插销、电线或插座。家里的电热水器一定要有防漏电保护以免漏电伤人。

溺水事故

溺水主要是气管内吸入大量水分阻碍呼吸，或因喉头强烈痉挛，引起呼吸道关闭、窒息死亡。溺水是常见的意外，很多家长在带宝宝游玩，比如划船、游泳时，很容易发生溺水，所以家长一定要掌握急救办法，做到有备无患。

溺水者面部青紫、肿胀、双眼充血，口腔、鼻孔和气管充满血性泡沫。肢体冰冷，脉细弱，甚至抽搐或呼吸和心跳停止。

急救措施

将患儿抬出水面后，立即清除其口、鼻腔内的水、泥及污物，用纱布（手帕）裹着手指将患儿舌头拉出口外，解开衣扣、领口，以保持呼吸道通畅，然后抱起患儿的腰腹部，使其俯卧进行倒水。或者抱起患儿双腿，将其腹部放在急救者肩上，快步奔跑使积水倒出。或急救者取半跪位，将患儿的腹部放在急救者腿上，使其头部下垂，并用手平压背部进行倒水。

呼吸停止者应立即进行人工呼吸，直至恢复呼吸为止。

呼吸心跳停止者应先进行胸外按压，按压深度为婴儿4厘米，儿童5厘米，按压和人工呼吸的比例按照30：1（单人）或15：2（双人）进行，直至呼吸心跳恢复或医护人员到场。然后松手腕（手不离开胸骨）使胸骨复原，反复有节律地（每分钟60～80次）进行，直到心跳恢复为止。

毒虫咬伤

在城市里生活的宝宝，一般不会有毒虫咬伤的可能，如果假期外出旅游就要注意这个问题。出行前，家长要配备一些日常生活中的常用物品，以备不时之需。

毒虫咬伤主要包括蜈蚣咬伤、蝎子蜇伤、蚂蟥叮咬、毒蜘蛛蜇伤、毛虫蜇伤、毒蛇咬伤等。

表现

蜈蚣咬伤：其伤口是一对小孔，毒液流入伤口，局部红肿剧痛。蜈蚣的毒液呈酸性，用碱性液体就能中和。可立即用5%～10%的小苏打水、肥皂水或石灰水冲洗，而不用碘酒。然后涂上较浓的碱水或3%的氨水即可。

蝎子蜇伤：蝎子尾巴上有一个尖锐的钩，与一对毒腺相通，蝎子蜇人，毒液即由此流入伤口。蜇伤后局部产生烧灼痛感与红肿。可用1：5000高锰酸钾溶液或3%氨水冲洗伤口，挤出毒液。蜇伤如在四肢，可在伤部上方缠止血带，拔出毒钩，将明矾研碎用米醋调成糊状，涂在伤口上。如果自己不能处理，要及时送往医院，请医生切开伤口，抽取毒汁。

蚂蟥叮咬：被蚂蟥咬住后不要惊慌失措地使劲拉，蚂蟥很怕盐，在它身上撒一些食盐或者滴几滴盐水，它就会立刻全身收缩而跌下来。如果没有盐也可用手掌或鞋底用力拍击，经过剧烈的震打以后，蚂蟥的吸盘和颚片会自然放开。

毒蜘蛛蜇伤：蜘蛛毒液的毒性并不大，被毒蜘蛛蜇伤后一般可引起局部肿痛，或可伴有头昏、呕吐、精神萎靡等。全身症状包括眩晕、恶心、腹肌痉挛、发热，有点类似急腹症的临床表现。严重者可呈休克状态，呼吸窘迫。肢体伤口近心端缚止血带，每隔15～30分钟放松，用针筒或无伤口的口腔抽吸毒液，以免实施救治的人员自己中毒。并立即送医院寻求进一步诊治。

毛虫蜇伤：被毛虫蜇伤后可用橡皮膏粘出毒毛，用5%～10%的小苏打水、肥皂水或石灰水冲洗。

毒蛇咬伤：被毒蛇咬伤后，不要惊慌失措，更不要奔跑走动，以免促使毒液快速向全身扩散。患儿应立即坐下或卧下，家长迅速用可以找到的带子、绳子、鞋带、裤带之类的绑扎伤口的近心端，如果手指被咬伤可绑扎指根；手掌或前臂被咬伤可绑扎肘关节上；脚趾被咬伤可绑扎趾跟部；足部或小腿被咬伤可绑扎膝关节下；大腿被咬伤可绑扎大腿根部。绑扎的目的仅在于阻断毒液经静脉和淋巴回流入心，而不妨碍动脉血的供应，与止血的目的不同。所以绑扎没必要过紧，它的松紧度掌握在能够使被绑扎的下部肢体动脉搏动稍微减弱为宜。绑扎后每隔30分钟左右松解一次，每次1～2分钟，以免影响血液循环造成组织坏死。

被毒蛇咬伤后迅速排除毒液的方法如下。立即用凉开水、矿泉水、肥皂水冲洗伤口及周围皮肤，洗掉伤口外表毒液。如果伤口内有毒牙残留，应迅速用消过毒的小刀或碎玻璃片等其他尖锐物挑出毒牙，以牙痕为中心作十字切开，深至皮下，然后用手从肢体的近心端向伤口方向及伤口周围反复挤压，促使毒液从切开的伤口排出体外。边挤压边用清水冲洗伤口，冲洗挤压排毒须持续20～30分钟。然后用嘴吮吸伤口排毒，但吮吸者的口腔、嘴唇必须无破损、无龋齿，否则有中毒的危险。吸出的毒液随即吐掉，吸后要用清水漱口。

排毒完成后，伤口要湿敷以利毒液流出。蛇毒是剧毒物，只需极小量即可致人死命，所以绝不能因惧怕疼痛而拒绝对伤口切开排毒的处理。若身边备有蛇药可立即口服以解内毒。患儿如果出现口渴，要给足量清水饮用。经过切开排毒处理的患儿要尽快用担架、车辆送往医院做进一步

的治疗，以免出现无法处理的严重情况。转运途中要消除患儿的紧张情绪，保持安静。

急救措施

如被毒虫叮咬后，出现头痛、眩晕、呕吐、发热、昏迷等症状时，应立即去医院。

被蜈蚣、毛虫叮咬后，被叮咬过的皮肤上常形成风疹或水疱。对于风疹，可先用酒精将皮肤擦干，然后涂上1%的氨水；有水疱的，不可因痒而用手去搔抓，可用烧过的针将水疱刺破，将血挤出，然后涂上1%的氨水。

预防措施

当野外旅行时，尤其在夜间最好穿长裤、长靴或用厚帆布绑腿。

持木棍或手杖在前方左右拨草将蛇赶走，夜间行走时要携带照明工具，防止踩踏到毒蛇而招致咬伤。

选择宿营地时，要避开草丛、石缝、树丛、竹林等阴暗潮湿的地方，这些都是毒虫出没的地方。

还应常备解蛇毒药品，以防不测。

异物呛入气管

气管异物是儿科常见的意外事件，处理不当会造成严重伤害甚至死亡。儿童在进食或玩耍时，常因跑闹、惊吓、跌倒或哭笑将食物或小玩具误吸入气管，表现为突然剧烈咳嗽、呼吸困难、声音嘶哑、面色苍白，继之变为青紫，甚而失去知觉，昏倒在地。若不及时抢救，异物完全堵塞气管，则会危及生命。

当异物落入气管后，最突出的症状是剧烈的、刺激性呛咳，出现气急和憋气。也可因一侧的支气管阻塞，而另一侧吸入空气较多，形成肺气肿；较大的或棱角小的异物（如红枣）可把大气管阻塞，短时间内即可发生憋喘。还有一种软条状异物（如粉条）吸入后刚好跨置于气管分支的嵴上，像跨在马鞍上，虽只引起部分梗阻，却成为长期的气管内刺激物，患儿将长期咳嗽、发热，甚至导致肺炎、肺脓肿。

急救措施

当幼儿出现异物呛入气管的情况时，家长可采用以下两种方法尽快清除异物。

对于婴幼儿，家长可立即倒提其两腿，头向下垂，同时轻拍其背部。这样可以通过异物的自身重力和呛咳时胸腔内气体的冲力，迫使异物向外咳出。

年龄比较大的宝宝可以让他坐着或站着，救助者站其身后，用两手臂抱住患儿，一手握拳，大拇指向内放在患儿的肚脐与剑突之间；用另一手掌压住拳头，有节奏地使劲向上向内推压，以促使横膈抬起，压迫肺底让肺内产生一股强大的气流，使之从气管内向外冲出，迫使异物随气流直达口腔，将其排除。

若上述方法无效或情况紧急，应立即将患儿急送医院。

爱心 ★ 提示

气管呛入异物是一种完全可以预防的意外事件。父母要教育宝宝养成良好的卫生习惯。宝宝进食时，大人不要逗宝宝说笑、哭闹，以防食物呛入气管。教育宝宝不要把小东西放在嘴里玩，纠正宝宝口内含物的不良习惯。如发现宝宝口内含物时，应婉言劝说使其吐出，不要用手指强行挖取，以免引起哭闹而吸入气管内。

穿透伤、离断伤

锐器插入体内后，可能刺破局部的血管、神经和肌肉，而这时锐器正好嵌在伤口内，如将锐器拔掉，则创口立即暴露而出血不止，严重者可很快出现失血性休克，也移引起感染。

手指断离后，虽失去血脉滋养，但短期内尚有生机，而时间一长，则变性腐烂。

穿透伤的急救措施

先将纱布、棉垫安置于锐器两侧，尽量使锐器不能摇动，然后可用绷带绕肢体将棉垫包扎固定，尽快运输伤员到医院。

手指断离的急救措施

手指等断离的时候，要把离断的肢体用洁净物品如手帕、毛巾等包好，外裹塑料袋或装入干净的瓶中，迅速运送至医院。可将装有离断肢体的塑料袋或瓶子放入装有冰块的容器中，无冰块可用冰棍代替。不要将离断肢体放入水中，这样会影响肢体再植的成活率。断指不可直接与冰块或冰水接触，以防冻伤变性。

另外，断指切勿用酒精一类浸泡，清洗只可用生理盐水。因为酒精可使蛋白质变性，故绝对禁忌将断指直接浸泡于酒精内。如欲冲洗，只可用生理盐水。高渗或低渗溶液，均对组织细胞有害，会影响再植成活率，不可以用来浸泡、冲洗断指。

爱心★提示

断指的保存原则要遵循“干燥、低温、隔离”六个字。并且转送时间越快越好，争取在6~8小时内到医院接受再植手术。如伤后早期就冷藏保存，断指再植可延长到12~24小时。

煤气中毒

煤气中毒，即一氧化碳中毒。一氧化碳是无色无味的气体。煤气中毒多数发生在用煤球和煤饼取暖的家庭。另外，家用煤气使用不当也会造成煤气中毒。

轻度煤气中毒者感到头晕、头痛、恶心呕吐、神志不清。重度中毒者口唇呈樱桃红色，全身皮肤潮红，神志不清，或者昏迷、呼吸短浅、四肢冰凉，甚至大小便失禁。

急救措施

立即把患儿搬到室外空气流通的地方，尽快松解领口和腰带，使其呼吸不受任何限制，吸入新鲜空气，排出一氧化碳。但要注意保暖，最好将患儿用厚棉被包裹好。症状轻的，一般1～2个小时即可恢复。

症状严重的，出现恶心、呕吐不止，神志不清以致昏迷者，应及时送医院抢救，最好送到有高压氧舱设备的医院。如果拖延时间较长，昏迷的患儿可受到不同程度的大脑损伤。护送途中要尽可能清除患儿口中的呕吐物或痰液，将头偏向一侧，以免呕吐物阻塞呼吸道引起窒息。

如果患儿呼吸不匀或微弱时，可进行口对口人工呼吸施行抢救。如果呼吸和心跳都已停止，可在现场做人工呼吸和胸外按压，即使在送医院途中，也要坚持抢救。

烧伤、烫伤

小儿烧伤、烫伤在急诊中占较大的比例。轻者烫伤部位留下了疤痕，重者危及生命。小儿机体器官的发育尚不完全，即便受到轻微的烧伤、烫伤，也会非常痛苦。如果烧伤、烫伤占全身表面5%以上，就可以使身体发生重大损害。烫伤后局部血管扩张，血浆从伤处血管中流出，很容易引发炎症。

急救措施

立即消除致伤的原因，包括脱去衣物，用冷水或冰水浸泡冲洗约10分钟，这是最有效的烫伤急救方法。

如果皮肤已出现水疱，说明烧伤起码已达到II度，不可自行处理，宜立即送医院就诊。如果水疱已破或已剥落，可用消毒的凡士林纱布暂时包扎。

如果致伤的部位不能包扎，宜采用暴露法，使创面干燥，以减少感染的机会。

如果致伤的程度深，范围较大，或部位重要，就应紧急处理后立即送医院做进一步的处理。

不要扯下伤口处的粘连物。除了用冷水外，不要让其他任何东西覆盖伤口。

给受伤的患儿补充水分，给他喝些果汁或糖盐水。

爱心★提示

许多烫伤的发生往往与父母的疏忽有关，因此有效地预防烫伤，是父母重大的责任。给宝宝用澡盆洗澡时，一定要先倒凉水，再倒热水，以免宝宝误入热水。家里的热水瓶、烧水壶、热水杯、汤锅、粥锅、火锅等都是危险的热源，这些都应当放到宝宝够不到的地方。电熨斗用完后，及时放到安全处。教育宝宝不要在厨房打闹，不能玩火和煤气灶具。

食物中毒

食物中毒多发生在夏秋季，主要是因为误食细菌污染的食物而引起的一种以急性胃肠炎为主要症状的疾病，最常见的为沙门氏菌类污染，来源以肉食为主。葡萄球菌引起中毒的食物多为奶酪制品、糖果糕点等，嗜盐菌引起中毒的食物多是海产品，肉毒杆菌引起中毒的食物多是罐头肉食制品。禁食霉腐变质的食品可预防食物中毒发生。

食物中毒以呕吐和腹泻为主要表现，常在食后1个小时到1天内出现恶心、剧烈呕吐、腹痛、腹泻等症，继而可出现脱水和血压下降而致休克。肉毒杆菌污染所致食物中毒病情最为严重，可出现吞咽困难、失语、复视等症。

急救措施

催吐：如果食物中毒发生的时间在1～2个小时内，可以多给患儿喝白开水，然后用手指或筷子伸入喉咙进行催吐，以尽量排出胃内残留的食物，防止毒素进一步被吸收。

导泻：如果中毒已经超过2个小时，且患儿精神尚好，则服用一点儿泻药，促进中毒食物尽快排出体外。

解毒：如果是吃了变质的鱼、虾等引起的食物中毒，取食醋100毫升，稀释后一起服下。若是饮用了变质的饮料，最好的办法是服用鲜牛奶或其他含蛋白质的饮料。

禁食：食物中毒早期应禁食，但不宜过长。

猫狗咬伤

凡是被狗、猫咬伤，不管是疯狗、病猫还是正常的狗、猫（据文献报告，有相当多的一部分正常的狗、猫的唾液中带有狂犬病毒）都要注射狂犬疫苗，以防狂犬病的发生。

被狗、猫咬后发病时间不定，可短于10天，亦可长至数年，一般是1～2个月。

前驱期表现有低热、头痛、乏力、咽痛、焦虑、易怒、食欲不振等症状，还有怕声、怕光、怕风，喉部有紧缩感等症状。咬伤部位感觉异常。兴奋期表现为体温升高，躁动不安，害怕饮水，听见水声或被风吹时都可诱发局部或全身抽搐；口中唾液增多，常伴呼吸困难，但神志清楚。麻痹期表现为抽搐停止，由暴躁转为安静，神智淡漠，呼吸循环衰竭，最后完全麻痹死亡。

急救措施

彻底冲洗伤口。狗咬伤的伤口往往是外口小里面深，这就要求冲洗的时候尽可能把伤口扩大，并用力挤压周围软组织，设法把粘在伤口上的动物唾液和伤口上的血液冲洗干净。若伤口出血过多，应设法立即上止血带，然后再送医院急救。

冲洗伤口要分秒必争，以最快速度把沾染在伤口上的狂犬病毒冲洗掉。记住：千万不要包扎伤口！

伤口反复冲洗后，再送医院做进一步伤口冲洗处理（牢记：到医院伤口还要认真冲洗），接着应接种预防狂犬病疫苗。这里特别要指出的是，千万不可被狗、猫咬伤后，伤口不做任何处理，而是涂上红药水包上纱布，这样做更有害。切忌长途跋涉赶到大医院求治，而是应该立即、就地、彻底冲洗伤口，在24小时内注射狂犬疫苗。

爱心★提示

在日常生活中，要提醒宝宝不要突然用手去摸狗或见到狗就奔跑，让宝宝远离猫狗。狗咬伤多发生在6～8月份，这期间更应该照顾好宝宝。如果看到可疑的猫和狗，应通知有关单位，将可疑的猫和狗隔离。

咽部异物

宝宝吃什么东西被卡的最多？过去有很多答案：鱼刺、骨头、瓜子、花生、核桃、硬币等。而现在，除了上述东西容易卡住宝宝的咽部外，

水蒸蛋、果冻等软软的东西也很容易卡住宝宝咽部，造成危险。这类食物很容易把气管整个盖住，手术时又很难取出。咽部异物是耳鼻喉科常见急症之一，如果处理不当或不及时，常延误病情，发生严重并发症。较大异物或外伤较重者可致咽部损伤。

急救措施

鱼刺、骨刺、缝针等很容易刺在口咽部扁桃体或其他附近组织上。处理时，一定要对着充足日光或灯光，光线能直射在口咽部。令患儿张口，安静地呼吸，最好用压舌板（或用两根筷子代替）轻轻将舌头压下，使咽峡部露出十分清楚。如果是鱼刺，往往一端刺入组织，另一端暴露在外，呈白

色，用镊子钳出。若不能顺利取出，不要采取吞咽馒头等强行咽下异物的方法，那样会使鱼刺或骨片越扎越深，而应该马上去医院采取措施。

颈部、头部撞伤

滑倒或从高处跌落时，如果颈部受到强烈的撞击，是很危险的。因为颈椎中有脊髓通过，如果颈部神经受损，轻者造成瘫痪，重者危及生命。

遇到这种情况后让患儿平躺，因为水平躺着，可使背部伸直，但不要移动头部和颈部。最重要的是不要让患儿坐着。

固定颈部。将毛巾或衣物等卷成圆筒状放在颈部的周围固定，以防止颈部移动。若必须移动时，一定要几个人同时抬起患儿，轻抬轻放，千万小心。

冷敷、止血。用冷水将毛巾弄湿或用冰块敷在撞击的地方。如有伤口，可用双氧水消毒伤口；如有出血，就用干净的布块加压止血。

保持身体温暖。出血较多时，幼儿身体会特别冷，所以要加盖毛毯、被子等物品，使身体保持温暖。

对于意识清醒的患儿，要用温柔的语言安慰他，消除他的紧张情绪，不能摇晃他，表现出很焦急的神态，不利于患儿保持安静。

面部淤血多是由于跌伤、钝器打击或碰撞引起。头皮血肿一般不需要特殊处理。受伤后不要反复揉搓肿起的包块，只需要局部按压或给予冷敷就行了。对于比较大的头皮血肿应去医院检查治疗。

急救措施

冷敷。用冷毛巾或冰块冷敷淤血或肿胀处，这样可消除肿胀和疼痛。

消毒。用碘伏消毒伤口，如有出血时，可在伤口覆盖干净的纱布，加压止血。

保持安静，细心观察。头面部受伤的患儿，表面上虽没有什么症状，但有时经过一段时间后情况会恶化，所以要让患儿安静休息1日左右，以便观察。休息时垫高头部平躺，尽量不要移动。如需要移动，可由2～3人平稳地抬起患儿，轻轻搬运。

鞭炮炸伤

儿童对鞭炮的渴望是成人不能理解的，震耳欲聋的鞭炮声既刺激又新鲜，往往让宝宝很喜欢燃放鞭炮。但是鞭炮虽然好玩却很容易造成伤害。宝宝多因未能及时躲开、捡“瞎炮”或者使用伪劣产品意外爆炸而受伤。受伤多见于手、面、眼、耳部。

手伤：伤口小、浅，有少量出血；重者可伤及肌腱、神经、肌肉、骨及关节；严重者手掌、手指大部被炸掉失去原形。

眼伤：伤后多有剧痛，眼中有异物；重者眼球脱出，眼内出血，视物不清或失明。

爆炸性耳聋：伤后一侧耳或双耳听力下降或听不到声音。

急救措施

止血，先迅速脱掉着火的衣服，用自来水冲洗伤口。如手部或足部炸伤流血，应该迅速用双手卡住出血部位的上方。可以用云南白药或三七粉撒上止血。高举手指用干布包扎伤口，皮肤表面有异物要立即取出。

如果炸伤眼睛，千万不要去揉擦和乱冲洗，可滴入适量的消炎眼药水，眼睛受伤时要平躺急送医院。

还应检查一下鼻毛有无烧焦（可能会烧伤呼吸道），要及时告知医生。

摔伤、跌伤

随着宝宝的发育成长，两岁后运动量增大，跌倒、摔伤是很常见的。再加上宝宝对事物的好奇心和兴趣的增加，在玩耍和日常生活中受伤的机会多起来。很容易摔伤、跌伤面部、口唇、牙齿、膝盖，严重的还导致骨折及头部外伤。

急救措施

轻微摔伤、跌伤的处理

如果伤口污染不严重，也不太痛，如表皮擦伤，可用冷开水或自来水清洗局部，然后用碘伏消毒即可。如果局部青紫肿胀，用红花油等有利于消肿的外用药物涂在受伤部位，直到消肿为止。需要特别注意的是，如果受伤时碰到铁器上，并有伤口，就不可掉以轻心，伤口可能会被破伤风杆菌感染，而诱发破伤风。这时应及时带患儿到医院做相应的检查与处理。

头部外伤的处理

如果宝宝受伤后，能够立即放声大哭，并跟家长述说事情的经过等，说明大脑内没有受到伤害，没有意识障碍，可以让患儿仰卧在床上休息，但头部要垫高。如果宝宝想睡觉，家长应该隔一段时间叫醒他一次，看看他的反应如何。

因头部皮肤内血管比较多，小伤口有时也可能发生大出血。如果出血较多时，身体会特别冷，要使身体保持温暖。家长应迅速、冷静地用干净毛巾或纱布压迫伤口止血，然后赶紧送医院治疗。

如果出现下列症状之一，则说明大脑受损：①意识不清；②面色苍白、出冷汗；③瞳孔向上露出眼白或口角歪斜；④抽搐；⑤呕吐频繁；⑥耳鼻内流血或流水；⑦翻来覆去、躁动不安或手脚肢体单侧或双侧瘫痪。这时必须立即送医院抢救。

头部被撞击后，如果当时并没有明显的反应，身上也没有明显的伤处，家长千万不要以为就没事了,有时患儿会在以后的数日内出现情绪不好，不断哭闹或无精打采；患儿不停喊头痛；处于睡眠状态，不愿意睁开眼睛，还可能出现抽搐；面色苍白，经常呕吐。这些情况足以说明大脑内部受损，应立即送医院检查治疗。

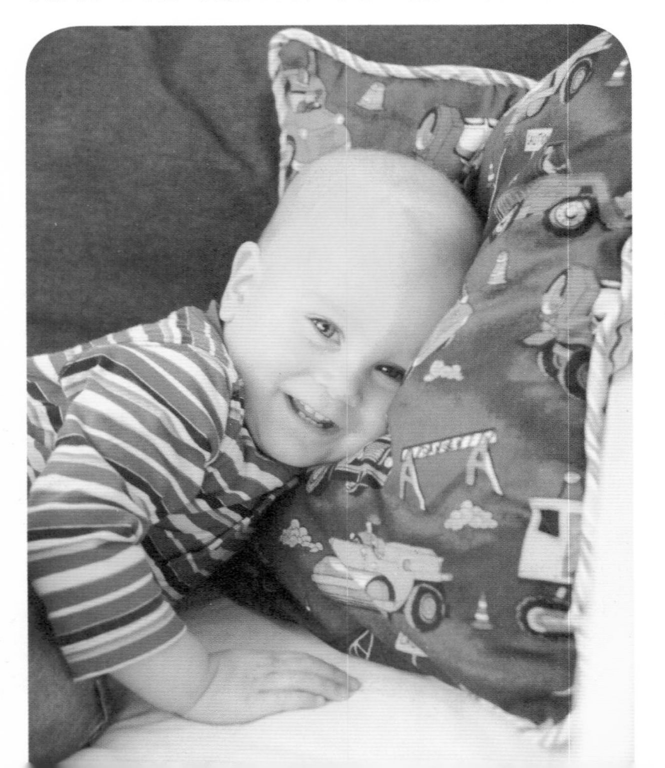

宝宝发生骨折的处理

若宝宝跌伤较重，出现明显骨折症状，如跌伤疼痛难忍，肢体不能自如行动；跌伤部位出现明显肿胀、畸形等，都可能是骨折。骨折可分为闭合性骨折和开放性骨折两类。骨折处皮肤未出现破损是闭合性骨折，断裂的骨头在皮肤组织内部。开放性骨折能从皮肤破裂处见到被折断的骨头。

对开放性骨折，应采取有效方法止血。凡是开放性骨折，由于骨折处周围组织血管破损，血液会从伤口向外流出，对此应立即止血。可先用指压止血法，压住伤口血管的上端，用干净的纱布、绷带等包扎伤口，不便包扎的伤口可扎止血带止血。

爱心★提示

宝宝发生骨折，家长在做出必要的处理后，应马上将患儿送往医院。但在途中要尽量注意患儿的保暖，并且不要让患儿自己走动，减少对伤处的碰撞，从而减少患儿的痛苦。

之后固定骨折肢体。因为肢体运动会使骨折周围组织进一步损伤。因此，现场急救时，通常需要固定伤肢。具体做法是利用木板等坚硬物夹住骨折处，并将骨折处的上下两关节都固定住。

咬断体温计

按规定宝宝的体温测定可以将体温计放在腋下或肛门部位测试，也有一些家长把它放在宝宝的口中测试。宝宝控制能力较差，很容易咬断体温计（常用的玻璃水银体温计），结果体温计中水银被吞入胃里，这时家长应该怎么办呢？

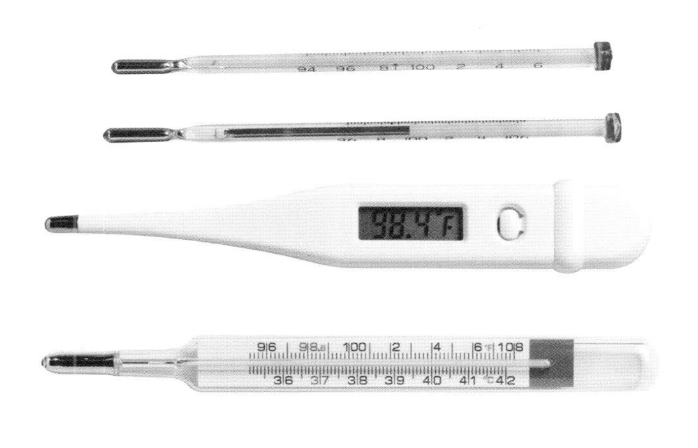

急救措施

如果给宝宝测体温时，宝宝不慎咬断体温计，将水银吞入，家长不要给宝宝喂牛奶、豆浆或鸡蛋清，因为水银会和这些食物中的蛋白质结合，加快水银被吸收而中毒。而应立即让宝宝将碎玻璃吐出，并用清水漱口，清除口内的碎玻璃。如已吞下玻璃碴，需立即到医院就诊，必要时进行影像学检查，明确玻璃的大小、形状及已到达的位置，评估风险。只要没有大块碎玻璃被吞下就不会有太大的危险。

因为水银是一种重金属，化学性质很不活泼，所以不会在胃肠道内被吸收而中毒。只有离子状态的水银可以在肠道内被吸收，误食后可引起中毒。通常情况下，误咽水银后，少则几个小时，多则十几个小时，即可从粪便中排出。对于散落在地的水银要及时清除，因为水银在常温下即可挥发成气态汞，大量吸入后可引起中毒。

鼻出血

一般人大多有过鼻子出血的经历。为什么鼻子容易出血呢？首先，因为鼻子里的血管丰富且曲折；其次，因为鼻腔是呼吸道的门户，容易受病菌和外伤等因素的侵袭。不适当地掏挖鼻屎，常造成鼻子流血，造成鼻出血主要有以下几种情况。

1. 当天气干燥，宝宝穿衣过多时，内热有火，鼻黏膜干燥常会引起鼻腔出血。

2. 宝宝用手挖鼻孔，挖破鼻黏膜而引起出血或因外伤而伤了鼻腔，鼻黏膜下血管破裂而流血。

3. 当宝宝发热、感冒时，鼻黏膜充血、肿胀，黏膜下浅表血管糜烂出血。

4.宝宝把异物置鼻腔，刺激鼻腔黏膜糜烂出血。

5.患有鼻腔肿瘤或血液系统的疾病，也会有鼻出血现象。

急救措施

让患儿半坐位，把浸过冷水的毛巾放在额头，也可用药棉塞住出血鼻腔压迫止血。

用手捏住患儿双侧鼻翼3～5分钟，并吩咐患儿张口呼吸。患儿应取坐位或半卧位。用冷湿毛巾外敷鼻根部及额部，稍候片刻，再用棉花团蘸0.5%～1%的麻黄素溶液（如无此药可单用棉花团）塞入出血的鼻孔内，再继续捏住双侧鼻翼10分钟左右，即能止血。同时在鼻根部冷敷，止不住血时，可用棉花或纱布塞鼻，同时在鼻外加压，就会止住血，然后迅速通知急救中心或去医院。

若出血不多用以上方法可以止住，如出血量较多，用蘸有止血药的棉花团填塞鼻腔、压迫止血，然后送往医院。

爱心★提示

在气候炎热的夏季，注意让宝宝多饮水，不要在太阳暴晒下进行室外活动。冬季，如果室内空气干燥，可以使用加湿器、开窗通风，鼻腔适量滴注复方薄荷油。不要让室温过高。教育宝宝不要偏食，多吃蔬菜水果，少吃巧克力等易上火的东西。当宝宝患鼻炎、鼻窦炎时要及时治疗。帮助宝宝尽快改掉抠鼻子的坏习惯。

异物入耳

由于无知和好奇，宝宝有时将手里玩的小东西塞到耳朵里去，如圆珠子、小豆子、小石块等，形成外耳道异物。夏天，宝宝在外面散步或乘凉，各种昆虫飞进或爬进耳朵里的事也是常有的。耳朵进水，也会损伤听力。

小虫入耳，耳孔内会有跳动爬行感，宝宝会感受到难以忍受和耳痛。大的异物可引起听力障碍、耳鸣、耳痛和反射性咳嗽。豆类遇水膨胀可刺激外耳道皮肤发炎、糜烂，会有剧烈的疼痛。

急救措施

告诉宝宝千万不要紧张与害怕，小虫飞进耳朵时要马上用双手捂住耳朵并张大嘴，这样可以防止耳朵的鼓膜被震伤。

小虫飞入耳道，应马上到暗处，用灯光或手电筒光等照有虫子的耳道，小虫有趋光的习性，见光会自行出来。

用食用油（甘油亦可）滴3～5滴入耳，过2～3分钟，把头歪向患侧，小虫会随油淌出来。

耳道进水时，将头侧身患侧，用手将耳朵往下拉，然后用同侧脚在地上跳数下，水会很快流出；也可以用棉签轻轻插入耳中，将水分吸干。家长要切记，当游泳或洗澡时耳道不慎进水，应及时使耳道内水流出，防止引起中耳炎。

不要用尖锐的物质挖捣耳内异物，以免造成耳内黏膜和鼓膜的损伤。豆子、玉米、米麦粒等干燥物入耳，不宜用水或油滴耳，否则会使异物膨胀更难取出，宜立即到医院耳鼻喉科就诊。异物进入耳道多日，或疼痛较重时，不宜延误，应立即去医院治疗。

眼内异物

宝宝出去玩，难免会有异物进入眼睛里。如何消除异物才能不给宝宝的眼睛带来伤害，这就

要求家长必须注意两点：第一，告诉宝宝不能揉眼睛；第二，不能滥用眼药水。

多数宝宝会因遭异物入侵而产生不适感，难免会用手去揉眼睛，却因此造成更大的伤害。所以当怀疑宝宝因眼睛有“脏东西”而去揉眼时，首先须将宝宝的双手按住，以制止他再去揉眼睛。

将宝宝的头部固定住并向受伤的一侧倾斜。迅速用凉开水冲洗眼睛5～10分钟。注意不能用自来水冲洗眼睛，这样容易引起细菌感染。

待不适感稍稍缓和，可让宝宝试着闭起眼睛，并让泪水流出，希望借此让异物随泪水自然流出眼睛。

根据眼内异物的分类采取相应的急救措施

沙尘类。家长用两个手指头捏住宝宝的上眼皮，轻轻向前提起，向眼内轻吹，刺激眼睛流泪，将沙尘冲出。或用干净棉签或手绢的一角将异物轻轻粘出。如果进入眼内的沙尘较多，可用干净水冲洗。

铁屑、玻璃、瓷器类。如果有铁屑进入眼睛，尤其是在“黑眼珠”上，告诉宝宝尽量不要转动眼球。取出有困难时，就不要勉强，应该让宝宝闭上眼睛，并立即去医院接受治疗。

化学物品类。当有强烈腐蚀性的化学物品不慎溅入眼内时，现场急救过程中要对眼睛及时、正规地加以冲洗。发生这样的意外时，要立即就近寻找清水冲洗受伤的眼睛，越快越好，早几秒钟和晚几秒钟，其后果会截然不同。冲洗时，将伤眼一侧偏向下方，用食指和拇指扒开眼皮，尽可能使眼内的腐蚀性化学物品全部冲出。若附近有一盆水，宝宝可立即将脸浸入水中，边做睁眼闭眼运动，边用手指不断开合上下眼皮，同时转动眼球使眼内的化学物质充分与水接触而稀释。必须注意的是，冲洗因酸碱烧伤的眼睛，用水量要足够多，绝不可因冲洗时自觉难受而半途而废。如果宝宝太小，家长可以用手帮助宝宝做睁眼闭眼的动作。伤眼冲洗完毕后，还应立即去医院接受眼科医师的检查和处理。

生石灰类。若是生石灰溅入眼睛内，要切记不能直接用水冲洗，且不能用手揉。因为生石灰遇水会生成碱性的熟石灰，同时产生大量热量，反而会烧伤眼睛。正确的方法是：用棉签或干净的手绢一角将生石灰粉拨出，然后再用清水反复冲洗伤眼至少15分钟，冲洗后勿忘去医院检查和接受治疗。

误食干燥剂

许多糖果、饼干或者电器用品内，为了让

物品不受潮湿环境的影响，延长它的使用期限，都可能放有干燥剂。有些宝宝吃东西时，囫囵吞枣，不小心把干燥剂也吃了下去，或者小宝宝对干燥剂好奇，把它们放在嘴里咀嚼，造成误食。

急救措施

一般市面上的干燥剂，大致上有以下四种。

1.透明的硅胶，这种是无毒性的，在胃肠道不能被吸收，可由粪便排出体外。这种干燥剂对人体没有毒性，不需做任何的处理，除非出现了头晕、呕吐等特殊反应。

2.咖啡色的三氧化二铁，只有些轻微的刺激性，让误食者喝水稀释就可以了，除非宝宝大量服用，产生恶心、呕吐、腹痛、腹泻等症状，有可能是铁中毒，必须赶快就医。

3.氯化钙，只有些轻微的刺激性，只要喝水稀释就可以了。

4.氧化钙，遇水后会变成碳酸氢钙，具强碱性，有腐蚀性，应该在家先喝水稀释，然后送医院做进一步处理。

花粉过敏

虽然在大自然中有数不清的花草树木，但是能引起特异体质过敏的花粉却只有很少的数目，以风媒花为主，而且这种病的发病率还与绿化程度有关。我国的花粉过敏患者发病率是0.5%～1%，最高在5%左右，因为有的地方绿化覆盖率高，空气中花粉含量也会相对较多。

了解一些相关的常识，可以帮助家长保护好对花粉过敏的宝宝。比如，春天是乔木类花粉传播广泛的季节，而到了夏天以禾本科作物为主，秋天又是向日葵、大麻、蓖麻等花粉传播的季节。另外，气候的变化对花粉的发病影响明显，春暖花开时节，气温高，空气干燥，风速大，花粉的扩散量就大。由此可见，花粉的传播跟温度、湿度和风速有很大关系。

花粉过敏症又叫“枯草热”，表现为流鼻涕、打喷嚏、鼻痒、眼痒以及咳嗽等症状。

花粉过敏的三种表现

花粉过敏性鼻炎，宝宝鼻子特别痒，突然间连续不断打喷嚏，喷出大量鼻涕，鼻子堵塞，呼吸不畅等。

花粉过敏性哮喘，表现为阵发性咳嗽、呼吸困难、有白色泡沫样黏液、突发性哮喘发作并越来越严重，春季过后与正常人无异。

花粉过敏性结膜炎，表现为宝宝的眼睛发痒、眼睑肿胀，并常伴有水样或脓性黏液分泌物出现。

预防方法

宝宝患花粉过敏往往在2岁后发生，主要从以下几方面预防。

对已有花粉过敏的宝宝采取一定的预防措施，以减少或减轻疾病的发作。如在空气中花粉浓度高的季节，可在医师的指导下有规律地服用抗组胺药物，如西替利嗪、氯雷他定等。对于较严重的花粉过敏性鼻炎和花粉过敏性哮喘患儿，应使用激素。

要减少宝宝暴露在花粉中的机会，如在花粉的授粉期间关闭门窗；早晨空气中花粉密度高，尽量推迟宝宝上午出门的时间，不要让宝宝进行户外晨练；不要在户外晾晒宝宝的衣物和被褥；减少野外活动；大风或天气晴好的日子，少带宝宝外出。

霏霏细雨的时候最好，空气中的花粉已经被雨水彻底带走，过敏宝宝的病情会明显好转。在秋天，“霜冻”可谓花粉的“大敌”，所以秋天的“霜冻”一到，过敏宝宝的日子就会明显好过起来。

Chapter 4

儿童用药注意事项

宝宝身体相对脆弱，用药要非常小心谨慎。不但需要注意用药的剂量，而且也要多加斟酌用药的种类和方式。所谓“是药三分毒”，在合理用药的同时，防止宝宝误吃药品也是爸爸妈妈应该注意的。

为什么6个月后的宝宝容易生病？

A 6个月以前的宝宝很少生病，可是6个月后生病的次数就明显增多了。这是因为胎儿在母体内以及出生后，通过母乳吸收的免疫球蛋白，可以帮助6个月以内的宝宝度过一生中最脆弱的阶段。但是6个月后，这些免疫物质被消耗得差不多了，而宝宝自身的免疫系统还未发育成熟，因此无法抵挡病毒的侵害，而表现为容易感冒、发热和腹泻等。

儿童用药的一般原则

儿童时期是一个具有特殊生理特点的年龄阶段，从新生儿期（出生后至28天）、婴儿期（28天后至1岁前）、幼儿期（1岁后至3岁前）、学龄前期（3岁后至6岁前）到学龄期（6岁后至12或13岁），在各个不同时期，儿童的器官不断发育成熟，其功能也不断完善，对药物的反应也不尽一样，因此，临床合理用药至关重要。

治疗要及时、正确和谨慎。中医认为，小儿有“脏腑娇嫩、形气未充”、“发病容易、传变迅速”的特点，其含义是指小儿处于不断生长发育的过程中，脏腑功能不像成人那样成熟，因此很容易发病，并且变化快。儿科许多疾病不像成人的“痼疾”，在早期被发现并合理治疗，患儿往往能转危为安，从而印证小儿的“脏气轻灵、易趋康复”的特点。正因为小儿“脏腑娇嫩、形气未充”，用药更须谨慎，如用药不当，可能会损伤脏腑功能，进一步加重病情。从现代医学角度认为小儿体格和器官功能处于不断发育过程中，血脑屏障、肝肾功能以及某些酶系统尚未成熟，用药不当可导致严重不良反应或中毒。如链霉素剂量过大，可导致听神经和前庭神经不可逆性损害，造成耳聋。

小儿身体柔弱，对药物的反应较成人灵敏，应用时要根据患儿的个体特点与疾病的轻重区别对待。俗话说“是药三分毒”，任何药物都有不良反应，中药也不例外。有些过去常用的儿童用中药含有朱砂，其成分为硫化汞，长期服用对小儿健康不利。

儿童用药剂量如何计算

临床常用的计算方法有四种，即按体重、体表面积、成人剂量折算和年龄计算，目前多采用前两种。

按体重的方法最常用。药物剂量（每天或每次）=药量/千克×体重（千克），若不知实际体重，可按下列公式估算。

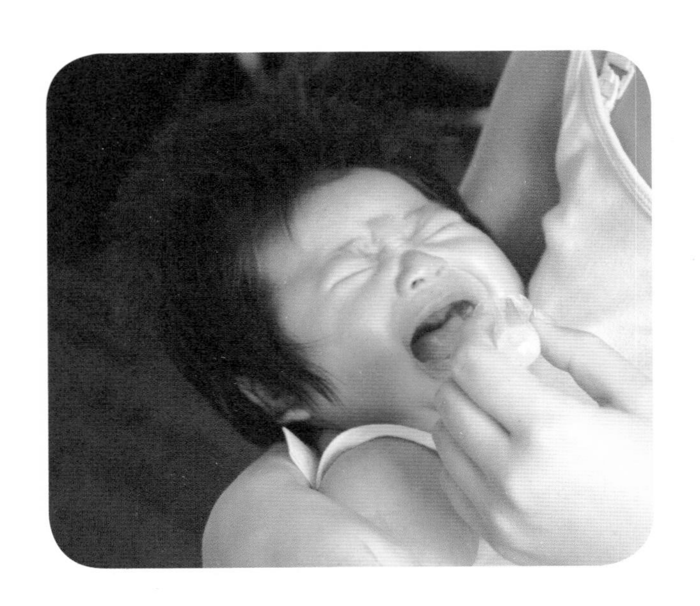

1～6个月婴儿体重

出生体重（千克）+月龄×0.7

7～12个月婴儿体重

6千克+月龄×0.25

1岁以上体重

年龄×2+8

例如，剂量及服法是0.3毫升/千克/次，一日三次。1个6岁体重20千克的儿童，应按每次6毫升，每天3次服用。

按体表面积方法相对复杂，但科学性强，适用于成人和儿童。

药物剂量=药量/米^2×体表面积（米^2）。

体重30千克以下者体表面积的计算公式为：体表面积（米^2）=0.035（米^2/千克）×体重（千克）+0.1（米^2）

30～50千克者，体重每增加5千克，体表面积增加0.1米^2。

例如，其剂量是1.5毫克/米^2，根据月龄计算出实际的体表面积，再乘以1.5毫克/米^2，即为饱和量。一个1岁10千克的婴儿，其体表面积是0.45米^2，地高辛的饱和量为0.675毫克。

按年龄给药的方法因患儿个体差异较大，故给药剂量不一定准确。

小儿年龄	相当于成人用药比例	小儿年龄	相当于成人用药比例
出生1个月	1/8～1/14	2～4岁	1/4～1/3
1～6个月	1/14～1/7	4～6岁	1/3～2/5
6个月～1岁	1/7～1/5	6～9岁	2/5～1/2
1～2岁	1/5～1/4	9～14岁	1/2～2/3

如何给宝宝喂药

刚出生的宝宝生病了，初为父母的家长不知如何喂药。平时挑食的宝宝连饭都不爱吃，又怎样吃下难吃的药呢？这里介绍几种小窍门。

给宝宝喂药时，对于年龄较小或不配合的宝宝，可将药物溶于水或配方奶中，用喂药器或小勺滴入舌头的侧方喂入，对于年龄稍大的能配合的宝宝，则可用小勺或小药杯直接喂服。

宝宝拒服较苦的汤药时，可固定头手，用小勺将药液送到舌根当部，使之自然吞下，切勿捏鼻，以防呛入气管。

服药时不可用可乐、牛奶、茶水等饮料送服。

服药时间一般以饭后2～3个小时为宜，但驱虫的药物宜空腹服用。消食导滞的药物，宜饭后服。

中药与西药须间隔半个小时服。

儿童用药的几个误区

滥用抗生素。抗生素对于多种细菌有着强大的杀灭和抑制作用，但使用不当，会产生很多问题，例如，抗生素对病毒是无效的；抗生素剂量不足或反复换药等可产生细菌耐药性；部分抗生素可损伤肝肾、神经、血液等系统器官功能；长期应用抗生素还可引起二重感染。

滥用糖皮质激素。糖皮质激素临床应用范围很广，具有抗感染、抗过敏、抗毒和抗肿瘤等作用，但也有很多不良反应，如抑制免疫功能、抑制生长发育等，长期应用会造成骨质疏松、免疫力下降、股骨头坏死和肾上腺皮质萎缩等。

滥用营养补充剂。维生素在人体的生理活动中起着重要的作用，婴儿每天需维生素A1500～2000国际单位，需维生素D400～800国际单位，过量服用会造成不良后果。长期服用维生素A（50000国际单位/天），可出现中毒症状，如烦躁、食欲减退、口唇皲裂、四肢疼痛、肝脾肿大、前囟饱满等，过量使用维生素D（30万～60万国际单位），其中毒症状为烦躁、哭闹、恶心、呕吐、腹泻、便秘、尿频、夜尿增多、肌张力下降、蛋白尿等。有些营养补充剂还含有激素等禁用成分，小儿长期服用可出现性早熟等。

迷信新药、贵药、进口药。治疗疾病应针对病因合理用药。对新药的疗效评价需要长期观察，如青霉素的过敏性休克是在它诞生10年后才被发现，沙立度安（反应停）的致畸作用是在用药1年后出现的。贵药和进口药在原料、生产工艺等方面要求较高，不良反应可能较少，疗效有的确实很好，但有的疗效尚难评价，使用时一定要从医疗价值上出发，切忌迷信新药、贵药和进口药。

如何避免宝宝偷吃药

在家里，人们常把剩余药物放在小箱子或抽屉中，忙碌的生活和工作使人们无暇整理，当不懂事的宝宝把药片当作糖豆误服时，家长一定追悔不及，那么如何防范宝宝偷吃药呢？

家庭药箱应放在宝宝够不到的地方，抽屉可以锁上。不要将药品随手乱放，特别是一些特殊药物，如镇静催眠药、抗癫痫药、激素类药物、避孕药、抗肿瘤药及解热镇痛药等，更要好好保管。

平时要教育宝宝不要乱吃东西，特别是一些来历不明的“糖豆”。不要把食物和药物混放在一起。

宝宝模仿力强，对新鲜事物充满好奇心，大人吃药时尽量避着宝宝。

家庭用去污粉、洁厕灵、洗衣粉或油垢清洁剂等多含有腐蚀性成分，应妥善保管。

宝宝误服药物后应如何处理

如果宝宝在家中不慎误服了药物或毒物，家长应该怎么办呢？原则是应当马上送医院抢救，若离医院较远或交通不方便，应先叫急救车，然后采取一些急救措施。

首先，尽快弄清楚宝宝误服了什么药物、服用时间和大体剂量，为就医时提供病情资料。不要打骂和责怪宝宝，免得宝宝害怕不说真实情况而延误诊断。

如果误服的是一般性药物，可让宝宝多饮凉开水，使药物稀释并及时排出。误服镇静催眠药，多表现为昏睡不醒、瞳孔缩小和反应减弱。误服有机磷农药，可有恶心、呕吐、流涎、多汗、流泪和肌肉震颤等表现，口中多有大蒜味。误服强酸强碱类液体，可有恶心、呕吐、呕血、口咽部糜烂、喉头水肿及口咽部、食道和胃灼痛，腹部绞痛等表现。

如果误服药量过大且时间尚短时，应立即催吐以减少药物或毒物的吸收。可以用手指或筷子

抵压舌根，待胃内容物吐出后，再喝茶水、豆浆或牛奶等反复催吐。

误服强酸类液体，一般禁忌催吐和洗胃，以免加重食道和胃壁的损伤，引起胃穿孔。应服用极稀的肥皂水、生蛋清或牛奶等，然后服植物油保护消化道黏膜。禁用小苏打（碳酸氢钠）以免产生大量气体造成胃穿孔。

误服强碱类液体，也不可催吐和洗胃，应立即服用弱酸溶液，如食用醋、橘汁或柠檬汁，再予牛奶、生蛋清水或植物油口服。

若皮肤或眼睛接触强腐蚀性液体，应迅速用大量清水冲洗，并立即送往有治疗条件的医院就诊。

另外，在送医院急救时，应将错吃的药物或药瓶带上，以使医生及时采取合理的解毒措施。

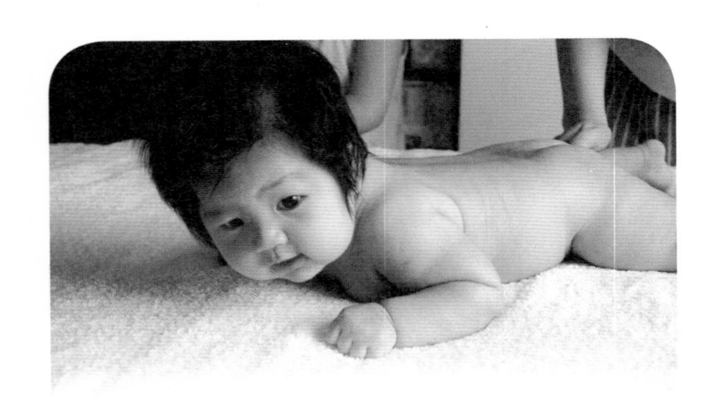

药物处理后宝宝体温无下降该怎么办

在临床上，对于3个月以上的宝宝，若体温≥38.5℃，一般给予药物降温，一般口服即可，同时多喝水。3个月以下的宝宝一般不用退热药，通过打开包裹散热，喝水及必要时温水洗浴即可达到降温效果。若给宝宝采取退热处理后体温仍不降，身体多无汗出，不能重复给药，应尽量让宝宝多饮温开水，此时宝宝精神大多数不好且喝水少，可采取物理降温的方法，如减少衣被、洗热水澡、头枕冰袋或酒精擦浴。因为宝宝体表面积相对于成人较大，所以宝宝越小，物理降温的效果越好。

★ 注意以下几点：

对有高热惊厥史的宝宝体温达38℃即可给予药物退热。

已经出汗的宝宝可密切监测体温，若呈下降趋势暂可不予退热药。

宝宝发热时千万不能“捂汗”，这样会使体温更高，还可引起高热惊厥。

家中应常备哪些药

宝宝处于生长发育阶段，各项生理功能尚不完善，且自我保护意识差，容易出现感冒、发热、伤食、腹泻、外伤等情况，此时家长往往不知如何处理，这里简单推荐一些宝宝常用药物，仅作参考。

感冒初起大部分是病毒引起的，一般不必使用抗病毒药。对有发热的宝宝可酌情选用中成药，如健儿清解液、小儿豉翘清热颗粒等。

抗生素现多为头孢菌素或阿奇霉素，需要由医生决定是否应用。

咳嗽痰多可选用祛痰止咳的西药或中药，慎用中枢性镇咳药物。

乳食积滞可选小儿化食丸、小儿胃宝丸等。

治腹泻的常用药物，如蒙脱石散（商品名思密达、必奇等）、益生菌、口服补液盐等。

常用退热药有布洛芬混悬液、对乙酰氨基酚混悬液。

抗过敏药可选西替利嗪、氯雷他定。外用止痒药可准备炉甘石洗剂。

小儿烫伤亦常见，家中可备京万红烫伤膏或紫花烧伤膏。

哪些药物可造成宝宝药物性失聪

在我国7岁以下的失聪儿有80多万，每年还新增3万余人，这些宝宝终日生活在静寂无声的世界里，严重影响将来的生活、学习和就业。每年的3月3日是我国的“爱耳日”，2015年的主题是“安

全用耳，保护听力”。

引起耳聋的原因有多种，有先天遗传、后天感染、环境因素或药物中毒等，其中药物中毒是可以减少或避免的。药物性耳聋是指人群使用某种药物治病或接触某种化学制剂而引起的耳聋。临床表现为耳鸣、进行性听力下降，常为双侧性的，先对高频率声音反应下降，然后对低频率声音反应下降，最后完全丧失听力。此外还可有眩晕、走路或站立不稳等表现。宝宝用药后因不会表达往往表现为过分安静，因而本病具有一定的隐蔽性。

目前已发现近百种耳毒性药物，常见的有庆大霉素、链霉素、卡那霉素、丁胺卡那霉素、新霉素、小诺霉素、红霉素、多粘菌素、万古霉素、利福平、保泰松、阿司匹林、消炎痛、碘酒等药物，其中以庆大霉素、链霉素、卡那霉素、新霉素（均属氨基糖苷类抗生素）的损害最大，毒性反应的程度与剂量、疗程大致呈正比，即剂量越大、疗程越长则毒性反应越大。口服方式比注射方式毒性反应要轻一些。为尽量减少和避免毒副作用的发生，卫生部专门颁布了《常用耳毒性药物临床使用规范》，规定了30种耳毒性药物的使用标准。

药物性耳聋是永久性的损害，受损部位是位于耳蜗的感知声音的毛细胞，受损后其功能很难恢复，但早期发现并采取干预措施可防止病情加重。

哪些药物有损宝宝的肾功能

我们知道大部分药物被人体摄入或吸收后，都要经过肝脏代谢，最后由肾脏排出，所以肝肾起着非常重要的作用。宝宝由于其自身的生理特点，内脏器官功能均未完善，因此用药时要斟酌使用，避免或减少使用毒性较大的药物。肾功能损害的表现有蛋白尿、管型尿、血尿、尿少、氮质血症，严重者可出现肾衰竭。临床主要有以下几类药物对肾脏有毒性作用。

抗生素。以氨基糖苷类为主，按肾毒性由大到小排列为新霉素、卡那霉素、丁胺卡那霉素、庆大霉素、妥布霉素、链霉素。其他还有万古霉素、磺胺类药物。在第一代头孢菌素中部分药物有肾毒性，但目前使用已不太多。第二、第三代头孢菌素肾毒性都非常小。抗真菌药物中的两性霉素B毒性较大，可引起不同程度的肝肾及其他器官损害，已逐渐被不良反应少的药物所取代。多粘类抗生素中多粘菌素E（可利迈仙）的肾毒性较多粘菌素B明显减轻。

解热镇痛类。如阿司匹林、扑他林、对乙酰氨基酚等。

抗肿瘤药。如顺铂、氨甲蝶呤等。

重金属解毒剂。如青霉胺等。

免疫抑制剂。如环孢霉素A等。

中药。如含有汉防已、关木通等成分的成药，可引起马兜铃肾病。

其他。如甲氰咪胍、感冒通等。

对宝宝使用上述药物时，必须严格执行规定的用药剂量。用药期间应注意药物毒性反应的监测、血与尿的监测，如有异常改变应及时停药并做相应治疗，尽量减少或避免宝宝出现肾脏损伤。

宝宝应慎服哪些中成药

许多家长认为中成药不良反应少，殊不知中成药中也含有毒性成分，只不过比例较少而已。如果不了解药物成分，最好不要给宝宝吃中成药，否则对宝宝健康不利。六神丸含有蟾酥，可能引起恶心、呕吐、惊厥等症状；琥珀抱龙丸和珍珠丸均含有朱砂，可能诱发齿龈肿胀、咽喉疼痛、记忆衰退、兴奋失眠等不适感；牛黄解毒片长时间服用可导致白细胞减少。

发热时为什么要慎用激素类药物

激素类药物具有抗炎、抗过敏、抗毒和免疫调节等作用，临床常用于治疗肾病综合征、系统性红斑狼疮、血小板减少性紫癜等自身免疫性疾病。通常所说的激素类药物是指糖皮质激素，分

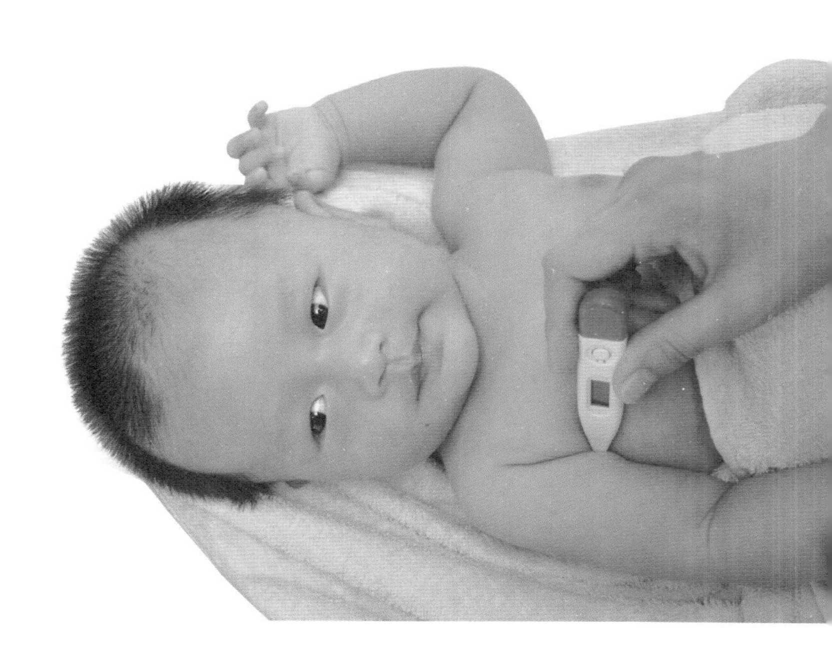

口服和静脉注射两种，其静脉用的主要有地塞米松、氢化考的松、甲基强的松龙等药。

在一些医疗单位，给发热患儿输液时常加入地塞米松，体温可能迅速降下来，但这样做是不对的。

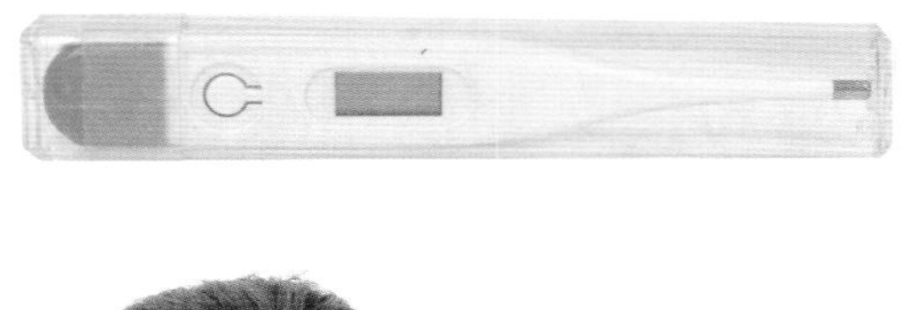

应用激素虽然可以暂时将体温恢复正常，但在某些疾病的早期诊断还不明确时，这样做不仅会掩盖真实体温，而且也会给以后的诊断带来影响，表现在某些检查结果的可信度下降。不正确地使用激素还会加重病情甚至危及生命。激素应该在诊断明确后并有相应指征下使用。

新生儿为什么忌用退热药

新生儿体温调节功能不完善，体温受体温调节中枢、周围温度等多种因素影响，如环境温度过高、保暖过度、饮水不足、哭闹等，都可以引起体温暂时升高，此时正确的方法是采取物理降温。

常用的几种方法有减少衣被、暴露部分肢体、温水浴或降低室温。体温正常后应立即停止降温。误用退热药会使体温迅速下降以致体温不升（低于35.5℃），出现拒奶、反应差、不哭、面色苍白等情况。

感冒初期为什么要慎用抗生素

感冒是宝宝最常见的疾病之一，多由病毒感染引起，如柯萨基病毒、埃可病毒、腺病毒、流感或副流感病毒等，此时应用抗生素对病毒是无效的。若感冒后期并发细菌感染则应加抗生素治疗。感冒患儿要多饮温开水，注意休息，饮食应清淡易消化。有些疾病如流行性脑脊髓膜炎（简称流脑）、由病毒引起的脑炎（简称病脑）等，初期症状似感冒，要加以警惕，对于高热不退、精神萎靡的患儿，应尽早到医院诊治。

如何正确选用儿童止咳药

咳嗽是人体的一种防御性反射活动，有助于排除痰液和异物。宝宝咳嗽反射尚不健全，气道分泌物不能及时清除，表现为喉中痰鸣，较大的宝宝咳嗽剧烈时则影响学习和休息，如何选择止咳药呢？

我们平时所说的止咳药，可分为镇咳药、祛痰药和平喘药三种。儿童咳嗽时宜慎用含中枢性镇咳成分的药物如可待因等，通常使用祛痰药，借助咳嗽排除痰液后咳嗽自然会缓解，祛痰药有羧甲司坦口服液、盐酸氨溴索口服液等，平喘药有盐酸丙卡特罗糖浆、氨茶碱、丙酸倍氯美松气雾剂和布地奈德气雾剂等。其中氨茶碱治疗剂量与中毒量非常接近，必可酮和普米克都宝都是气雾剂，三药均须按医嘱使用。羧甲司坦口服液适用于2岁以上儿童服用。

此外，还有一些中成药可供参考，如小儿消积止咳口服液、肺力咳、急支糖浆、祛痰灵、蛇胆川贝液等。

儿童哮喘发作时如何处理

支气管哮喘是一种呼吸道的慢性炎症性疾病，表现为反复发作的喘息、咳嗽、胸闷、气短、甚至不能平卧等特点，严重影响宝宝的学习和生活。诱发因素很多，如过敏原刺激、呼吸道感染、剧烈运动、遗传因素、药物、气候变化、疲劳或精神紧张等。那么，哮喘突然发作该怎么办呢？

目前国际公认治疗哮喘的方法是吸入疗法，具有起效快、不良反应少等优点。气雾吸入后直接作用于呼吸道而发挥抗炎平喘作用，其吸入激素的量很小，一天吸入的激素剂量只相当于一片强的松（5mg）的1/10，用药时间短，因而不用担心激素的不良反应。对于重症患者可短时静脉应用氢化可的松或甲基泼尼松龙，症状控制后改为吸入激素。

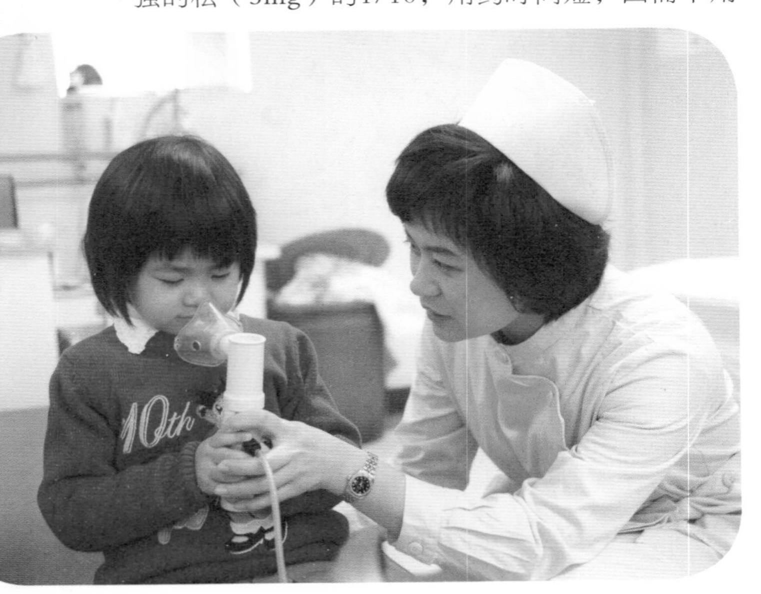

吸入β受体激动剂包括万托林、舒喘灵等，剂量要遵从医嘱。

吸入激素常用药物有丙酸倍氯美松和布地奈德。

必可酮气雾剂为50μg/喷，200喷/瓶。用量和用法：50～100μg/次，2～4次/天。每天剂量不要超过800μg，症状缓解后逐渐减量。注意：本药偶有咽部刺激感，少数患者可有声音嘶哑，应在每次用药后漱口，不使药液残留在咽喉部。普米克200μg/喷，1000喷/瓶。普米克都宝100μg/喷，200喷/瓶。用量和用法：气雾吸入，200～400μg/次，2次/日；干粉吸入，

200～800μg/次，分2～4次使用。

注意：用药后须及时漱口。肺结核患者及气管真菌、病毒感染者慎用。

在药物治疗的同时，哮喘患儿还要加强体格锻炼，体格锻炼可改善呼吸功能，增强机体抗病能力，还可保持精神愉快，同时注意预防呼吸道感染，避免接触过敏源、过劳、淋雨、精神刺激等，在缓解期配合中医中药治疗，采用扶正固本、健脾益肾等方法进行调养，或穴位贴敷法“冬病夏治”、“夏病冬治”。

儿童哮喘的转归一般较好，预后往往与起病年龄、病情轻重、病程长短和是否有家族遗传史有关，如经规范治疗，哮喘可临床治愈。

为什么患皮肤病要慎用激素类药膏

小儿皮肤娇嫩、纤细，防御功能差，对外界刺激抵抗力低，故小儿皮肤病以感染多见，其次还有过敏、烧伤、遗传、药物或理化刺激等因素。有些大人认为激素见效快，效果好，在未明确病因的情况下，私自给宝宝乱用，往往适得其反。宝宝要慎重使用外用药，特别是激素类软膏。虽然对于一些过敏性皮肤病，激素是有较好的疗效，但对于许多感染性皮肤病，误用激素会加重病情。目前市售的激素类软膏较多，常用的有肤轻松、氟美松、艾洛松和肤乐等。

在临床上水痘患儿是绝对禁用激素的，易使感染播散、加重病情甚至危及生命。对于一些像单纯疱疹、脓疱病、疖肿、头癣、体癣等感染性皮肤病，也是禁用激素的。

滥用激素类软膏会带来许多不良反应，如掩盖真实皮损特点从而影响诊断，还可导致激素依赖性皮炎或感染播散，皮肤出现色素沉着、老化、萎缩、变薄、皱纹等改变。任何事情都是有利有弊的，激素就像一把双刃剑，只有合理应用才会产生积极的作用。

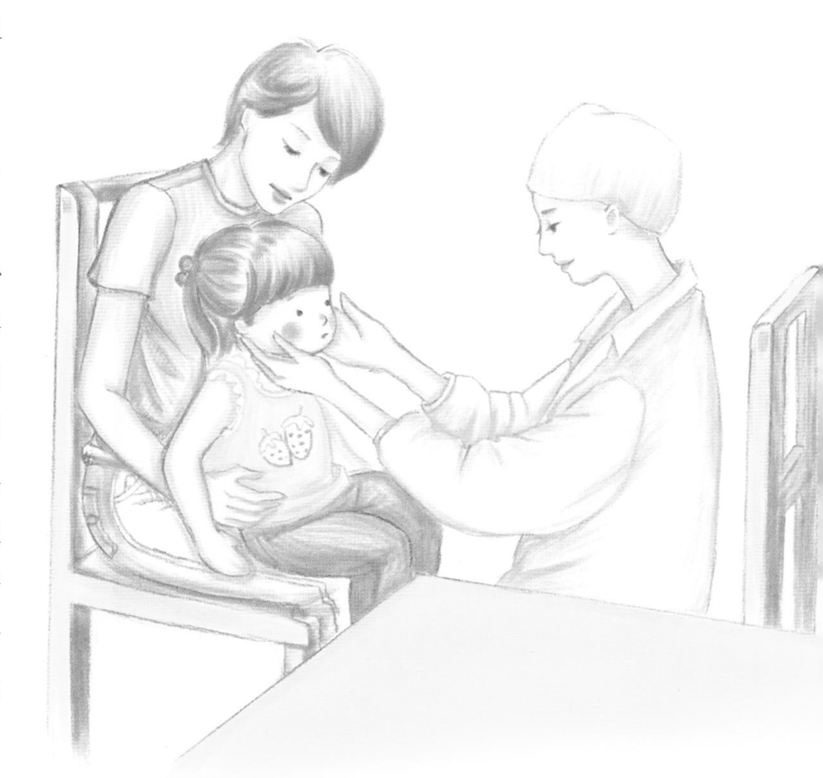

附录

预防接种的一般反应及异常反应

预防接种就是将疫苗等生物制品接种到人体，使机体产生抵抗感染的有益的免疫反应，以达到预防相应疾病的目的。但是，各种生物制品对于人体来说，毕竟是一种异物，接种后机体在产生有益反应的同时，有时也会产生一些不良反应。

多数情况下，一些人接种疫苗后会引起发热、注射局部红肿、疼痛或出现硬结等炎症反应，这是正常反应，是由疫苗本身的性质引起的(各种疫苗均可引起)，多为一过性的，不会造成组织器官不可恢复的损伤。较轻的这类反应往往不需要处理，2～3天可自行消失；对于反应较强的个体亦可单纯对症治疗，如降温或局部热敷等。

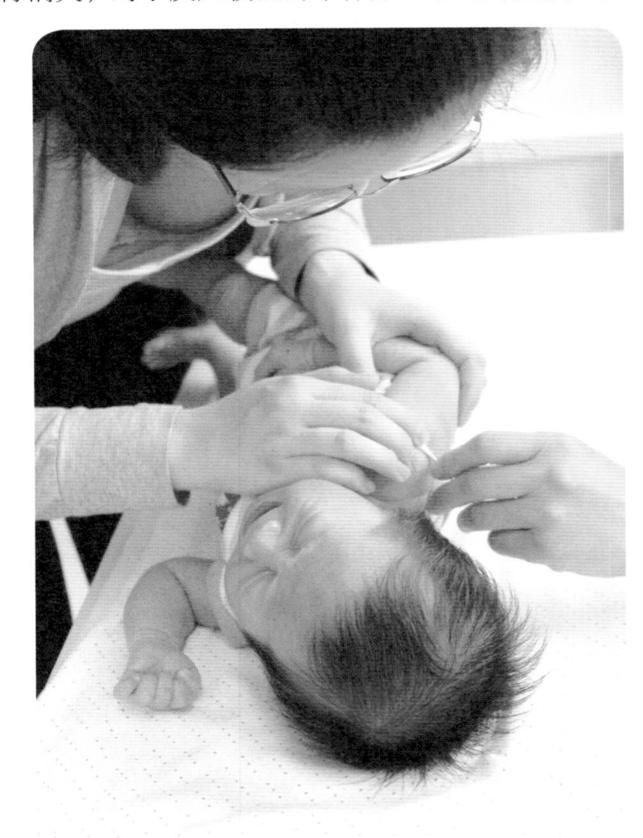

极个别人接种某种或某些疫苗后可能发生与一般反应性质及表现均不相同的反应，如接种百白破疫苗（百日咳、白喉、破伤风混合疫苗的简称）后发生无菌化脓；接种乙脑疫苗后出现皮疹、面部水肿等，这类反应我们称之为异常反应。出现这类反应要及时去医院诊治。异常反应的发生与受种者体质有密切关系，过敏体质者或免疫缺陷者往往更容易发生。

因此，家长应正确认识接种的异常反应，一旦发生应尽早向接种单位报告，及早采取相应的治疗措施，以减小异常反应的危害。

一般情况下，宝宝会在出生的医院接受第一针乙肝疫苗和卡介苗注射，出院后，家长宜尽快与社区医院联系，建立预防接种档案，以后按照医生的安排合理接受预防接种。

接种疫苗可以预防的疾病

疫苗名称	可预防的疾病
卡介苗（BCG）	结核病
脊髓灰质炎疫苗（OPV）	脊髓灰质炎
百白破三联疫苗（DPT）	百日咳、白喉、破伤风
白破二联（DT）	白喉、破伤风
成人型白喉类毒素	白喉
麻疹疫苗（MV）	麻疹
腮腺炎疫苗（Mumps Vaccine）	流行性腮腺炎
风疹疫苗（Rubella Vaccine）	风疹
麻风腮三联疫苗（MMR）	麻疹、风疹、流行性腮腺炎
乙肝疫苗（HBV）	乙型病毒性肝炎
乙脑疫苗（JEV）	流行性乙型脑炎
流脑疫苗（Meningococcus A Vaccine）	流行性脑脊髓膜炎
水痘疫苗（Varicella Vaccine）	水痘
甲肝疫苗（HA Vaccine）	甲型病毒性肝炎
B型流感嗜血杆菌疫苗（HIB Vaccine）	小儿脑膜炎、肺炎
流感疫苗（Influenza Vaccine）	流行性病毒性感冒
肺炎球菌肺炎疫苗（Pneumococcal Vaccine）	肺炎球菌肺炎
狂犬疫苗（Rabies Vaccine）	狂犬病
流行性出血热疫苗（HFRS Vaccine）	流行性出血热
口服轮状病毒活疫苗（Oral Live Rotavirus Vaccine）	轮状病毒肠炎